单片机工程应用基础

李昌禄　刘高华　葛磊蛟 ◎ 主编

APPLICATION BASIS OF SINGLE CHIP MICROCOMPUTER

北京理工大学出版社
BEIJING INSTITUTE OF TECHNOLOGY PRESS

内 容 简 介

本教材由国家级电工电子示范中心联席会专家审核，并由各位专家指导内容的加工编辑。编写组教师基于多年来的教学改革经验积累，遵循开放式、立体化教学平台，遵循由浅入深、由易到难的自然规律编写教材，教材的第 1～3 章介绍了单片机最小系统板的硬件结构和电子工艺相关的基础知识；第 4～6 章分别介绍了单片机常用的中断系统、定时器/计数器、A/D 与 D/A 转换原理及应用；第 7 章介绍了 Keil C51 编译环境和 Proteus 仿真软件的使用；第 8 章介绍了单片机的工程应用综合实例；最后的附录基于多功能单片机实验箱整理出了面向不同层次的实验案例。本教材内容按照由基础到综合的模式展开，使读者从实验中获取感性认识，切身体验科学发现与工程创新的方法与历程，进而内化为自身的工程意识与素养。

图书在版编目（CIP）数据

单片机工程应用基础 / 李昌禄，刘高华，葛磊蛟主编 . -- 北京：北京理工大学出版社，2025.1.

ISBN 978 - 7 - 5763 - 4721 - 0

Ⅰ. TP368.1

中国国家版本馆 CIP 数据核字第 2025AA4771 号

责任编辑：封 雪   文案编辑：封 雪
责任校对：周瑞红   责任印制：李志强

出版发行 / 北京理工大学出版社有限责任公司
社　　址 / 北京市丰台区四合庄路 6 号
邮　　编 / 100070
电　　话 / (010) 68944439（学术售后服务热线）
网　　址 / http：//www.bitpress.com.cn

版 印 次 / 2025 年 1 月第 1 版第 1 次印刷
印　　刷 / 三河市华骏印务包装有限公司
开　　本 / 787 mm × 1092 mm　1/16
印　　张 / 17.5
字　　数 / 408 千字
定　　价 / 59.00 元

编委会成员

　　单片机具有体积小、功耗低、功能强、性价比高等优点，在工业控制、智能仪表、通信设备、家用电器等领域得到了广泛应用。熟练掌握单片机应用技术对电子、电气、自动化等专业的学生和相关领域工程技术人员具有重要意义。

　　本教材以工程项目开发中所涉及的单片机应用知识为基础，紧跟单片机应用领域发展方向，依据项目化教学方式编写，采用"教、学、做"相结合的构架，以单片机应用能力培养为主线的思想精心组织教材内容。本教材旨在帮助读者掌握单片机的基本原理和应用技术，通过实际案例的分析和实践操作，提高读者的工程实践能力和创新思维能力。

　　本教材的内容安排符合工程实践特点，面向不同层次的读者。教材中的应用案例以新工科建设作为背景，弥补单片机实践教学中存在的不足，从新工科教育模式理论、电类专业实践教学体系现状、CDIO（构思、设计、实现和运作）工程教育人才培养模式等三方面出发，以单片机项目式应用开发为主线，引导读者快速投入课题，形成工程项目开发思维，激发读者学习兴趣，培养批判性思维和创新实践能力。本教材内容坚持产业需求导向与教育目标导向相统一，涵盖单片机应用的多学科知识，以培养读者适应行业发展、开拓创新引领未来发展的能力。

　　本教材既可作为高校中学习单片机应用的实践教学用书，也可以作为工程技术人员学习单片机应用的参考资料。由于编写人员水平和能力有限，且时间仓促，书中难免有疏漏和不足之处，敬请读者指正。

目　录
CONTENTS

第1章
单片机应用基础

1.1　单片机简介

　　单片机全称是单芯片微型计算机（single - chip microcomputer），又称为微控制器（microcontroller），是随着计算机技术的发展而产生的一种计算机应用形态。其主要结构是把计算机的功能模块都集成在一块集成电路芯片上，与通用计算机相比，单片机在控制领域和成本方面有着明显的优势。单片机的体积小，价格低，输入、输出接口简单，可实现对外设的快捷控制方式，单片机的结构组成遵循构成计算机系统的冯·诺依曼体系，如图1－1所示，包含运算器、控制器、存储器、输入设备和输出设备。

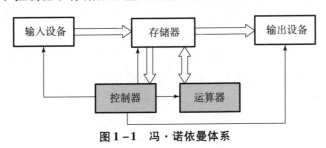

图1－1　冯·诺依曼体系

　　单片机技术发展过程可分为三个主要阶段：

　　（1）单片机形成阶段：1976 年，Intel 公司推出 MCS - 48 系列单片机。其具有 8 位 CPU、1 KB ROM、64 B RAM、27 根 I/O 线和 1 个 8 位定时器/计数器。该系列单片机的结构简单，控制能力较低，存储器容量小，但是具备了嵌入式应用的雏形，也具备了单片机的框架。

　　（2）性能完善提高阶段：1980 年，Intel 公司推出了 MCS -51 系列单片机，该系列单片机具有 8 位 CPU、4 KB ROM、128 B RAM、4 个 8 位并口、1 个全双工串行口、2 个 16 位定时/计数器。寻址范围 64 KB，并有控制功能较强的布尔处理器。51 系列单片机是对所有兼容 Intel80 指令系统的单片机的统称。该系列单片机产生于 Intel 的 8031 单片机，后来随着技术的发展，8031 单片机取得了长足的进步，成为应用最广泛的 8 位单片机之一，其代表型号是 ATMEL 公司的 AT89 系列，它被广泛应用于工业测控系统之中。很多公司都有 51 系列的兼容机型推出，今后很长的一段时间内将占有大量市场。图 1－2 为 MCS -51 系列单片机产品外形。

　　（3）微控制器阶段：单片机片内集成了更多的面向测控系统的外围电路，使单片机可以方便灵活地用于复杂的自动测控系统及设备。具有代表性的有 Intel 推出的 MCS -96 系列

图 1 - 2　MCS - 51 系列单片机产品外形

单片机。该单片机内集成 16 位 CPU、8 KB ROM、232 B RAM、5 个 8 位并口、1 个全双工串行口、2 个 16 位定时器/计数器。寻址范围 64 KB。片上还有 8 路 10 位 ADC、1 路 PWM 输出及高速 I/O 部件等。

　　单片机的应用领域十分广泛，产品有机器人、数控机床、自动包装机、点钞机、医疗设备、打印机、传真机、复印机等。单片机还可以用于对各种物理量的采集与控制，如电流、电压、温度、液位、流量等物理参数的采集和控制均可以利用单片机方便地实现。在这类系统中，利用单片机作为系统控制器，可以根据被控对象的不同特征采用不同的智能算法，实现期望的控制指标，从而提高生产效率和产品质量。典型应用如电机转速控制、温度控制、自动生产线控制等。

　　家用电器是单片机的重要应用领域，发展前景十分广阔，如空调器、电冰箱、洗衣机、电饭煲、高档洗浴设备、高档玩具等。另外，在交通领域中，汽车、火车、飞机、航天器等均有单片机的广泛应用。

　　在功能上，51 系列单片机有基本型和增强型两大类。基本型包括 8051/8751/8031；80C51/87C51/80C31。增强型包括 8052/8752/8032、80C52/87C52/80C32。

　　当前常用的 80C51 系列单片机主要产品有以下几种：

　　（1）Intel 的 80C31、80C51、87C51，80C32、80C52、87C52 等；

　　（2）ATMEL 的 89C51、89C52、89C2051 等；

　　（3）Philips、华邦、Dallas、Siemens（Infineon）等公司的许多产品。

MCS - 51 系列单片机基本型和增强型的产品性能指标如表 1 - 1 所示。图 1 - 3 列出了总线型和非总线型的不同管脚定义。

表 1 - 1　MCS - 51 系列单片机基本型和增强型的产品性能指标

分类		芯片型号	存储器字节数		片内其他功能单元数量			
			ROM	RAM	并行口	串行口	定时/计数器	中断源
总线型	基本型	80C31	无	128 B	4 个	1 个	2 个	5 个
		80C51	4 KB	128 B	4 个	1 个	2 个	5 个
		87C51	4 KB	128 B	4 个	1 个	2 个	5 个
		89C51	4 KB	128 B	4 个	1 个	2 个	5 个

续表

分类		芯片型号	存储器字节数		片内其他功能单元数量			
			ROM	RAM	并行口	串行口	定时/计数器	中断源
总线型	增强型	80C32	无	256 B	4 个	1 个	3 个	6 个
		80C52	8 KB	256 B	4 个	1 个	3 个	6 个
		87C52	8 KB	256 B	4 个	1 个	3 个	6 个
		89C52	8 KB	256 B	4 个	1 个	3 个	6 个
非总线型		89C2051	2 KB	128 B	2 个	1 个	2 个	5 个
		89C4051	4 KB	128 B	2 个	1 个	2 个	5 个

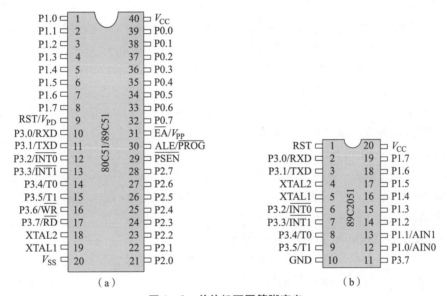

图 1-3 单片机不同管脚定义

(a) 总线型；(b) 非总线型

1.2 单片机基本结构

单片机的内部依据不同数据的运行与控制模式建立了总线结构，其中包括数据总线、地址总线、控制总线。MCS-51 系列单片机内部建立了完善的功能模块，各模块以总线为基础进行连接，如图 1-4 所示。51 系列单片机的总线结构形式大大优化了其系统中连接线的数目，提高了系统的可靠性，增加了系统的灵活性。此外，总线的结构也使扩展易于实现，各功能部件只要符合总线规范，就可以很方便地接入系统，实现单片机扩展。现将各模块功能介绍如下。

1. 地址总线（address bus，AB）

地址总线的作用是可传送单片机送出的地址信号，用于访问外部存储器单元或 I/O 端

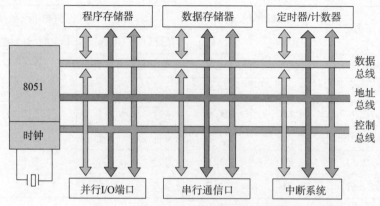

图1-4　MCS-51系列单片机内部结构

口。需要注意的是，地址总线是单向的，即地址信号只是由单片机向外发出的，地址总线的数目决定了它可直接访问的存储器单元的数目，挂在总线上的电子器件，只有地址被选中的单元才能与CPU交换数据，其余的都暂时不能操作，否则将引起数据冲突。

2. 数据总线（data bus，DB）

数据总线的作用是应用在单片机与存储器之间或单片机与I/O端口之间传送数据。单片机系统数据总线的位数与单片机处理数据的字长一致；数据总线是双向的。

3. 控制总线（control bus，CB）

控制总线实际上就是一组控制信号线，包括单片机发出的及从其他部件发送给单片机的各种控制或联络信号。对于一条控制信号线来说，它的传送方向是单向的，但由于不同方向的控制信号线的组合，控制总线则表示为双向的。

4. 中央处理器（central processing unit，CPU）

中央处理器是整个单片机的核心部件，是8位数据宽度的处理器，能处理8位二进制数据或代码，CPU负责控制、指挥和调度整个单元系统协调地工作，完成运算和控制输入输出功能等操作。

5. 数据存储器（RAM）

8051内部有128个8位用户数据存储单元和128个专用寄存器单元，它们是统一编址的。专用寄存器只能用于存放控制指令数据，用户只能访问，而不能存放其数据，所以，用户能使用的RAM只有128个，可存放读写的数据、运算的中间结果或用户定义的字型表。8051共有4096个8位掩膜ROM，用于存放用户程序、原始数据或表格。8051有两个16位的可编程定时/计数器，以实现定时或计数，产生中断用于控制程序转向。

6. 8051单片机系统的I/O端口

8051单片机共有4组8位I/O端口（P0、P1、P2或P3），用于对外部数据的传输。

（1）P0.0～P0.7为P0口的8个引脚。在不接片外存储器与不扩展I/O端口时，可作为准双向I/O端口；在扩展存储器（程序存储器或数据存储器）或I/O端口扩展时，可分时复用为低8位地址总线和双向数据总线（此时不能作准双向I/O端口用）。

（2）P1.0～P1.7为P1口的8个引脚。可作为准双向I/O端口使用；52系列要比51系列多一个中断源（定时器/计数器2），P1.0的第二功能为T2（计数脉冲输入），P1.1的第二功能为 T2EX（T2 的外部控制端）。

（3）P2.0 ~ P2.7 为 P2 口的 8 个引脚。一般可作为准双向 I/O 端口；在扩展片外数据存储器或片外程序存储器时，P2 口用作为高 8 位地址总线输出。

（4）P3.0 ~ P3.7 为 P3 口的 8 个引脚。除作为准双向 I/O 端口使用外，还均具有第二功能，详见表 1 - 2。

表 1 - 2　P3 端口第二功能

端口号	第二功能
P3.0	RXD：串口输入
P3.1	TXD：串口输出
P3.2	INT0：外部中断 0 输入
P3.3	INT1：外部中断 1 输入
P3.4	T0：定时器/计数器 0 的外部计数输入
P3.5	T1：定时器/计数器 1 的外部计数输入
P3.6	WR：外部数据存储器写选通信号
P3.7	RD：外部数据存储器读选通信号

8051 内置一个全双工串行通信口，用于与其他设备间的串行数据传送，其中 P3.0 的功能为串口输入，P3.1 的功能为串口输出。该串行功能既可以用作异步通信收发器，也可以当同步移位器使用。

8051 具备较完善的中断功能，有两个外部中断、两个定时/计数器中断和一个串行中断，可满足不同的控制要求，并具有 2 级的中断优先级别选择。

1.3　单片机最小系统构成

单片机最小系统是满足单片机正常工作的最简化硬件系统，一般包含电源、时钟电路、复位电路、输入输出设备等，最小系统能够更方便地运用于外设控制中，具有控制方便、组态简单和灵活性大等优点，从而能够大大提高产品的质量和数量。单片机以其功能强、体积小、可靠性高、造价低和开发周期短等优点，在实时检测和自动控制领域中得到广泛应用，在工业生产中变得必不可少，尤其是在日常生活中发挥的作用也越来越大。以最小系统为基础，可以在 MCS - 51 系列单片机上扩展 I/O 端口、扩展定时器定时范围、扩展键盘显示接口，适用于开发者用单片机开发完善的应用系统。因此，研究单片机最小系统有很大的实用意义。单片机的最小系统框图如图 1 - 5 所示，其电路原理图如图 1 - 6 所示。

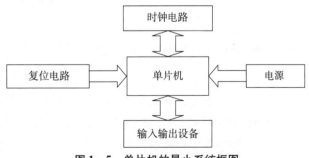

图 1 - 5　单片机的最小系统框图

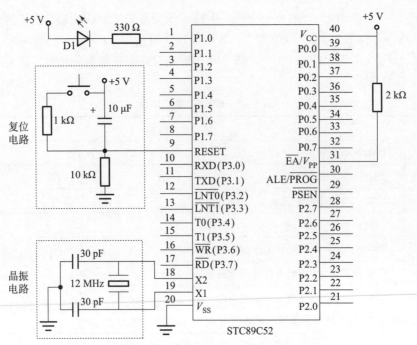

图 1-6　单片机最小系统电路原理图

　　51 单片机的最小系统由以下几部分组成：晶振电路、复位电路、电源电路、程序下载电路。MCS-51 系类单片机的工作电压在 3.3～5.5 V，通常我们使用 5 V 直流电源。将电源接入各芯片电源引脚即可。由于单片机正常工作需要时钟，因此就需要在单片机晶振引脚上外接晶振（一般使用的 STC89CXX 单片机晶振引脚是 18 和 19 脚），晶振频率取决于所使用的单片机型号。51 单片机时钟频率可在 0～40 MHz，一般情况下选择 12 MHz（适合计算延时时间）或者是 11.059 2 MHz（适合串口通信）。若直接将此晶振接入单片机晶振引脚，

会发现系统工作不稳定，这是因为晶振起振的一瞬间会产生一些电感。为了消除这个电感所带来的干扰，可以在此晶振两端分别加上一个电容，电容需要选取无极性的。选取的晶振大小决定了电容值大小，通常电容可在 10～33 pF 值范围内选取。只有保证晶振电路稳定，单片机才能正常工作。晶振实物如图 1-7 所示。

图 1-7　晶振实物

　　单片机引脚当中就有专用 RST 复位引脚，而 MCS-51 系列单片机又是高电平复位，所以只需要让这个引脚保持一段时间高电平就可以。要实现此功能通常有两种方式，一种是通过按键进行手动复位，还有一种是上电复位，即电源开启后自动复位。手动复位通过一个按键及电容、电阻来实现，利用按键的开关功能，按键按下后电压加到单片机 RST 引脚，松开后电压断开，RST 被电阻拉为低电平。这一合一开就实现了手动复位。而自动复位主要是利用 RC 充放电功能，电源已开启，由于

电容隔直，V_{CC} 直接进入 RST，然后电容开始慢慢充电，直到充电完成，此时 RST 被电阻拉低，这样就起到上电复位的效果。

1.4 单片机基础应用范例

1.4.1 单片机控制流水灯

基于单片机最小系统，可以依据不同应用方向添加外设，发光二极管是最常用的外设，如图 1-8 所示，在最小系统基础上，通过 P1 端口分别连接了 8 个发光二极管，并接通电源电压，这样就构成了一套控制 LED 发光二极管的控制系统。基于以上单片机最小系统，设计出流水灯的效果。

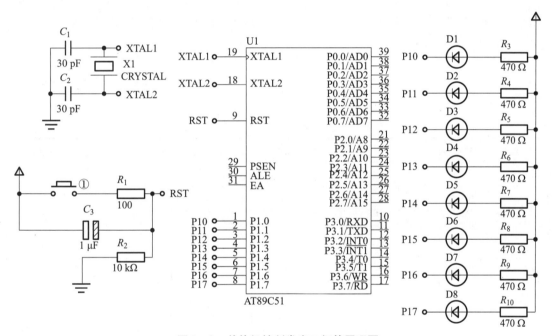

图 1-8 单片机控制发光二极管原理图

MCS-51 系列单片机有四组 8 位并行 I/O 端口，每个端口都是 8 位准双向口，共占 32 个引脚。每个端口都包括一个锁存器（即专用寄存器 P0~P3）、一个输出驱动器和输入缓冲器。通常把 4 个端口笼统地表示为 P0~P3。每组 I/O 端口内部都有 8 位数据输入缓冲器、8 位数据输出锁存器及数据输出驱动等电路。四组并行 I/O 端口既可以按字节操作，又可以按位操作。当系统没有扩展外部器件时，I/O 端口用作双向输入输出口；当系统有外部扩展时，使用 P0、P2 口作系统地址和数据总线，P3 口有第二功能，与 MCS-51 系列单片机的内部功能器件配合使用。

发光二极管又称为 LED，是一种半导体固体发光器件。其原理图中的符号标识和外形图如图 1-9 所示，从符号中可以看到，发光二极管的三角形部分为正极，对应实物图中的长引脚部分，横线部分为负极，对应实物图中的短引脚部分。LED 的工作是有方向性的，只有当正极接到 LED 阳极，负极接到 LED 阴极时才能工作，如果反接，LED 是不能正常工作的。最小系统连接 LED 的原理图如图 1 - 10 所示，LED 的阳极串联一个电阻起到限流作用，然后连接到电源 V_{CC}，而 8 个 LED 的阴极分别连接到单片机的 P1 口，对应 P10 ~ P17，如果要点亮 LED，就必须把与单片机相对应的 I/O 端口赋为低电平。

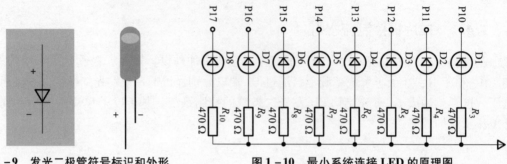

图 1 - 9　发光二极管符号标识和外形　　　　图 1 - 10　最小系统连接 LED 的原理图

实验现象：8 个发光二极管动态点亮和熄灭，并且循环显示，达到一种流水灯的效果，点亮与熄灭状态顺序如表 1 - 3 所示。其中，"●"表示二极管是点亮状态，"○"表示二极管是熄灭状态。

表 1 - 3　流水灯状态图

序号	D1	D2	D3	D4	D5	D6	D7	D8
1	○	○	○	○	○	○	○	○
2	●	○	○	○	○	○	○	○
3	○	●	○	○	○	○	○	○
4	○	○	●	○	○	○	○	○
5	○	○	○	●	○	○	○	○
6	○	○	○	○	●	○	○	○
7	○	○	○	○	○	●	○	○
8	○	○	○	○	○	○	●	○
9	○	○	○	○	○	○	○	●

相关代码及解释如下：

```
#include "reg52.h"      //包含头文件
#include "intrins.h"
void Delay1ms(unsigned int x)   //延时函数通过两次循环设置延时时间
{
    unsigned int i,j;
    for(i =x;i >0;i --)
        for(j =110;j >0;j --);
}
```

```
void main()
{
    unsigned char moveLed;      //定义变量并赋初值
    moveLed = 0x01;
    while(1){
    P1 = ~moveLed;              //P1 口取反,点亮 D1
    moveLed = moveLed <<1;      //左移一位
    if(moveLed == 0)            //判断 LED 灯是否全部熄灭
    moveLed = 0x01;             //如果是则重新赋初值,点亮 D1
    Delay1ms(500);             //每一次循环后的延时
    }
}
```

通过该程序,明确程序运行前应包含相应头文件,使用其功能函数。基于该最小系统图的应用,相关端口赋予低电平"0",外接流水灯接高电平,采用对单片机的灌电流方式,点亮发光二极管。发光二极管点亮后应设置一定延时,便于观察流水灯的点亮与熄灭现象。

1.4.2　按键模块应用

单片机所用的按键通常用轻触开关代替,键盘分编码键盘和非编码键盘。键盘上闭合键的识别由专用的硬件编码器实现,并产生键编码号或键值的称为编码键盘,如 BCD 码键盘、ASCII 码键盘等;而靠软件来识别的称为非编码键盘,在单片机组成的测控系统及智能化仪器中,用得最多的是非编码键盘。图 1 –11 所示为通常用于按键的轻触开关外形。

按键应用中最常用的技术是去抖动操作。按键在闭合和断开时,触点会存在抖动现象,为了消除这种因误操作产生的抖动现象,一般在程序中设置间隔一定延时时间的两次判别来验证该按键是否被按下。图 1 –12 显示了去抖动的原理。

图 1 –11　轻触开关外形

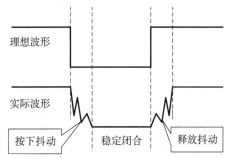

图 1 –12　去抖动原理图

单片机的输入输出口既可以作为输入,也可以作为输出。下面实例为定义好输入按键,当按键按下时,点亮所定义的发光二极管。通过下面的程序代码,可以分析出去抖动的主要实现方式,其中 k1 和 led 已经连接好相应输入输出管脚,并已在程序中定义。

```
void button()         //定义按键去抖动函数,当按键按下时,led 所连接的电平取反
    {
```

```
        if( k1 ==0)              //第一次判别按键是否按下
        {
                Delay1ms(500);       //延时
                if( k1 ==0)          //再次判别按键是否按下
                {
                        led = ~ led;  //两次都为低电平后,led所接输入输出管脚
                                       电平取反
                }
        }
    }
```

1.5　单片机基础应用模块介绍

1.5.1　数码管的硬件介绍及使用

数码管是一种半导体发光器件，常被用在计时器、计数器、温度计等各种电了仪器和设备中，用于数字显示。它的基本单元是发光二极管，能够显示数字和一些特殊字符。根据发光二极管单元连接方式的不同，数码管可以分为共阳极数码管和共阴极数码管两种。共阳极数码管将所有发光二极管的阳极连接在一起，而共阴极数码管将所有发光二极管的阴极连接在一起。图 1 – 13（a）所示为共阴极和共阳极连接方式。

数码管由数个数字或字符的显示单元组成，每个显示单元包含若干个发光二极管（LED）或液晶显示器（LCD）。LED 数码管的显示单元一般由 7 个 LED 灯组成，它们按照数字或字符的形状排列，可以组成09、AF 等多种数字和字符。液晶数码管则由若干个液晶显示器构成，它们也可以显示数字和字符，但相对于 LED 数码管，液晶数码管具有更低的功耗和更好的视觉效果。数码管按段数分为七段数码管和八段数码管。七段数码管由 7 个发光二极管组成，分别代表数字 0~9 中的每个数字的七段数码。八段数码管比七段数码管多一个发光二极管单元，通常用于显示字母和特殊符号。其外部一般有 10 个引脚，其中 5 和 10 连在一起接公共端，其余各对应一个发光二极管。图 1 – 13（b）所示为数码管字段排列方式。

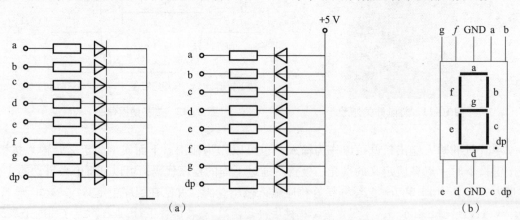

图 1 – 13　数码管原理图及共阴极、共阳极连接方式

共阳极数码管在应用时应将公共阳极（COM）接到 + 5 V，当某一字段发光二极管的阴极为低电平时，相应字段就会点亮。共阴极数码管则相反，应将公共阴极（COM）接到 GND，当某一字段发光二极管的阳极为高电平时，相应字段就会点亮。

数码管的显示方式一般分为共阳极和共阴极两种。共阳极数码管的阳极是公共的，而各个数字或字符的阴极是分开的；共阴极数码管则相反，各个数字或字符的阳极是分开的，而阴极是公共的。在使用数码管时，需要根据数码管的类型选择正确的电路连接方式。

数码管的使用方法与具体的应用场景和需求有关，下面以 LED 数码管为例，介绍一些基本的使用方法。将数码管连接到电路中，需要将每个数码管的各个 LED 灯或液晶显示器引脚连接到相应的电路引脚上。具体连接方式取决于数码管的类型和电路的设计，通常需要参考数码管的数据手册和电路图进行连接。

控制数码管的显示，需要向数码管发送控制信号，以选择要显示的数字或字符，以及控制 LED 灯或液晶显示器的亮灭状态。控制信号可以通过单片机、数字电路、模拟电路等方式生成，并通过数码管的控制引脚发送到数码管中。

数码管的显示模式一般包括常亮模式和闪烁模式两种。常亮模式下，数码管会一直显示所选的数字或字符；闪烁模式下，数码管会交替显示所选的数字或字符和空白状态。在一些需要引起注意的场合，闪烁模式可以更好地吸引人们的注意力。

数码管的亮度可以通过调节控制信号的幅值、PWM 脉宽调制、电阻调节等方式来控制。其中，PWM 脉宽调制可以实现精确的亮度调节，而电阻调节则较为简单易用。

在控制信号的控制下，数码管可以显示不同的数字、字母、符号等内容。在单片机控制下，可以通过编写程序来实现不同数字或字符的动态显示、滚动显示、计数器等功能。在数字电路或模拟电路中，可以通过多路选择器、计数器等电路来实现不同数字或字符的静态显示。

综上，数码管是一种简单实用的数字显示器件，它具有结构简单、易于控制、稳定可靠等优点，被广泛应用于各种数字显示系统中。

1.5.2　蜂鸣器的硬件介绍和使用

蜂鸣器是一种常见的电子器件，通常被用于警报、提示、报警等场合。它是一种一体化结构的电子讯响器，采用直流电压供电。蜂鸣器广泛应用于计算机、打印机、复印机、报警器、电子玩具、汽车电子设备、电话机、定时器等电子产品中作为发声器件。蜂鸣器一般可以分为压电式蜂鸣器和电磁式蜂鸣器两种类型。压电式蜂鸣器主要由多谐振荡器、压电蜂鸣片、阻抗匹配器，以及共鸣箱、外壳等组成，而电磁式蜂鸣器则由线圈、振子、阻尼片、外壳等组成。蜂鸣器在电路中用字母"H"或"HA"表示。蜂鸣器按驱动方式不同可分为有源蜂鸣器和无源蜂鸣器。有源蜂鸣器内部带振荡源，所以只要一通电就会鸣叫；而无源蜂鸣器内部不带振荡源，所以如果用直流信号无法令其鸣叫，必须用 2 ~ 5 kHz 的方波去驱动它。两种蜂鸣器的引脚都朝上放置时，可以看出有绿色电路板的是无源蜂鸣器，没有电路板而用黑胶封闭的是有源蜂鸣器。如图 1 - 14 所示，图（a）为有源蜂鸣器，图（b）为无源蜂鸣器。

（1）压电蜂鸣器。压电蜂鸣器是一种利用压电效应产生声音的蜂鸣器，它由压电陶瓷片和共振腔体组成。在外加电场的作用下，压电陶瓷片会发生形变，产生声波，并通过共振

（a）　　　　　　　　　　　　　　　　　　（b）

图 1 - 14　有源和无源蜂鸣器外观

（a）有源蜂鸣器；（b）无源蜂鸣器

腔体扩散出来。压电蜂鸣器具有频率稳定、音质清晰、功耗低等特点，常被用于数字电子产品和各种声学设备中。

（2）电磁式蜂鸣器。磁性蜂鸣器是一种利用磁性效应产生声音的蜂鸣器，它由铁芯、线圈和振膜组成。在外加电流的作用下，线圈会产生磁场，使铁芯和振膜产生振动，从而产生声音。磁性蜂鸣器具有体积小、功率大等特点，电磁式蜂鸣器具有体积大、功率小等特点，常被用于工业设备和电力设备中。

压电蜂鸣器通常有两个引脚，其中一个为正极，另一个为负极。在电路连接时，需要将正极连接到电源的正极上，负极连接到电源的负极或其他电路元件上，以形成一个完整的电路。为了使蜂鸣器工作，需要给它提供一个控制信号。在数字电路中，通常使用单片机或其他逻辑芯片来产生控制信号。在模拟电路中，可以通过多种方式来产生控制信号，如电压变化、电阻调节、按键控制等。

由于压电蜂鸣器需要产生一定频率的振荡信号才能发声，因此在控制信号的作用下，需要产生一定频率的交流信号。在数字电路中，可以通过编写程序来产生不同频率的方波信号或脉冲信号，以控制蜂鸣器的发声。在模拟电路中，可以通过多种方式来产生交流信号，如振荡电路、计时器、频率合成器等。

在使用蜂鸣器时，通常需要控制其音量和音调，以达到所需的声音效果。在数字电路中，可以通过改变方波信号的占空比来调节音量，通过改变频率来调节音调。在模拟电路中，可以通过电容、电阻等元件来调节音量和音调。

蜂鸣器广泛应用于各种电子产品和设备中，如数字时钟、计数器、游戏机、手机、汽车、安防设备等。在使用蜂鸣器时，需要根据具体的应用场景和需求，选择合适的蜂鸣器类型、电路连接方式、控制信号、音量和音调等参数，以实现最佳的声音效果。

综上，蜂鸣器是一种常用的发声器件，其结构和使用方法会根据类型和驱动方式的不同而有所不同。

1.5.3　16 位矩阵键盘的硬件介绍及使用

矩阵键盘是一种常用的输入设备，可以通过少量的 I/O 端口来控制多个按键。在 16 位矩阵键盘中，使用 8 个 I/O 端口来控制 16 个按键，可以有效地提高单片机系统中 I/O 端口的利用率。该键盘的硬件结构通常由 4 条作为行线的 I/O 线和 4 条作为列线的 I/O 线组成。在行线和列线的每个交叉点上，设置一个按键，共计 4×4 = 16 个按键。键盘的本质是进行逐行或逐列扫描，通过读取 I/O 端口电平变换来完成矩阵键盘的数值读取。在使用矩阵键盘时，通常有两种扫描方式：逐行扫描和反转扫描。逐行扫描思路简单，但程序较长；反转扫描程序简短、思路巧妙。因此，在具体使用时，可以根据实际情况选择相应的扫描方式。16 位矩阵键盘是一种常用的输入设备，可以方便地输入数字、字母和符号等信息。它由 16 个按键组成，可以通过矩阵排列的方式来实现输入。图 1 - 15 为矩阵键盘外观图。图 1 - 16 为矩阵键盘硬件连接图。

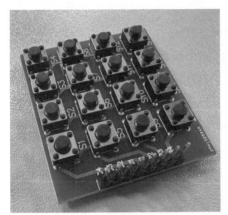

图 1 - 15　矩阵键盘外观图

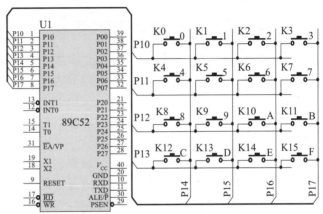

图 1 - 16　矩阵键盘硬件连接图

16 位矩阵键盘由 16 个按键组成，通常为 4×4 的矩阵排列方式。每个按键都有一个唯一的标识符，通常用数字或字母表示。

为了实现 16 位矩阵键盘的输入功能，需要使用矩阵电路。矩阵电路通常由行线和列线组成，行线和列线交叉排列，形成一个矩阵结构。每个按键都与一个行线和一个列线相连，按下按键时，行线和列线之间就会形成一个通路，通过检测行线和列线的连接状态，可以确定按下的按键编号。

为了控制 16 位矩阵键盘的输入和输出，需要使用控制电路。控制电路通常由一个微处理器或其他逻辑芯片组成，可以实现输入检测、数据存储、数据传输、数据显示等功能。

将 16 位矩阵键盘的行线和列线分别连接到微处理器或其他逻辑芯片的输入和输出引脚上。行线和列线的连接方式可以采用并联或串联的方式，具体取决于应用场景和需求。

为了检测按键的输入状态，需要对矩阵键盘进行按键扫描。按键扫描通常由循环检测和中断检测两种方式实现。循环检测方式可以通过循环读取行线和列线的状态来检测按键的输入，中断检测方式可以通过设置输入中断触发条件来检测按键的输入。在检测到按键的输入后，需要将输入数据存储到微处理器或其他逻辑芯片的存储器中。数据存储通常采用数组或队列的方式实现，每个按键对应一个数组或队列元素，存储按键的编号或其他信息。

在存储输入数据后，需要将数据传输到需要使用的地方。数据传输通常采用串口通信或其他数据传输方式实现，可以将输入数据传输到其他逻辑芯片或计算机上，以实现数据处理和显示等功能。在传输数据后，可以将数据显示在 LED 显示屏上或其他输出设备上，以便用户查看。数据显示通常采用控制电路中的显示函数实现，可以将数据按照特定格式显示出来，如十进制数、二进制数、字符等。

16 位矩阵键盘广泛应用于各种电子设备中，如手机、计算器、电脑键盘等。它可以方便地输入数字、字母和符号等信息，使得用户能够快速完成各种操作。在嵌入式系统中，16 位矩阵键盘也被广泛应用于各种控制和监测系统中，如电子秤、温度控制器、智能家居等。它可以实现用户与系统之间的交互，使用户能够方便地对系统进行控制和监测。

综上，矩阵键盘是一种高效的输入设备，具有节约 I/O 资源、硬件结构简单等优点。在使用时，需要根据实际情况选择相应的扫描方式，并根据键盘的硬件结构进行正确的连接和控制

1.5.4　继电器的硬件介绍及使用

继电器是一种能够根据电压、电流、温度、速度或时间等物理量的变化来接通或切断电路的电器。根据其主要功能，继电器可以分为保护继电器和控制继电器两大类。保护继电器主要用于保护电力系统，如过流保护、欠压保护等；而控制继电器则主要用于电路的控制，如自动控制、计算机控制等。在工业控制中，继电器被广泛应用于自动化设备中，如 PLC、工控机、机器人等。

继电器的硬件结构一般由电磁铁、触点、弹簧和外壳等组成。其中，电磁铁是继电器的核心部件，其作用是产生电磁力，使触点发生翻转；触点是继电器开闭电路的部件，一般分为常开触点和常闭触点；弹簧则用于控制触点的弹性变形，使其能够在电磁力的作用下迅速闭合或断开。

继电器具有在一个电路中控制另一个电路的功能。通常情况下，继电器由电磁铁、触点和外壳三部分组成。当电磁铁通电时，产生的磁场可以将触点吸合或者分离，从而实现电路的开关控制。

继电器的工作原理基于电磁感应现象，即在导体中产生变化的磁场会产生感应电动势。利用这一原理，继电器可以将一个电路中的信号转换成另一个电路中的信号，从而实现不同电路之间的控制。图 1-17 为继电器实物外观。图 1-18 为继电器内部结构，电磁铁通电时产生磁性，吸下衔铁。衔铁和动触点连在一起，带动动触点上下运动；弹簧在电磁铁磁性消失时，带动衔铁弹离电磁铁；图中触点相当于被控制电路的开关。

继电器的种类很多，根据不同的分类标准，可以将其分为不同的类型。以下是一些常见的继电器类型。

图 1-17　继电器实物外观

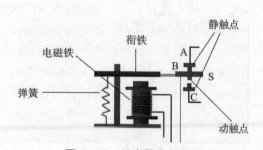

图 1-18　继电器内部结构

1. 按动式继电器

按动式继电器，也叫作脉冲式继电器，通常只有一个触点。当电流通入电磁铁时，它会产生一个瞬间的磁场，将触点吸合或者分离，从而实现电路的开关控制。

2. 保持式继电器

保持式继电器，也叫作锁定式继电器，通常包含两个触点。当电流通入电磁铁时，它会产生一个磁场将一个触点吸合，从而打开电路。当电流停止时，电磁铁中的磁场会消失，但是另一个触点会保持在原来的状态，从而保持电路的开启状态。

3. 时间延迟继电器

时间延迟继电器可以根据需要设定一个时间延迟，从而实现电路的延时开关控制。它通常包含一个计时器，可以根据需要调整延时的时间。

4. 热敏继电器

热敏继电器可以根据电路中电流的大小来感应温度的变化，从而实现电路的自动控制。它通常用于电路保护或者自动控制系统中。

继电器可以用于电路的开关控制，如灯光、电机等。当继电器触点闭合时，电路通路，灯光、电机等就可以正常工作；当继电器触点断开时，电路断路，灯光、电机等就会停止工作。继电器可以用于电路的保护，如过载保护、短路保护等。当电路中出现过载或短路时，继电器会自动断开电路，以保护电器和电路的安全。继电器可以用于信号的转换和隔离，如模拟信号和数字信号的转换、信号的放大和滤波等。通过继电器的转换和隔离，可以实现信号的稳定传输和保护。

空调控制系统通常会采用继电器进行控制。当空调开机时，继电器会关闭空调电源的控制电路，以保证电器的安全。当空调需要制冷时，继电器会使制冷压缩机运转，从而实现空调的制冷功能。电动汽车充电桩通常会采用继电器进行控制，以保证电动汽车的安全充电。当电动汽车连接充电桩时，继电器会自动连接电源，并对电流进行控制，从而保证电动汽车安全充电。继电器可以用于电路保护，如过载保护、短路保护等。当电路中出现过载或短路时，继电器会自动断开电路，以保护电器和电路的安全。在工业自动化中，继电器通常用于控制和保护电机、传感器、仪表等设备。通过继电器的控制和保护，可以实现工业自动化的高效、稳定和安全运行。继电器可以用于电路的开关控制，如灯光、电机等。当继电器触点闭合时，电路处于通路状态，灯光、电机等就可以正常工作；当继电器触点打开时，电路处于断路状态。

综上，继电器作为电路中常用的控制元件，在自动化控制中扮演着重要的角色，其硬件结构简单，使用方法相对简单，但需要根据具体应用场景进行选型和设计。

第 2 章

单片机开发板的焊接

在电子产品的装配过程中，焊接既是一项重要的基础工艺技术，也是一项基本的操作技能。任何一个完整的电子产品，没有相应的工艺保证是难以达到质量要求的。本章以一种典型的单片机最小系统开发板焊装为基础，通过讲述其焊接流程，引导读者熟悉和掌握其中涉及焊接的基础操作知识、元器件的识别与测试、电子产品焊接流程等知识。通过了解单片机开发板的焊接过程，进一步熟悉其硬件结构，为后面的单片机学习打下硬件基础。

2.1 焊接基本知识

2.1.1 焊接的基本知识

在电子产品中的焊接，也称作熔接、镕接，是一种以加热、高温或者高压的方式接合金属的制造工艺及技术。它利用加热手段，在两种金属的接触面，通过焊接材料的原子或分子的相互扩散作用，使两种金属间形成一种永久的牢固结合。利用焊接的方法进行连接而形成的接点叫焊点。

2.1.2 焊接技术的分类

焊接主要应用在金属母材上。金属焊接主要分为熔焊、压焊、钎焊三大类。

（1）熔焊：加热将要接合的工件使之局部熔化形成熔池，熔池冷却凝固后便接合，必要时可加入熔填物辅助。熔焊适合各种金属和合金的焊接加工，不需压力。

（2）压焊：焊接过程必须对焊件施加压力，属于各种金属材料和部分金属材料的加工。

（3）钎焊：采用比母材熔点低的金属材料做钎料，利用液态钎料润湿母材，填充接头间隙，并与母材互相扩散实现连接焊件。钎焊既适用于同种金属材料的焊接加工，也适用于不同金属或异类材料的焊接加工。

2.1.3 焊接材料

焊接材料为焊接时所消耗材料的通称，例如焊锡丝、助焊剂、印制电路板等。

1. 焊锡丝

常用的铅锡焊料的配比大致有三种，配比不同，焊料的熔点也就不同。

现在使用的铅锡焊料，配比为 60% 锡/40% 铅的焊锡丝熔点为 183℃，是铅锡焊料中性能最好的一种配比焊料。如图 2 - 1 所示为焊锡丝实物图。

2. 助焊剂

助焊剂又称为焊剂，分为无机焊剂、有机焊剂、树脂焊剂三种。常用的助焊剂是树脂焊剂，这种助焊剂的主要成分是松香，所以称树脂焊剂为松香助焊剂。

助焊剂在电子产品焊接中具有重要作用，可以去除氧化膜，如印制板、元器件放置时间过长，表面生长一层氧化层，在焊接时使用一些助焊剂会将表层的氧化层去除；还可以防止被焊的元器件氧化，增加焊料的流动性，减小表面张力。焊锡在熔化后，由于表面张力的作用，力图变成球状，影响了焊料的附着力。助焊剂可以减小表面张力，增加焊料流动性，因此就增强了焊料的附着力，使焊接质量提高；同时焊料还能整理焊点形状，保持焊点表面的光亮美观。

虽然助焊剂必不可少，但要注意适量使用助焊剂，过多的松香会使焊点周围残留下发黑的松香（碳化温度为230℃），影响外观，在焊点中长时间留下过多的松香会发生老化，使焊点的牢固度下降，出现虚焊现象。图 2 - 2 为松香助焊剂。

图 2 - 1　焊锡丝实物图

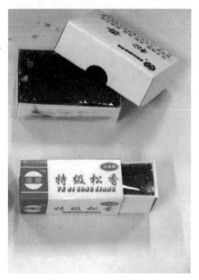

图 2 - 2　松香助焊剂

3. 印制电路板

印制电路板（printed circuit board，PCB）也称为印制板，是指在绝缘基材的表面上，按预定设计用印制的方法所制成的印制线路、印制元器件或者由二者组合而成的电路，它提供元器件（包括屏蔽元器件）之间电气连接的导电图形。我国国家标准 GB/T 2036—1994 的解释是："印制电路或印制线路成品板统称印制板。"

我们能见到的电子产品都离不开印制电路板，小到收音机、手机、笔记本电脑，大到自动控制设备、通信电子设备、军用武器系统等，只要包含电子元器件，它们之间的电气互连都要用到 PCB。印制电路板的主要作用有以下几点：

印制电路板是电子元器件的载体，它的质量好坏直接关系到产品质量的好坏。因此在装配每一个产品前都要对印制电路板进行检查，以确定是否存在印制导线开路或短路问题。

印制电路板有单面板、双面板、多层板几种。调频收音机、数字表、单片机等一般为双面板。图2-3所示为各类印制电路板。

图2-3　印制电路板

2.2　焊接操作基础

2.2.1　焊接机理

锡焊的机理是利用焊料（焊锡）熔点低于金属（焊件）的熔点，将焊锡与焊件同时加热到最佳焊接温度，使锡原子与焊件表面相互浸润、扩散，最后形成多组织的结合层。当焊料未有助焊剂在焊盘上熔化时，焊料会呈球状在焊盘上滚动，此时不润湿焊盘；当加入助焊剂时，焊料将会铺开，焊料才得以在焊盘上润湿和铺展。

结合图2-4焊接温度曲线，图中上方水平阴影区代表烙铁头的标准温度（250~350℃），下方水平阴影区表示为了焊料充分浸湿生成合金，焊件应达到的最佳焊接温度；下方水平线是焊料熔化温度，表示焊件达到此温度时应送入焊丝。上方曲线代表烙铁头温度变化过程；下方曲线是焊

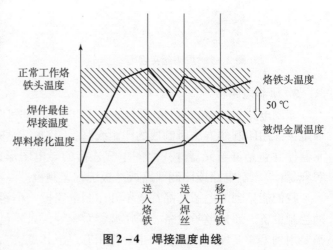

图2-4　焊接温度曲线

件温度变化过程。3条竖线实际表示焊接操作的时序关系。准确、熟练地将以上几条曲线关系应用到实际中，是掌握焊接技术的关键。由焊接温度曲线可看出，下方曲线在送入烙铁和

送入焊丝之间时间段反映焊接温度与加热时间的关系。同样的烙铁，加热不同热容量的焊件时，要想达到同样的焊接温度，可以通过控制加热时间来实现。其他因素的变化同理可推断。但在实际工作中，因为存在烙铁供热容量不同和焊件、烙铁在空气中散热等问题，所以又不能仅仅依此关系确定加热时间。例如，用一个小功率烙铁加热较大焊件时，无论停留多长时间，焊件温度都上不去。此外，有些元器件也不允许长时间加热。

2.2.2　焊接工具介绍

1. 电烙铁的分类及使用

随着技术的发展，焊接方法也由传统的手工焊接发展到自动机器焊接，电子产品的生产综合运用多种焊接方法如波峰焊、再流焊等提高生产质量和效率。手工焊接常用焊接工具为电烙铁，其一般分为内热式、外热式和恒温式三种。

加热元件位于电烙铁（烙铁头）外部称为外热式电烙铁，位于电烙铁内部则称为内热式电烙铁。功率有 20 W、25 W、30 W、35 W、50 W、60 W、100 W 等几种规格。外热式电烙铁如图 2-5 所示。

图 2-5　外热式电烙铁

一般印制电路板安装、维修、调试电子产品可选用 20 W 内热式、30 W 外热式、恒温式电烙铁；集成电路常用恒温式电烙铁。

电烙铁的使用可分为握笔法、正握法、反握法，如图 2-6 所示。握笔法与写字拿笔的姿势相类似，易于接受，适于小功率电烙铁和短时间焊接；正握法适用于中功率电烙铁及弯钩烙铁；反握法的握法稳定，适合长时间操作大功率烙铁。

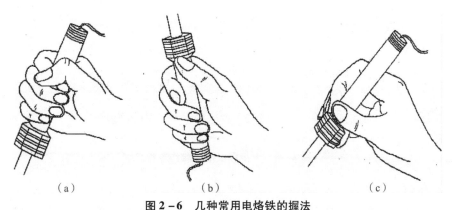

（a）　　　　　　　　（b）　　　　　　　　（c）

图 2-6　几种常用电烙铁的握法

（a）反握法；（b）正握法；（c）握笔法

2. 焊锡丝的拿法

手工焊接中一手握电烙铁，另一手拿焊锡丝，帮助电烙铁吸取焊料。拿焊锡丝的方法一般有两种，如图2－7所示。

（1）连续锡丝拿法：即用拇指和四指握住焊锡丝，其余三手指配合拇指和食指把焊锡丝连续向前送进，如图2－7（a）所示。它适于成卷焊锡丝的手工焊接。

（2）断续锡丝拿法：即用拇指、食指和中指夹住焊锡丝。这种拿法，焊锡丝不能连续向前送进，适用于小段焊锡丝的手工焊接，如图2－7（b）所示。

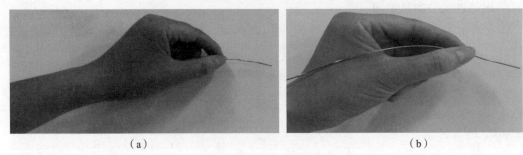

（a）　　　　　　　　　　　　　　　　（b）

图2－7　焊锡丝的拿法

（a）连续锡丝拿法；（b）断续锡丝拿法

由于焊锡丝成分中铅占有一定的比例，因此，操作时应戴手套或在操作后洗手，以避免食入人体，造成不必要的伤害。电烙铁使用后一定要放在烙铁架上，并注意烙铁线等不要碰烙铁，避免短路，确保安全。

2.2.3　焊接操作方法

焊接元器件通常采用五步焊接法，具体步骤如下：准备施焊、加热焊件、送入焊丝、移开焊丝、移开烙铁。一般在掌握熟练的情况下，上述整个过程只需2～4 s。具体操作过程为烙铁接触焊点后数一、二（约2 s），送入焊丝后数三、四即移开烙铁。焊丝熔化量靠观察决定。但由于烙铁功率、焊点热容量的差别等因素，操作中焊接时间还要根据实际情况掌握。图2－8为五步焊接法的操作过程。

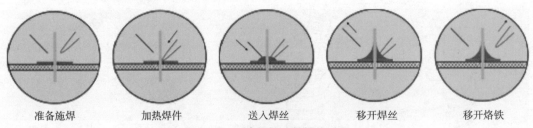

准备施焊　　　　加热焊件　　　　送入焊丝　　　　移开焊丝　　　　移开烙铁

图2－8　五步焊接法的操作过程

1. 准备施焊

准备好焊锡丝和烙铁。双手分别握住电烙铁和焊锡丝。烙铁头部要保持干净以保证可以沾上焊锡。

2. 加热焊件

当电烙铁处于正常工作温度时，将烙铁接触焊接点，使元器件引脚和焊盘都均匀受热，达到焊锡丝能够熔化的温度。此时注意加热时间控制一般在 1~2 s，加热时间不能过长，否则容易碳化变黑。

3. 送入焊丝

当焊件加热到能熔化焊料的温度后，从一侧45°方向送入焊锡丝，焊料熔化润湿焊点。同时注意送入焊丝时，避免将焊锡丝送到烙铁头上。

4. 移开焊锡丝

当焊锡丝熔化达到合格焊点的要求之后，移开焊锡丝（从一侧45°方向）。

5. 移开烙铁

移开焊锡丝之后，从另一侧45°方向，移开电烙铁。在实际操作时注意，整个焊接时间比较短，2~4 s，完成合格的焊点需要温度控制、时间控制和大量练习。

2.2.4　合格焊点的要求

手工焊接合格焊点要求主要有：可靠的电气连接、足够的机械强度、光洁整齐的外观。

（1）可靠的电气连接。这是手工焊接中最基本的要求，是指被焊元件与印制电路板紧密焊接。产品正常工作需要通过焊点导通，如果焊点存在虚焊、漏焊等问题，会影响电子产品的工作。

（2）足够的机械强度。焊点是固定元件的重要方式，电子产品在运输中也需具有一定的机械强度。

（3）光洁整齐的外观。焊点的外观要求光洁整齐，若出现拉尖、夹渣、虚焊等，则容易造成短路等问题。

良好的外观是高质量焊接的直接反映。合格焊点外观要求：以焊接导线为中心，呈裙状拉开；焊料的连接面呈半弓凹面，焊料与焊件交界处平滑，接触角尽可能小；焊点表面有光泽且平滑；无裂纹、针孔、夹渣。

由于五步焊接法操作不当而造成的焊接缺陷有很多种。表 2 - 1 所示为分立元件焊接常见的缺陷及其分析。

表 2 - 1　分立元件焊接常见的缺陷及其分析

焊接缺陷图示	缺陷特征	原因分析	危害
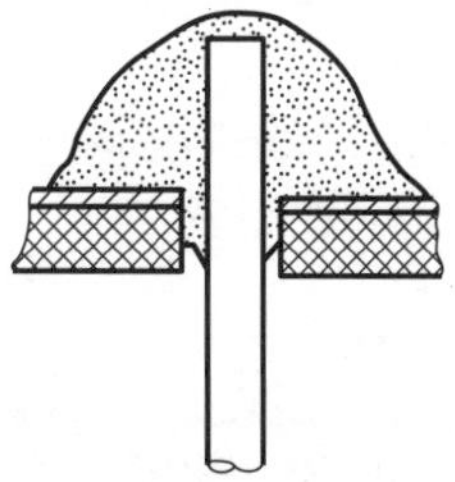	焊料过多	焊锡丝撤离过迟	此缺陷造成焊锡浪费，内部也可能存在缺陷
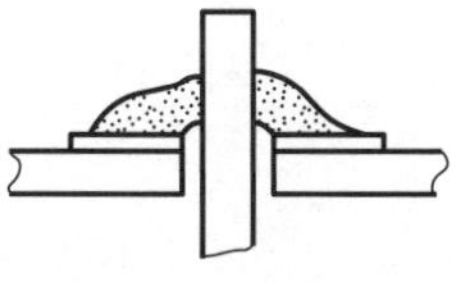	虚焊	元器件、印制电路板未清理干净，或助焊剂质量不好，或未在焊锡丝覆盖住整个焊盘时移开焊锡丝	此缺陷造成电连接不可靠，时断时续

焊接缺陷图示	缺陷特征	原因分析	危害
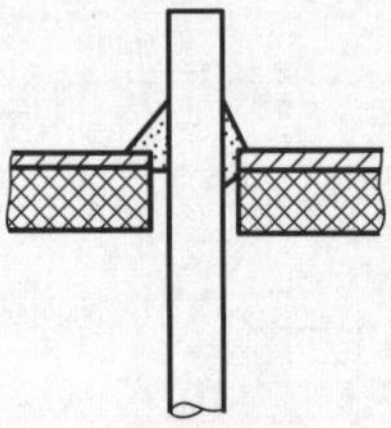	焊料过少	焊锡丝撤离过早、焊接时间过短	此缺陷造成机械强度不够，或电连接不稳定
	焊点过热	焊接时间过长	此缺陷造成焊点不美观，焊盘容易剥落
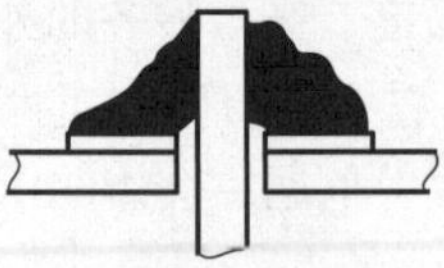	冷焊	焊料未凝固前焊件抖动或电烙铁功率不够	此缺陷造成强度低
	焊点拉尖	电烙铁撤离角度不当，助焊剂过少，或加热时间过长	此缺陷易造成桥接
	焊点表面有针孔	引线与插孔间隙过大	此缺陷造成焊点强度低
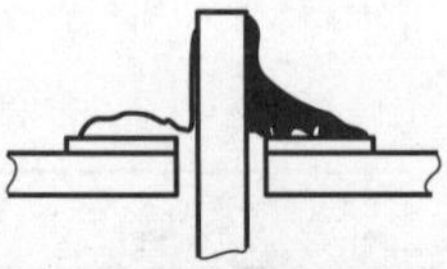	焊点不对称	焊锡流动性差、助焊剂质量差、加热时间过短	此缺陷造成强度低，易造成断路
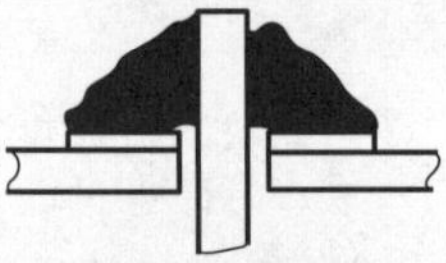	浸润不良	未充分预热，焊件未清理干净	此缺陷造成强度低，时断时续
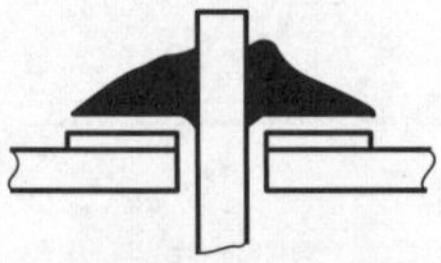	焊点与印制电路板剥离	焊接时间长，温度高	此缺陷造成电路断路
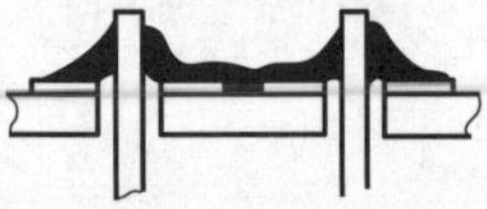	焊点之间桥接	焊料过多，或焊锡滴落等	此缺陷造成短路

2.2.5 元器件的安装

1. 电阻安装

电路板的插装分为卧式安装和立式安装，如图 2 - 9 所示，元器件轴线方向与印制电路板平行称为卧式安装；元器件轴线方向与印制电路板垂直称为立式安装。采用立式安装时第一有效数值向上，采用卧式安装时印制电路板正放，第一有效数值向左。小功率元件（如小功率电阻等）可贴板安装。

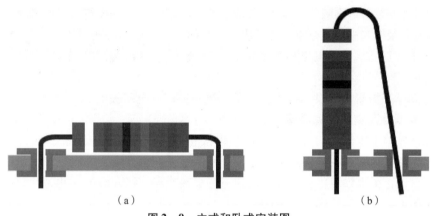

（a）   （b）

图 2 - 9 立式和卧式安装图

（a）卧式安装；（b）立式安装

（1）立式安装。由于元器件占用面积小，立式安装适用于要求元件排列紧凑的印制电路板。立式安装的优点是节省印制电路板的面积；缺点是易倒伏，易造成元器件间的碰撞，抗震能力差，从而降低整机的可靠性。

（2）卧式安装。与立式安装相比，卧式安装具有机械稳定性好、版面排列整齐、抗振性好、安装维修方便及利于布设印制导线等优点；缺点是占用印制电路板的面积较立式安装大。

2. 电容三极管等元器件安装

元器件垂直于板面。如图 2 - 10 所示，底面与板面平行，元器件底面与板面之间的距离在 0.3 ~ 2 mm。

元器件的弯月形涂层与焊接区之间要有明显的距离，例如独石电容器、热敏电阻等。

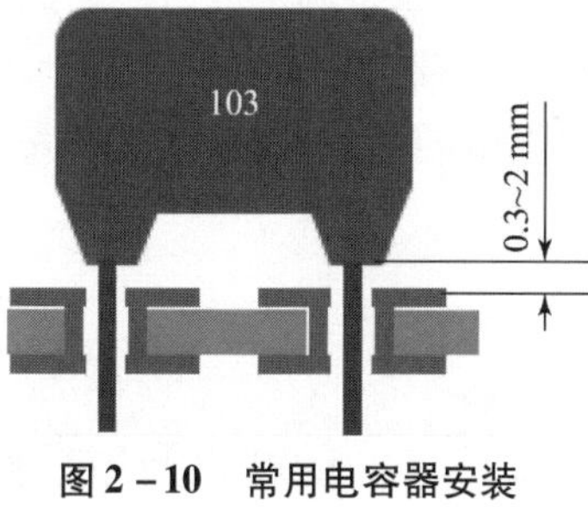

图 2 - 10 常用电容器安装

3. 元器件安装的技术要求

（1）元器件的标志方向应按照图纸的要求，安装后能看清元件上的标志。若装配图上没有指明方向，则应使标记向外易于辨认，并按从左到右、从下到上的顺序读出。

（2）元器件的极性不得装错，安装前应套上相应的套管。

（3）安装高度应符合规定要求，同一规格的元器件应尽量安装在同一高度上。

（4）安装顺序一般为先低后高、先轻后重、先易后难、先一般元器件后特殊元器件。

（5）元器件在印制电路板上的分布应尽量均匀、疏密一致，排列整齐美观，不允许斜排、立体交叉和重叠排列。

（6）元器件外壳和引线不得相碰，要保证 1 mm 左右的安全间隙；无法避免时，应套绝缘套管。

（7）元器件的引线直径与印制电路板焊盘孔径应有 0.2~0.4 mm 的合理间隙。

（8）MOS 集成电路的安装应在等电位工作台上进行，以免产生静电损坏器件，发热元件不允许贴板安装，较大的元器件的安装应采取绑扎、粘固等措施。

4. 元器件安装的注意事项

（1）插装好元器件，其引脚的弯折方向都应与铜箔走线方向相同。

（2）安装二极管时，除注意极性外，还要注意外壳封装，特别是玻璃壳体易碎，引线弯曲时易爆裂，在安装时可将引线先绕 1~2 圈再装。对于大电流二极管，有的则将引线体当作散热器，故必须根据二极管规格中的要求决定引线的长度，也不宜在引线外套上绝缘套管。

（3）为了区别晶体管的电极和电解电容的正负端，一般在安装时，加上带有颜色的套管以示区别。

（4）大功率三极管由于发热量大，一般不宜装在印制电路板上。

5. 贴片元器件及集成芯片焊接

SMT 元器件的手工焊接与直插元器件的焊接相同。首先清洁线路板，然后将贴片元器件其中一个焊盘上锡，一手拿出镊子夹起待焊元器件放到待焊位置并固定好，另一手拿起电烙铁靠近焊盘，直至焊锡熔化，移开电烙铁，待焊锡冷却后移开镊子，此时待焊元器件已经固定在电路板上，最后焊接剩下的管脚。

对于引脚较少的元器件，按照以上手工焊接方法依法焊接即可；对于引脚较多的集成芯片，因其封装不同，其焊接手法也有差别。常用的封装为 DIP、TSOP、BGA。DIP 封装的芯片一般需要插到具有 DIP 结构的芯片插座上，在焊接时将芯片插座焊接到电路板即可。大部分 TSOP 封装的元器件可以采用 SMT 技术使元器件附着在电路板上，但检修或者特殊形状的元器件也不可避免地需要手工焊接，因此本章也说明 TSOP 封装的手工焊接方法。

在焊接集成芯片时，按照贴片元件的方法步骤将芯片固定到线路板，然后在芯片一侧管脚给足焊锡，利用电烙铁的热度将焊锡熔化并向该侧管脚抹去。因为熔化的焊锡具有流动性，所以也可将印制电路板倾斜，直至焊锡冷却固定住芯片引脚和焊盘。注意：这种方法容易使相邻管脚短路，此时需要用吸锡条将多余焊锡吸走。

2.3　单片机开发板焊接

2.3.1　单片机开发板结构

单片机开发板也称为单片机最小系统板，主要包括单片机主芯片、晶振、输入输出口扩展、复位电路等部分。不同厂商生产的最小系统板在基本结构上基本相同，只是在外围模块的组成上有所区别。本节以自主研发的一种 51 单片机最小系统板为范例展开说明，从单片机开发板的基础焊接来认识其组成的各类元器件。最小系统板的元器件清单如表 2-2 所示，包括电源模块、烧录模块、晶振/复位电路、按键模块、流水灯模块、最小系统核心模块等。利用这些模块可以实现单片机的基础功能，如点亮控制 LED 灯，利用输入输出口来控制外设灯等。

表 2 - 2　最小系统板的元器件清单

名称	个数	规格	备注
电源插孔	1	DC - 005	电源模块
拨动开关	1	孔间距 4.7 mm	
USB 接口	1		
1 kΩ 电阻	1		
LED 电源灯	1	直径 3 mm/红	
CH340C	1	表面贴装	烧录模块
1N5819 二极管	1		
0.1 μF 电容	3		
10 μF 电容	1		
330 Ω 电阻	4		
S8550 三极管	1		
12 MHz 晶振	1		晶振/复位电路
30 pF 电容	2		
排针	4	孔间距 2.54 mm	
按键	1	孔间距 4.5 mm×6.5 mm	
1 kΩ 电阻	1		
0.1 μF 电容	1		
按键	2	孔间距 4.5 mm×6.5 mm	按键模块
排针	2	孔间距 2.54 mm	
1 kΩ 电阻	8		流水灯模块
LED 灯	8	直径 3 mm/红	
排针	8	孔间距 2.54 mm	
STC89C52RC	1		最小系统核心模块
40 引脚针座	1	孔间距 2.54 mm	
1 kΩ 电阻	1		
0.1 μF 电容	1		
1 kΩ 排阻（9）	1	九针孔（孔间距 2.54 mm）	
排针	88	孔间距 2.54 mm	
跳线帽	2		

图 2 - 11 为单片机最小系统板模块的电路原理图，按照区域列出了最小系统核心板电路、晶振电路、复位电路、电源电路等主要部分。最后所需的印制电路图中元器件之间的连接关系

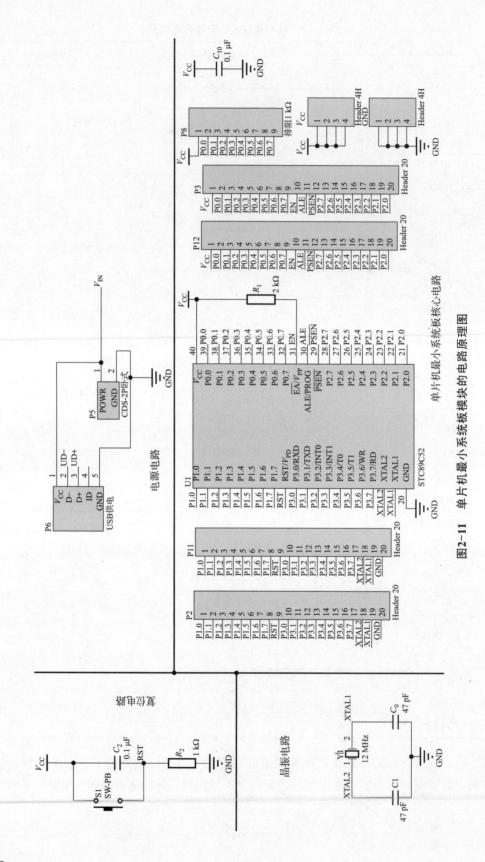

图2-11 单片机最小系统板的电路原理图

便是依据此电路原理图。需要特别注意的是，电路原理图只反映元器件的直接概念性连接关系，并没有体现出元器件的大小和形状，所以只有印制电路图才能精确地反映出元器件的外形和尺寸，这也是必须依据印制电路图进行元器件焊接的原因。

2.3.2　焊接流程及准备工作

按照电路图以及元器件清单仔细查对元器件的种类和数量。分析电路图上的图示，预设各个元器件的摆放位置以及焊接顺序，图 2 – 12 为单片机开发板焊接后的实物。准备好焊接制作工具，万用表、镊子、吸锡器、斜口钳、电烙铁、焊锡丝等。预热电烙铁，将海绵浸湿。

图 2 – 12　单片机开发板焊接后的实物

2.3.3　焊接步骤

图 2 –13 标识了 51 单片机最小化系统焊接与现状步骤及注意事项。

单片机开发板焊接可按照"先小后大、先低后高"原则进行，即先焊装体积相对小的元器件，再焊接稍大体积的元器件。需要焊装的单片机印制电路板如图 2 –14 所示。在图中可以清晰识别出元器件的外形和位置，并标注了相关序号，这就保证了安装的准确性。单片机开发板的印制电路板分为安装面和焊接面，从印有字符的一面进行安装，从背面的焊接面进行焊接。

1. 电阻及小元件焊接

焊接电阻前应看清阻值，最好用万用表量取电阻的阻值，将对应电阻引脚插入印制电路板上对应的位置，按照手工焊接方法逐个焊接并用斜口钳沿着焊点将多余的引脚剪断，直至焊完同阻值电阻之后，再焊接其他阻值电阻，如完全焊接好所有 1 kΩ 电阻之后，再焊接330 Ω 电阻，另外依据电子元器件的高度和体积，还可以同时焊接完成下载芯片、晶振等小

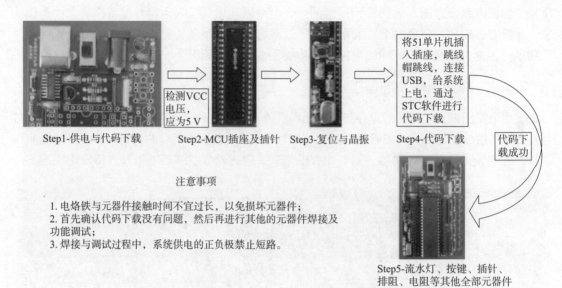

Step1-供电与代码下载　　Step2-MCU插座及插针　　Step3-复位与晶振　　Step4-代码下载

检测VCC电压，应为5 V

将51单片机插入插座，跳线帽跳线，连接USB，给系统上电，通过STC软件进行代码下载

代码下载成功

注意事项

1. 电烙铁与元器件接触时间不宜过长，以免损坏元器件；
2. 首先确认代码下载没有问题，然后再进行其他的元器件焊接及功能调试；
3. 焊接与调试过程中，系统供电的正负极禁止短路。

Step5-流水灯、按键、插针、排阻、电阻等其他全部元器件

图2-13　51单片机最小化系统焊接与调试步骤及注意事项

型元器件。焊接晶振时，应分清晶振外形，将晶振插在印制电路板对应的点位上，再将印制电路板翻转至反面，然后进行焊接。图2-15所示为电阻焊接完成图。

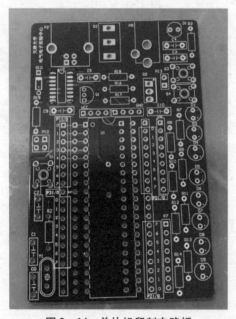

图2-14　单片机印制电路板

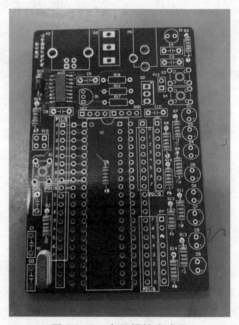

图2-15　电阻焊接完成图

2. 电容焊接

在单片机开发板中，电容分为电解电容和陶瓷电容。这两种电容的容量小、可靠性高，可用于小功率电路。在单片机开发板中，电容值分别为 0.1 μF、10 μF、30 μF。根据种类以及容值，按照印制电路板上位置，将对应的电容插在印制电路板上。与电阻相同，焊完相

同容值电容之后再焊接其他容值电容。

电容等元器件焊接的，先将按键的 4 个引脚分别插入印制电路板上对应位置，接着焊接其中的一个点，然后反复进行焊接，直至全部焊接完成，最后将按键多余的引脚用斜口钳沿着焊点剪断，如图 2 - 16 所示。

3. 二极管焊接

二极管焊接时要注意正负极标识，长脚为 LED 的正极，短脚为 LED 的负极，按照印制电路板上的图示，三角形指向的是负极。将 LED 插进印制电路板，然后进行焊接，一共 9 个 LED 二极管，如图 2 - 17 所示。

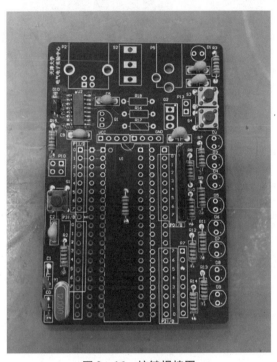

图 2 - 16　按键焊接图

图 2 - 17　二极管焊接图

4. CH340 芯片及排阻焊接

在单片机开发板中，用于下载控制的芯片是 CH340 芯片。该芯片为表面贴装安装形式，对于焊接的要求高，焊接时需要找到芯片的位置，看清给定印制电路板上的凹槽，按照方向正向摆放，在其中一个点上焊锡，用镊子夹住芯片，在加热的同时，摆正芯片的位置，使其引脚与点位对准。如果遇到两个引脚焊锡粘连短路情况，可以用电烙铁将粘连在一起的部分加热，然后再向两侧拖拽熔化的锡，或者可以使用吸锡条处理。

焊接排阻时，需分清楚排阻的公共端，将公共端与印制电路板上的公共端标识相对应，然后按照点位焊接，如图 2 - 18 所示。

5. 单片机开发板其他位置焊装

单片机座以及印制电路板上有对应的凹槽，不要焊反方向，将底座插入印制电路板中后，在电路板焊接面按照焊接点位挨个焊接。排针是用来进行输入输出连接的器件，焊接时数清需要用到的排针，并将需要的排针取下，将排针短头插进印制电路板的对应位置上，在印制电路板焊接面焊接。焊接拨动开关时，将拨动开关安装到印制电路板相应位置上，焊接其中的一个引脚，若引脚不够长，则可以用物品垫在拨动开关下面，将拨动开关多余的引脚，用斜口钳沿着焊点剪断。

完成以上所有内容后，得到焊接完整的单片机核心板，如图2-19为焊接完成的单片机开发板，使用时需要插入单片机芯片并注意底座凹槽与芯片凹槽相对应，至此完成了单片机开发板的整体焊接流程。

图2-18　排阻焊接

图2-19　焊接完成的单片机开发板

第 3 章

电子元器件

电子元器件是组成电子产品的基本材料。单片机开发板套件由多种元器件组成，电子元器件种类繁多，只有掌握好电子元器件的性能、结构和用途等，才能完善电子产品设计和制造。本章将对焊装单片机开发板过程中所涉及的电子元器件（电阻、电容、电感和半导体器件等）的种类、结构、性能等方面做基本介绍。

3.1　电阻器

电阻器是单片机外接电路中的一种基础器件，也是我们学习过程中最早接触的一种电路器件。电阻器在不同场合下有不同作用，下文将介绍电阻器的用途。

3.1.1　电阻器基本概念

电阻（resistance）在物理学中表示导体对电流阻碍作用的大小，其外形如图 3 – 1 所示。导体的电阻越大，表示导体对电流的阻碍作用越大。不同的导体，电阻的大小一般不同，电阻是导体本身的一种特性。电阻的增减会导致电子流通量的变化，电阻越小，电子流通量越大，反之则会越小。

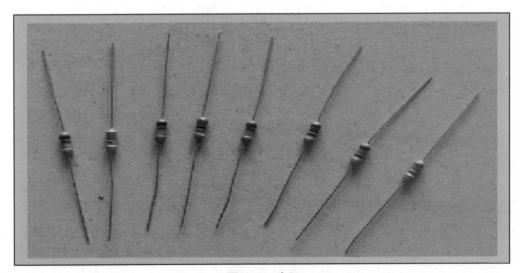

图 3 – 1　电阻

电阻元件的电阻值大小一般与温度、材料、长度和横截面积有关。衡量电阻受温度影响大小的物理量是温度系数，其定义为温度每升高1℃时电阻值发生变化的百分数。

导体的电阻通常用字母 R 表示，电阻的单位是欧姆，简称欧，符号是 Ω，$1\ \Omega = 1\ \text{V/A}$。比较大的单位有千欧（k$\Omega$）、兆欧（M$\Omega$）。

多个电阻联合起来的计算公式如下：

串联：$R = R_1 + R_2 + \cdots + R_n$；

并联：$\dfrac{1}{R} = \dfrac{1}{R_1} + \dfrac{1}{R_2} + \cdots + \dfrac{1}{R_n}$；

定义式：$R = \dfrac{U}{I}$；

决定式：$R = \dfrac{\rho L}{S}$（ρ 表示电阻的电阻率，由其本身性质决定；L 表示电阻的长度；S 表示电阻的横截面积）。

电阻的主要物理特征是变电能为热能，也可说它是一个耗能元件，电流经过它就产生内能。电阻在电路中通常起分压、分流的作用。对于信号来说，电阻不会阻拦交流与直流信号。

3.1.2 电阻参数的识别

1. 色环标注法

为了方便标注电阻阻值和精度等参数，一般用色环标注法来标识阻值。电阻器有三色带、四色带、五色带三种标注方法。三色带电阻器缺少表示允许偏差的第四条色环，它的允许偏差是 ±20%。四色带表示普通电阻器，五色带表示精密电阻器。四色带和五色带的标注方法如图 3-2 与图 3-3 所示。

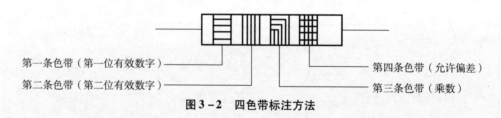

第一条色带（第一位有效数字）　　　　第四条色带（允许偏差）
第二条色带（第二位有效数字）　　　　第三条色带（乘数）

图 3-2　四色带标注方法

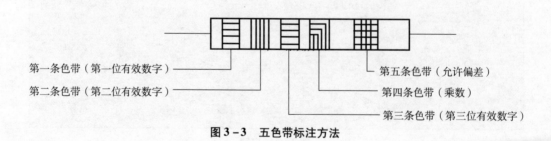

第一条色带（第一位有效数字）　　　　第五条色带（允许偏差）
第二条色带（第二位有效数字）　　　　第四条色带（乘数）
　　　　　　　　　　　　　　　　　　第三条色带（第三位有效数字）

图 3-3　五色带标注方法

图 3-4 是典型的五色环电阻，色环电阻的识别表如表 3-1 所示。

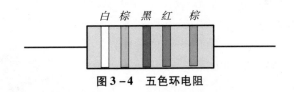

图 3 - 4 五色环电阻

表 3 - 1 色环电阻识别表

颜色	数值	倍率	误差
黑	0	10^0	
棕	1	10^1	±1%
红	2	10^2	±2%
橙	3	10^3	
黄	4	10^4	
绿	5	10^5	±0.5%
蓝	6		±0.25%
紫	7		±0.1%
灰	8		
白	9		
金		10^{-1}	±5%
银		10^{-2}	±10%

表 3 - 1 是各个颜色所代表的数值。通常来讲，不管是五环还是四环电阻，其后两环都代表着倍率（第四环）和误差率（第五环），前三环根据前后顺序代表"个、十、百"三位的数据，例如图 3 - 4 直接代表 910，倍率是红色，代表 100 倍，所以合起来就是 91 kΩ。最后一个是棕色，代表误差率 1%。所以，图 3 - 4 所表示的电阻是 91 kΩ 大小，误差率为 1%。

2. 数码标注法

有时候电阻阻值会用数字的形式标注。其中数字的前面几位代表具体数值，最后一位代表 10 的几次方。

如 $N = 102 = 10 \times 10^2$，即 10×100，也就是 1 kΩ；502 表示 $50 \times 10^2 = 5$ kΩ。

3.1.3 电阻器的应用

电阻在电路中的主要作用为分流、限流、分压、偏置、滤波（与电容器组合使用）和阻抗匹配等。

1. 固定电阻

固定电阻有小功率电阻和大功率电阻之分。大功率电阻中金属电阻较多，通常外部还会有铝材料的散热器，因为该电阻一般有 10 W 以上的功率。

2. 电位器（可调电阻）

电位器就是可调电阻。它的阻值在 $1 \sim n\Omega$ 变化。

电位器又分单圈电位器和多圈电位器（图 3 -5）。
多圈电位器通常为蓝色，一般又分成顶调和侧调两
种，主要为了方便调试电路板。

电位器一般应用于仪器仪表的模拟电路，调节
电位器可使电路的各项指标达到一个稳定的状态；
或者用于设备本身需要不断变化输出电压和电流的
情形。

图 3 -5　多圈电位器

3. 排电阻

排电阻比较常用的就是标注为 502 和 103 的 9 脚
电阻排；例如 sip9 是 8 个电阻封装在一起，8 个电阻由公共端连接在一起，公共端在排电阻
上用一个小白点表示，如图 3 - 6 所示。51 单片机系统的 P0 端口需要一个排电阻上拉，否
则，作为输入的时候，不能正常读入数据。

图 3 -6　排电阻结构

4. 限流电阻

限流电阻指的是在电路中为了限制流过某条支路的电流大小，串联在该条支路的电阻。
限流电阻需要根据电路的要求进行选择和替换，通常来讲，限流电阻的替换要根据电路中各
项元器件的基本情况进行，保证电路元器件处于满额工作状态。

$$限流电阻 = \frac{电源电压 - LED\,正向稳定电压}{要求的工作电流}$$

3.2　电容器

3.2.1　电容器基本概念

电容亦称作"电容量"，是指在给定电位差下的电荷储存量，记为 C，电容是电子设备
中大量使用的电子元件之一，广泛应用于隔直、耦合、旁路、滤波、调谐回路、能量转换、
控制电路等方面。

电容是表现电容器容纳电荷本领的物理量。

在国际单位制里，电容的单位是法拉，简称法，符号是 F，由于法拉单位太大，所以常用的电容单位有毫法（mF）、微法（μF）、纳法（nF）和皮法（pF）等。

3.2.2　电容器的种类

1. 涤纶电容

涤纶电容（图 3-7）是指用两片金属片做电极，中间介质是涤纶的电容，具有介电常数较大、体积小、容量大等特点。

2. 电解电容

电解电容如图 3-8 所示，把金属箔作为正极，电介质是与正极紧贴金属的氧化膜，阴极是由导电材料、电解质和其他材料共同组成的。

图 3-7　涤纶电容实物　　　　　　　　图 3-8　电解电容实物

3. 瓷片电容

瓷片电容如图 3-9 所示，把陶瓷材料作为介质，在陶瓷表面涂一层金属薄膜作为电极。

4. 双联电容

将两只可变电容器的动片合装在同一轴上，组成电容器，称双联电容，如图 3-10 所示。

图 3-9　瓷片电容　　　　　　　　　图 3-10　双联电容实物

3.2.3 电容器参数的识别

如图 3-11 所示，这个瓷片电容上标有很明显的"223"三个数字，其规律与电阻相似，但不完全一样，其中前两位代表数字，在这个例子中就是"22"，第三位 3 是 10 的幂数，代表 10^3，最后落脚的单位是 pF，所以 223 就是 22 000 pF，即 0.022 μF。同理可知，103 和 333 分别代表 0.01 μF 和 0.033 μF。

图 3-11　瓷片电容标识

3.2.4 电容器的应用

电容的应用很广泛，其中最为常见的就是去耦电容和耦合电容。电容一般应用在电源的旁边，作为旁路电容。在电子电路中，去耦电路一般在不需要交流信号的地方，如放大电路，用来消除自激反应，使放大器稳定工作。

耦合电容，又称电场耦合或静电耦合，是由于分布电容的存在而产生的一种耦合方式。电容耦合的作用是将交流信号从一级传到下一级。在 ADC 与 DAC 电路上，经常需要把数字信号和模拟信号进行相互转换，而信号的互不干涉，有序传递，往往需要在单片机端串联一个电容，对电路进行耦合。

3.3　电感器

电感器作为一种能够改变电流的特殊器件，在数字电路中应用相对比较少，一般都应用在与电源相关的部分。

3.3.1 电感器基本特性

电感是闭合回路的一种属性。当线圈通过电流后，在线圈中形成感应磁场，感应磁场又会产生感应电流来抵制通过线圈中的电流。这种电流与线圈的相互作用关系称为电的感抗，也就是电感。

3.3.2 电感器的外形

如图 3-12 所示，电感器有很多种类，其中包括固定电感器、可调电感器、空心电感器、有磁芯电感器和铁氧体磁芯电感器。

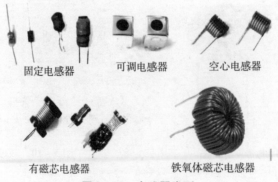

固定电感器　　可调电感器　　空心电感器

有磁芯电感器　　　　铁氧体磁芯电感器

图 3-12　电感器类型

3.3.3　电感器的作用

电感器的作用简单说就是通直流阻交流，对交流信号进行隔离、滤波或与电容器、电阻器等组成谐振电路。

电感器还有筛选信号、过滤噪声、稳定电流及抑制电磁波干扰等重要的作用。

3.3.4　电感器的参数

电感的主要参数有电感量、允许偏差、品质因数及分布电容等。

1. 电感量

电感量也称自感系数，是表示电感器产生自感应能力的一个物理量，符号为 L。

电感器电感量的大小主要取决于线圈的圈数（匝数）、绕制方式、有无磁芯及磁芯的材料等。电感量的基本单位是亨利（简称亨），用字母"H"表示。常用的单位还有毫亨（mH）和微亨（μH）。

2. 允许偏差

电感器的标称电感量与实际测量值有一定的偏差，称为允许偏差，是指电感器上标称的电感量与实际电感量的差值与标称电感量的比，其精度等级与结构、材料、制作工艺等有关。

3. 品质因数

品质因数也称 Q 值或优值，是指电感器在某一频率的交流电压下工作时所呈现的感抗与等效损耗电阻之比，是衡量电感器质量的主要参数。Q 值越高，损耗功率小，电路效率高，选择性越好。

4. 分布电容

分布电容是指线圈的匝与匝之间、线圈与磁芯之间、线圈与地之间、线圈与金属之间的电容。分布电容的存在会使线圈的等效总损耗电阻增大，品质因数 Q 值降低。分布电容越小，对应的稳定性越好。

3.4　变压器

变压器一般用于改变交变电流的电压，由两组或两组以上的线圈绕组组成。变压器是电磁能量转换器件，主要作用是变换电压、电流和阻抗，在电源和负载之间进行直流隔离，能最大限度地传送功率。其中输入变压器（绿色）、输出变压器（黄色）如图 3-13 所示。

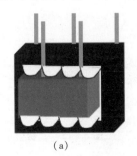
（a）

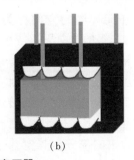
（b）

图 3-13　输入、输出变压器

（a）输入变压器；（b）输出变压器

变压器的图形符号，变压器一般用字母 B 表示。

变压器有很多种类，按其用途、相数、线圈数、铁芯结构、调压方式、冷却介质和冷却方式、容量大小等不同可进行如下分类。

（1）按用途分类：升压变压器、降压变压器等；

（2）按相数分类：单相变压器和三相变压器等；

（3）按线圈数分类：双绕组变压器、三绕组变压器和自耦变压器等；

（4）按铁芯结构分类：芯式变压器和壳式变压器等；

（5）按调压方式分类：无载（无励磁）调压变压器、有载调压变压器等；

（6）按冷却介质和冷却方式分类：油浸式变压器和干式变压器等；

（7）按容量大小分类：小型变压器、中型变压器、大型变压器和特大型变压器等。

在单片机中，变压器主要负责将输入电压转化成单片机需要的电压。目前大部分家用电源都是 220 V，即单片机本身的额定电压一般在 5 V 上下，如果直接接入高达 220 V 的电源电压是很危险的，需要使用变压器将其变至 5 V。

3.5　晶体管

3.5.1　二极管概述

晶体二极管可以简称为二极管。二极管最大的特点是由 PN 结单向传递电流，在电路中通常用 D 或者 VD 来进行标识，各类二极管具体图形符号如图 3-14 所示。

普通二极管　　发光二极管　　稳压二极管

变容二极管　　光敏二极管　　双向击穿二极管

图 3-14　二极管图形符号

3.5.2　二极管的应用

二极管具有单向导通的特点，能导通的方向称为二极管的正向，不能导通的方向称为二极管的反向。图 3-15 所示为二极管的单向导通特性，从图中可以看到，超过 0.7 V 导通电压后，二极管呈现正向导通状态，电流随着电压的增加而快速增加；反之，在坐标轴的负半轴二极管为截止状态，随着电压的增加电流变化不大。

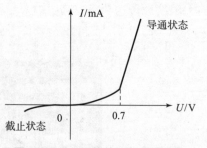

图 3-15　二极管的单向导通特性

对于二极管的正向部分，其实并不是只要有电压就会通过电流，二极管在有电流通过的时候如果电流过低，就不能穿过 PN 结。外接反向电压实际有一个上限，超过这个值就可以通过电流，但此时二极管是已经被击穿的状态，所以我们把这个值称为反向击穿电压。在低于反向击穿电压的电压下二极管并不是没有电流通过，只是电流十分微小，这个电流称为反向饱和电流，该电流受温度影响较大。

二极管是由一个 PN 结构成的，它的重要特性就是具有单向导电性，当 PN 结的 P 区加上正电压，N 区加上负电压时，PN 结导通，二极管处于正向导通状态，正向偏置时有较大的电流流过，呈现的电阻很小（称为正向电阻）；反之，当 PN 结的 P 区加上负电压，N 区加上正电压时，PN 结反向截止，这时几乎没有电流流过，呈现的电阻很大（称为反向电阻）。这就是二极管单向导电性能，如图 3-16 所示。

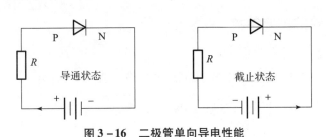

图 3-16 二极管单向导电性能

此外，还可以用二极管的单向导通特性来进行整流，双向流通的交流电经过二极管的单向限制会变为单方向的直流电。这样，我们就粗略完成了将交流信号变成直流信号的过程，这叫作二极管的整流特性。

3.5.3 三极管概述

半导体三极管又称"晶体三极管"或"三极管"，是能起放大、振荡或开关等作用的半导体电子器件。在半导体锗或硅的单晶上制备两个能相互影响的 PN 结，组成一个 PNP（或NPN）结构。中间的 N 区（或 P 区）叫基区，两边的区域叫发射区和集电区，这三部分各有一条电极引线，分别叫基极（b）、发射极（e）和集电极（c）。基区与发射区交界面形成的 PN 结称为发射结，基区与集电区交界面形成的 PN 结称为集电结。

依据不同 N 型、P 型半导体材料的组合，可以形成 NPN 型三极管和 PNP 型三极管，如图 3-17 所示。

图 3-17 三极管结构

三极管按材料分类有两种类型：锗管和硅管。而每一种又有 NPN 和 PNP 两种结构形式，其图形符号如图 3-18 所示。

图 3 - 18   三极管符号

三极管可以理解为在三极管的基极和发射极之间加入了二极管,当三极管工作时,基极与发射极之间的二极管的正向压降为 0.6 ~ 0.7 V。反过来可以这样理解,要让三极管工作,实际上可以让三极管里边的二极管工作,当这个二极管工作了,那么三极管也就工作了。

3.5.4   三极管的主要参数

1. 电流放大倍数

电流放大倍数分为直流放大倍数、交流放大倍数。直流放大倍数也称为静态电流放大倍数,即在无输入信号时集电极电流与基极电流的比值,用 $\bar{\beta}$ 表示, $\bar{\beta} = \dfrac{I_c}{I_b}$。

交流放大倍数是指在共发射极电路中发射极交流电流放大倍数,即集电极交流电流与基极交流电流变化量之比,用 β 表示, $\beta = \dfrac{\Delta I_c}{\Delta I_b}$。

2. 集电极最大允许耗散功率

晶体管在正常工作时,集电结反偏,电流经过集电结使集电结温度升高。如果电流过大,集电结将因过热(超过最大允许结温)而使晶体管性能发生很大变化。因此集电极最大允许耗散功率是当晶体管因受热而引起的参数变化不超过允许值时,集电极所消耗的最大功率。

3. 集电极最大允许电流

放大倍数数值下降到额定值的 2/3 时的集电极电流称为集电极最大允许电流。

4. 集电极－发射极反向击穿电压

当基极开路时,集电极与发射极之间允许加的最大电压决定了晶体管在共发射极电路中承受的最大反向电压,即集电极－发射极反向击穿电压。在实际应用时,加到集电极与发射极之间的电压,要小于此电压,否则将损坏三极管。

5. 特征频率

随着频率升高,三极管电流放大倍数将下降,当 β 值下降到 1 时,对应的频率称为特征频率。在此频率下工作的三极管,已经没有电流放大能力了。当电路工作的频率小于特征频率时, $\beta > 1$,此时电路具有放大作用;当工作的频率大于特征频率时, $\beta < 1$,此时电路不具有放大作用。

3.6   集成电路

集成电路(integrated circuit, IC)是采用一定的工艺把电路中所需的晶体管、电阻、电容和电感等元件及布线互接在一起,制作在一小块基片上,其中所有元件在结构上已组成一个整体。集成电路具有体积小、重量轻、价格低、可靠性高等优点。其中几种典型集成电路如图3-19所示。

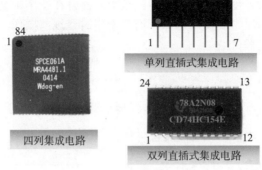

图3-19　几种典型集成电路

3.6.1　集成电路的分类

集成电路可按以下三种方式进行分类。

按功能的不同，集成电路可分为模拟集成电路、数字集成电路和数/模混合集成电路三大类。

按制作工艺的不同，集成电路可大致分为半导体集成电路（集成在一块半导体单芯片上）和膜集成电路。膜集成电路又分为厚膜集成电路和薄膜集成电路。

按集成度的不同，集成电路可分为：小规模集成电路（small scale integrated circuits，SSIC）、中规模集成电路（medium scale integrated circuits，MSIC）、大规模集成电路（large scale integrated circuits，LSIC）、超大规模集成电路（very large scale integrated circuits，VLSIC）、特大规模集成电路（ultra large scale integrated circuits、ULSIC）和巨大规模集成电路（giga scale integration，GSIC）。

3.6.2　集成电路使用注意事项

由于国内外的集成电路，不论封装形式还是引脚的排列都有很多种类，因此，在使用时一定要搞清楚引脚的排序，如错误地将集成电路接入电路中，将会影响集成电路正常工作甚至烧毁集成电路。

（1）单列直插集成电路的引脚只有一列且引脚直插，和双列直插式集成电路相同，都会在集成电路的表面做一个明显的标记。识别第一引脚时将标有型号及有标记的一面向上，标记所对应的引脚为第一引脚。按常规从第一引脚逆时针排序，如图3-20所示。

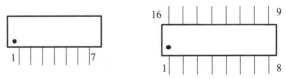

图3-20　集成电路引脚识别

（2）对于没有明显第一引脚标记的单列直插式集成电路，在辨别时可将印有型号的一面朝上，引脚向下，最左端的第一只引脚是起始端，然后按逆时针依次排序。

3.7　开关、接插件、继电器

前几节介绍的电阻器、电容器、电感器、变压器、晶体管等均属于无源元器件，还有一些无源元器件，如开关、接插件、继电器等，这些元器件在电路中是必不可少的。它们的功能包括控制电路的通与断、传输信号和电能。这类元器件在使用中会频繁地触动或插拔，因此在选择时要考虑它们的质量和使用寿命，而且使用时要规范操作。这里介绍一些常见的开关、接插件和继电器等元器件。

3.7.1　开关

开关的种类有很多，常见的有轻触开关、琴键开关、拨动开关、直键开关、船形开关（波形开关）等，如图3-21所示。

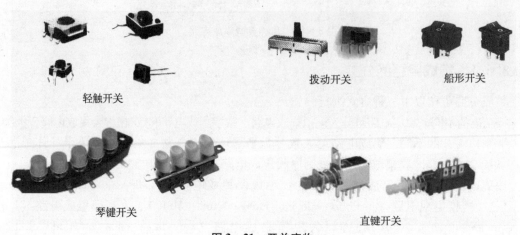

轻触开关　　拨动开关　　船形开关

琴键开关　　直键开关

图3-21　开关实物

3.7.2　接插件

接插件又称连接器，由插件和接件两部分构成，插件和接件是固定的对应关系。接插件只有插入和拔出两种状态。通过插接可实现电路之间连接或转换的目的。接插件在电子设备中应用广泛，种类也很多，从外观形状上区分有圆形接插件、矩形接插件、扁平电缆连接器以及各类插座等。图3-22所示为几种接插件实物。

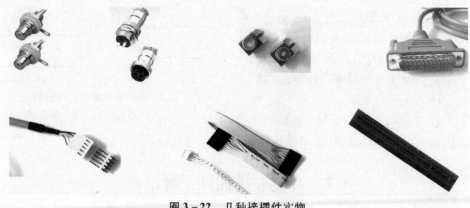

图3-22　几种接插件实物

3.7.3　继电器

继电器也是在电路中起到控制隔离作用的控制器件。就工作状态而言其属于开关器件。只是其接点、开合的控制是利用电磁或机电原理由电路来控制完成的。常见的继电器包括电磁继电器、舌簧继电器、时间继电器、温度继电器、固态继电器等。图 3 – 23 所示为几种继电器实物。

交流固态继电器　　　　直流固态继电器　　　　电磁继电器　　　　　　电磁继电器

图 3 – 23　几种继电器实物

第4章

中断系统原理及应用

4.1　数据的输入/输出传送方式

除完成控制作用外，单片机系统一般都需要和外部设备进行数据交互。下面我们介绍一下单片机数据输入/输出的主要方式。

4.1.1　无条件传送方式

无条件传送也可被称为同步传送。在无条件传送时，不进行外部设备状态的检测，可以随时随地直接进行传送。因此，外部设备必须一直处于为数据的输入/输出传送做好准备的状态，才可以支持数据进行无条件传送。

以下两类外部设备可使用无条件传送方式进行数据传送：

（1）相对于单片机而言，数据信号很少发生变化或变化缓慢的外部设备，如按键开关、发光二极管和指示灯等。它们的数据变化速度和单片机运行速度不在同一数量级，因此可以认为它们的数据随时都处于"准备就绪"的状态。

（2）本身运行速度快到足以和单片机进行同步工作的外部设备，如模/数转换器和数/模转换器等。这类外部设备的运行速度非常快，因此可以随时使用无条件传送方式与单片机进行数据传送。当然，无条件传送只是模/数转换器和数/模转换器与单片机之间进行数据传送可使用的其中一种方式，后续讲到的程序查询方式和中断方式也同样适用于模/数转换器和数/模转换器。

4.1.2　查询传送方式

查询传送方式也可被称为异步传送或有条件传送方式。在进行查询传送时，会首先检测外部设备当前所处的状态，是否允许进行传送。只有查询到外部设备处于"准备就绪"的状态时，单片机才会开始进行数据的输入/输出传送。

查询传送方式的优点是通用性好，硬件电路和查询传送程序相对来说比较简单，因此广泛适用于多种外部设备。如我们前面说到的与模/数转换器或数/模转换器传送数据，也可以采用查询传送方式。但是，查询传送方式需要单片机定时去查询各个外部设备当前的状态，如果连接外部设备数量较多的话，查询方式会极大地影响单片机的使用效率，因此，查询方式一般多用于小规模单片机系统。

4.1.3　中断传送方式

中断传送方式需要用到单片机本身的中断功能。当外部设备需要和单片机进行数据传送时，先保证外部设备处于"准备就绪"的状态，然后由外部设备向单片发出数据传送请求。单片机收到请求，判断是否响应，如果响应则中断当前正在执行的程序，进入对应的中断服务程序，进行数据的传送。

中断传送方式和查询传送方式的区别主要在于中断传送方式是由外部设备发送信号请求单片机进行处理，在收到请求信号之前，单片机可以完成自己当前程序不受任何影响。而查询传送方式需要单片机定时去查询是否有外设需要进行数据传送，必然会影响单片机的工作效率。因此，中断传送方式的工作效率是优于查询传送方式的。

4.1.4　DMA 传送方式

DMA（Direct Memory Access）传送即直接存储区存取传送。使用 DMA 传送方式时，外部设备可以使用专门的接口电路，不通过单片机里的中央处理器（CPU）控制，和随机存储器（RAM）进行直接的数据输入/输出传送。

比如说对于 STM32 单片机的串口通信功能，假设需要通过串口 USART1 发送 100 个字节的数据，如果采用中断传送方式，串口 USART1 每发送一个字节的数据，都必须由中央处理器（CPU）控制将该字节从随机存储器（RAM）中取出，送到 USART1 的 DR 寄存器。每个字节的传送都需要产生一个中断，100 字节就需要产生 100 次中断才能完成。在传送数据量较大的情况下，非常影响单片机的工作效率。而如果采用 DMA 传送方式，当外部的数据到达串口 USART1 后，就会通过 DMA 通道直接传送到 RAM 中。当 100 字节传送完毕后，才会给中央处理器发送中断，再由中央处理器控制单片机从 RAM 中把数据取出来。这样，100 字节的传送只需要一个中断，数据传输的速度基本上取决于外部设备和 RAM 的速度，大大提高了单片机的工作效率。因此，DMA 传送方式的工作效率是优于中断传送方式的。可以说，在以上几种数据传送方式中，DMA 传送方式的工作效率是最高的。

不过，目前大部分 51 单片机，包括 STC89C52，都不支持 DMA 传送方式。对于 STC89C52，可以使用无条件传送方式、查询传送方式和中断传送方式。如果需要使用中断传送方式，就必须使用中断。下面将介绍中断系统。

4.2　中断的概念

中断的产生是为了使单片机具有实时处理外部或内部事件的功能。单片机正在执行现行程序时，若临时发生其他事件需要单片机处理，则单片机暂停现行程序，转去处理临时事件，待处理完后又转回原来程序暂停的地方继续处理，这个过程就是中断。

我们可以以生活中的实际为例，去理解中断的概念。比如说小明正在炒菜，这时门铃响了，小明关好煤气灶上的火，放下食材，打开门，和按门铃的人处理他的事情，结束后，小明再打开火，拿起食材，继续炒菜，这就是一个中断现象。

这里，对于小明来说，炒菜和开门不是可以同时完成的操作，在同一时间他只能完成一项，而当他选择停下炒菜去开门的时候，出于安全性考虑，他还需要先关火、放下食材，回来后再打开火、拿起食材，才能继续完成炒菜的操作。这就意味着，当有外部事件到来导致小明必须停下当前任务转去处理的时候，他不是直接把手中的菜扔在地上立刻就去开门，而是需要先对当前任务进行处理（关火、放好食材），这样可以保证中断结束后，小明可以很方便地回来继续炒菜，这就涉及中断操作的具体流程。

另外需要注意的是，当小明在炒菜时，发生的外部事件不一定是有人按门铃，也可能是他的手机收到一条短信。如果是收到短信，并不需要小明立刻处理，小明就可以先把炒菜的任务完成，然后再回复短信。这里面，其实隐含了中断优先级的概念。就是炒菜、响应门铃、回复短信这三个任务对于小明来说，哪个是必须立刻执行的，哪个是可以完成当前任务后再处理的，小明可以先判断好，然后再安排处理任务的顺序。

对于 STC89C52 单片机来说，我们已经在前面的章节中了解了它的具体结构，它仅有一个中央处理器来完成运算和控制的功能，也就是说，在同一时间，它只能完成一项任务，无论是运算还是控制，都需要占用中央处理器的资源。

那么，当中央处理器（CPU）面临多任务的时候该如何处理呢？比如说单片机通过 LED 数码管显示当前按键次数的程序。这个程序，其实包括三个任务：第一个，识别按键按下；第二个，计算按键次数；第三个，LED 数码管显示。其中，识别按键按下和计算按键次数是顺序执行的任务，不存在冲突。而 LED 数码管一般采用动态显示的方式，需要定时刷新，就有概率在数码管刷新的过程中遇到按键按下的情况。这时，就需要用到中断，来保证中央处理器可以在执行刷新任务的时候跳转到识别按键按下并计数的任务，完成计数后，再跳转回 LED 刷新程序继续执行。

由此可见，中断的主要过程如图 4-1 所示。

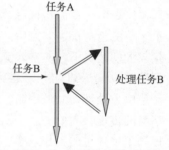

图 4-1 中断的主要过程

（1）当中央处理器在执行任务 A 的过程中，任务 B 也请求中央处理器进行处理，这称为中断请求或中断发生；

（2）中央处理器中断任务 A，转去处理任务 B，这称为中断响应和中断服务；

（3）中央处理器执行完任务 B 后，再跳转回原来任务 A 被中断的地方继续执行，这称为中断返回。

因此，中断过程为中断请求→中断响应→中断服务→中断返回。

4.3　STC89C52 单片机的中断系统

在学习 STC89C52 单片机的中断系统之前，我们先了解一下传统 80C51 单片机的中断系统。这两个系统，都要用到中断源的概念。所谓中断源，就是发出中断请求的设备。

4.3.1　80C51 单片机的中断系统结构

80C51 单片机的中断系统有 5 个基本中断源，包括 2 个外部中断（外部中断 0 和外部中断 1）、2 个定时器中断（定时器中断 T0 和定时器中断 T1）和 1 个串行中断，如图 4-2 所示。串行中断分为串行发送中断 TX 和串行接收中断 RX，它们共用一个中断向量，有的书也把它们分为两个中断源，称 80C51 单片机的中断系统有 6 个基本中断源。

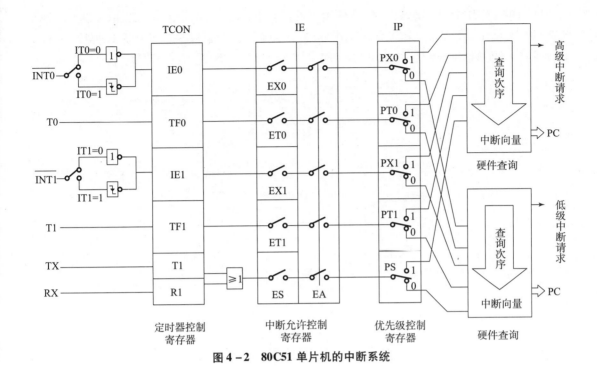

图 4－2 80C51 单片机的中断系统

4.3.2 STC89C52 单片机的中断系统结构

在前面的章节中我们已经学到过，STC89C52 单片机分为 40 管脚和 44 管脚两种，封装形式包括 PDIP40、LQFP44、PQFP44、PLCC44 等，每个封装形式又各自有 HD 和 90C 两种版本。

其中 PDIP40 的 HD 版本引脚如图 4－3 所示。可以看出，40 管脚的 STC89C52 单片机的中断系统在 80C51 单片机的基础上增加了 1 个中断源定时器 T2，对应两个外部管脚 P1.0/T2 和 P1.1/T2EX。

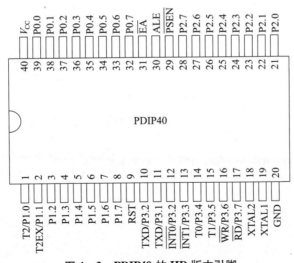

图 4－3 PDIP40 的 HD 版本引脚

　　LQFP44 的 HD 版本引脚如图 4 - 4 所示。可以看出，44 管脚的 STC89C52 单片机的中断系统在 80C51 单片机的基础上增加了 3 个中断源，分别为定时器 T2、外部中断 2 和外部中断 3，对应四个外部管脚 P1.0/T2、P1.1/T2EX、P4.3/$\overline{\text{INT2}}$ 和 P4.2/$\overline{\text{INT3}}$。其中断系统如图 4 - 5 所示。

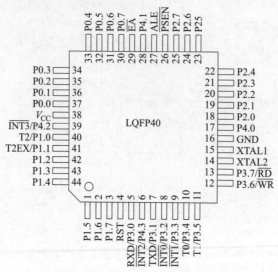

图 4 - 4　LQFP44 的 HD 版本引脚

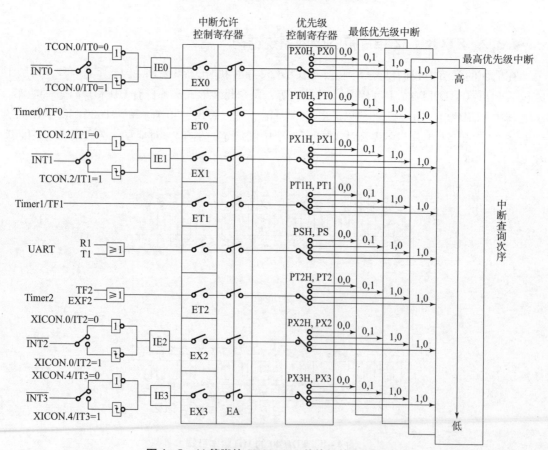

图 4 - 5　44 管脚的 STC89C52 单片机的中断系统

　　我们如何选择触发中断，主要是依靠中断请求标志位和中断向量。中断请求标志位处于内部数据存储器（RAM）的专用寄存器区（SFR），中断向量就是中断服务程序的入口地址，这些地址被存储在内部程序存储器（ROM）的特殊保留单元中。

　　简单地说，当某个中断源被触发，相应的中断请求标志位就会被硬件或软件置位（变成"1"）。单片机采样到这个标志位被置位后，就会进行判断，如果判断结果是响应这个中断，那么程序就会指向当前中断的中断向量。因为单片机多个中断向量非常接近，存储空间有限，因此中断向量存储的不是完整的中断程序，而是一个无条件转移指令＋中断程序入口地址。单片机的程序指向中断向量后，就会执行无条件转移指令，自动跳转到中断向量对应的中断程序起始位置，开始执行中断程序。

　　STC89C52 单片机 8 个中断源的中断向量（中断服务程序入口地址）和中断请求标志位分别如下：

　　（1）外部中断 0（$\overline{INT0}$），中断服务程序入口地址为 0003H，中断请求标志为 IE0。

　　（2）定时器 0，中断服务程序入口地址为 000BH，中断请求标志为 TF0。

　　（3）外部中断 1（$\overline{INT1}$），中断服务程序入口地址为 0013H，中断请求标志为 IE1。

　　（4）定时器 1，中断服务程序入口地址为 001BH，中断请求标志为 TF1。

　　（5）串行中断（UART），中断服务程序入口地址为 0023H，中断请求标志为 TI 和 RI。

　　（6）定时器 2，中断服务程序入口地址为 002BH，中断请求标志为 TF2 和 EXF2。

　　（7）外部中断 2（$\overline{INT2}$），中断服务程序入口地址为 0033H，中断请求标志为 IE2。

　　（8）外部中断 3（$\overline{INT3}$），中断服务程序入口地址为 003BH，中断请求标志为 IE3。

　　其中，4 个外部中断是由外部原因引起的。STC89C52 单片机有部分引脚是复用的，P3.2 复用为 $\overline{INT0}$，P3.3 复用为 $\overline{INT1}$，P4.3 复用为 $\overline{INT2}$，P4.2 复用为 $\overline{INT3}$。也就是说，这几个引脚既可以作为通用 I/O 端口，又可以作为外部中断的输入。当有外部设备需要采用中断传送方式和单片机进行数据交互时，就可以将外部设备中发送中断申请的管脚连接到这四个管脚中的一个。当外部设备发送中断申请时，即可触发外部中断。

　　外部中断的触发申请有两种方式：电平方式和脉冲方式。具体采用何种方式可通过程序对相关控制位进行设置确定。

　　若采用电平方式，则低电平有效，当单片机对 $\overline{INT0}$ – $\overline{INT3}$ 采样，在其中一个管脚得到有效低电平，即可触发这个引脚对应的外部中断。

　　若采用脉冲方式，则脉冲的下降沿有效，单片机需要对 $\overline{INT0}$ – $\overline{INT3}$ 在两个相邻的机器周期采样两次，若前一次为高电平，后一次为低电平，也可以触发这个引脚对应的外部中断。

　　3 个定时器中断主要为了满足定时或计数功能。STC89C52 内部有 3 个 16 位定时器/计数器，可以设置定时器/计数器的频率和初值。当定时器/计数器溢出时，即可通过内部电路产生中断请求。

　　1 个串行中断包括串行发送中断 TX 和串行接收中断 RX，它们共用一个中断向量，用于传送串行数据，当串行口发送或接收完一帧数据后，即可通过内部电路产生中断请求。

　　因此，对于 STC89C52 来说，只有外部中断需要外部设备产生中断请求信号触发中断，定时器中断和串行中断都是由程序控制内部电路自动产生中断请求。因此，这两种中断并没有对应的芯片引脚用以触发中断。

为触发和处理中断，必须对中断进行设置。比如说设置外部中断是采用电平方式触发还是脉冲方式触发，是否允许使用外部中断、定时器中断或串行中断，等等。这些都需要通过设置寄存器来完成。下面具体介绍一下中断控制寄存器。

4.3.3 中断控制寄存器

STC89C52 单片机的中断控制寄存器包括以下 5 个：中断允许控制寄存器（IE）、定时器/计数器控制寄存器（TCON）、串行口控制寄存器（SCON）、定时器 2 控制寄存器（T2CON）、扩展中断控制寄存器（XICON）。

1. 中断允许控制寄存器（Interrupt Enable，IE）

中断允许控制寄存器 IE 控制单片机是否允许使用中断申请，以及接收哪一种中断申请。字节地址是 A8H，可以支持位寻址，位地址是 AFH ~ A8H。中断允许控制寄存器各个位的定义及对应位地址如表 4 - 1 所示。

表 4 - 1 中断允许控制寄存器各个位的定义及对应位地址

符号	字节地址	位地址（D7 ~ D0）							
IE	A8H	AFH	—	ADH	ACH	ABH	AAH	A9H	A8H
		EA	—	ET2	ES	ET1	EX1	ET0	EX0

其中：

（1）EA（Enable All）是中断允许总控制位（总开关），当 EA = 0 时，表示禁止全部中断；当 EA = 1 时，表示允许中断，但某个中断的禁止或允许由对应中断位自行设置。

（2）ET2（Enable Timer 2）是定时器/计数器 2 中断允许控制位，当 ET2 = 0 时，禁止定时器/计数器中断 2；ET2 = 1 时允许定时器/计数器中断 2。

（3）ES（Enable Serial）是串行中断允许控制位，当 ES = 0 时，禁止串行中断；当 ES = 1 时，允许串行中断。

（4）ET1（Enable Timer 1）是定时器/计数器 1 中断允许控制位，当 ET1 = 0 时，禁止定时器/计数器中断 1；当 ET1 = 1 时，允许定时器/计数器中断 1。

（5）EX1（Enable Exterior 1）是外部中断 1 允许控制位，当 EX1 = 0 时，禁止外部中断 1；当 EX1 = 1，时允许外部中断 1。

（6）ET0（Enable Timer 0）是定时器/计数器 0 中断允许控制位，当 ET0 = 0 时，禁止定时器/计数器中断 0；当 ET0 = 1 时，允许定时器/计数器中断 0。

（7）EX0（Enable Exterior 0）是外部中断 0 允许控制位，当 EX0 = 0 时，禁止外部中断 0；当 EX0 = 1 时，允许外部中断 0。

这里，一旦 EA = 0，则所有中断都被禁止，无论 EX/ET/ES 等于 0 还是等于 1 都没有影响。如果想要允许某个中断，只有当 EA = 1 之后，再进一步令相关中断的允许控制位为 1，才可以实现。比如想要使用定时器/计数 1 器中断，必须在程序初始化的时候，让 EA = 1 且 ET1 = 1，才表示定时器/计数器 1 可以使用了。

中断允许控制寄存器的复位值是 0000 0000，表示如果在程序中对中断允许控制寄存器不做任何修改，默认所有中断均处于被禁止的状态。只有在程序开始时通过修改中断允许控制寄存器设置使能所需要的中断，才可以正常使用相关的中断功能，这一点一定要注意。

2. 定时器控制寄存器（Timer/Counter 0 and 1 Control，TCON）

定时器控制寄存器控制设置外部中断申请的形式、部分中断源是否申请中断标志以及定时器/计数器控制相关内容。字节地址是 88H，可以支持位寻址，位地址是 8FH ~ 88H。定时器控制寄存器各个位的定义及对应位地址如表 4 - 2 所示。

表 4 - 2　定时器控制寄存器各个位的定义及对应位地址

符号	字节地址	位地址（D7 ~ D0）							
TCON	88H	8FH	8EH	8DH	8CH	8BH	8AH	89H	88H
		TF1	TR1	TF0	TR0	IE1	IT1	IE0	IT0

其中：

（1）TF1（Timer Overflow Flag 1）是定时器/计数器 T1 溢出中断请求位。当 T1 定时或计数完成时，TF1 = 1，同时自动产生定时中断请求；而当 CPU 响应该中断后，TF1 = 0。该位状态的改变由硬件电路自动设置，也可在软件中查询该位状态以判断定时器/计数器 T1 是否溢出，并通过软件令 TF1 = 0。

（2）TR1（Timer Run 1）是定时器/计数器 T1 启动标志位。当 TR1 = 1 时，表示启动定时器/计数器 T1；而当 TR1 = 0 时，表示停止定时器/计数器 T1。该位的状态由用户在初始化程序中定义。

（3）TF0（Timer Overflow Flag 0）是定时器/计数器 T0 溢出中断请求位。当 T0 定时或计数完成时，TF0 = 1，同时自动产生定时中断请求；而当 CPU 响应该中断后，TF0 = 0。该位状态的改变由硬件电路自动设置，也可在软件中查询该位状态以判断定时器/计数器 T0 是否溢出，并通过软件令 TF0 = 0。

（4）TR0（Timer Run 0）是定时器/计数器 T0 启动标志位。当 TR0 = 1 时，表示启动定时器/计数器 T0；而当 TR0 = 0 时，表示停止定时器/计数器 T0。该位的状态是由用户在初始化程序中定义。

（5）IE1（External Interrupt 1）是外部中断 1 请求标志位。当 CPU 采样到外部中断 1 的中断请求时，IE1 = 1；而当 CPU 响应该中断后，IE1 = 0。该位状态的改变由硬件电路自动设置。

（6）IT1（Interrupt Type 1）是外部中断 1 触发控制位。当 IT1 = 0 时，表示外部中断 1 采用低电平触发方式，当 CPU 检测到 P3.3 管脚出现低电平，则外部中断 1 被触发，CPU 使能 IE1 = 1；当 IT1 = 1 时，表示外部中断 1 采用下降沿触发方式，当 CPU 检测到 P3.3 管脚出现下降沿，则外部中断 1 被触发，CPU 使能 IE1 = 1。该位的状态由用户在初始化程序中定义。

（7）IE0（External Interrupt 0）是外部中断 0 请求标志位。当 CPU 采样到外部中断 0 的中断请求时，IE0 = 1；而当 CPU 响应该中断后，IE0 = 0。该位状态的改变由硬件电路自动设置。

（8）IT0（Interrupt Type 0）是外部中断 0 触发控制位。当 IT0 = 0 时，表示外部中断 0 采用低电平触发方式，当 CPU 检测到 P3.2 管脚出现低电平，则外部中断 0 被触发，CPU 使能 IE0 = 1；当 IT0 = 1 时，表示外部中断 0 采用下降沿触发方式，当 CPU 检测到 P3.2 管脚出现下降沿，则外部中断 0 被触发，CPU 使能 IE0 = 1。该位的状态由用户在初始化程序中定义。

定时器控制寄存器 TCON 的复位值是 0000 0000，表示如果在程序中对 TCON 不做任何修改，默认外部中断 0 和外部中断 1 均采用低电平触发方式，且定时/计数器 T0 和定时/计数器 T1 均处于停止状态。

3. 串行口控制寄存器（Serial Control，SCON）

串行口控制寄存器 SCON 是主要用于串行数据通信控制的寄存器，其中 D1（TI）和 D0（RI）两位与中断有关。字节地址是 98H，可以支持位寻址，位地址是 9FH ~ 98H。串行口控制寄存器各个位的定义及对应位地址如表 4 - 3 所示。

表 4 - 3　串行口控制寄存器各个位的定义及对应位地址

符号	字节地址	位地址（D7 ~ D0）							
SCON	98H	9FH	9EH	9DH	9CH	9BH	9AH	99H	98H
		SM0	SM1	SM2	REN	TB8	RB8	TI	RI

本章仅介绍与中断相关的两位 TI 和 RI。串行口控制寄存器的复位值是 0000 0000。

（1）TI（Transmit Interrupt Flag）是串行发送中断请求标志位。当 CPU 将串行数据写入发送缓冲器 SBUF 时，串口每发送完一帧串行数据，TI 自动置 1，请求中断。CPU 响应中断后，并不会由硬件对 TI 清零，而需要通过软件对 TI 清零。

（2）RI（Receive Interrupt Flag）是串行接收中断请求标志位。当串口接收完一帧串行数据时，RI 自动置 1；CPU 响应中断后，并不会由硬件对 RI 清零，而需要通过软件对 RI 清零。

4. 定时器 2 控制寄存器 T2CON（Timer/Counter 2 Control，T2CON）

定时器 2 控制寄存器控制设置定时器/计数器 2 控制相关内容。字节地址是 C8H，可以支持位寻址，位地址是 CFH ~ C8H。定时器 2 控制寄存器各个位的定义及对应位地址如表 4 - 4 所示。

表 4 - 4　定时器 2 控制寄存器各个位的定义及对应位地址

符号	字节地址	位地址（D7 ~ D0）							
T2CON	C8H	CFH	CEH	CDH	CCH	CBH	CAH	C9H	C8H
		TF2	EXF2	RCLK	TCLK	EXEN2	TR2	$C/\overline{T2}$	$CP/\overline{RL2}$

本章仅介绍与中断相关的两位 TF2 和 TR2，其他位的具体说明详见下一章。

（1）TF2（Timer Overflow Flag 2）是定时器/计数器 T2 溢出中断请求位。当 T2 定时或计数完成时，TF2 = 1，同时自动产生定时中断请求；而当 CPU 响应该中断后，TF2 = 0。该位状态的改变由硬件电路自动设置，也可在软件中查询该位状态以判断定时器/计数器 T2 是否溢出，并通过软件令 TF2 = 0。

（2）TR2（Timer Run 2）是定时器/计数器 T2 启动标志位。当 TR2 = 1 时，表示启动定时器/计数器 T2；而当 TR2 = 0 时，表示停止定时器/计数器 T2。该位的状态由用户在初始化程序中定义。

定时器 2 控制寄存器的复位值是 0000 0000，表示如果在程序中对定时器 2 控制寄存器不做任何修改，默认定时器/计数器 T2 处于停止状态。

5. 扩展中断控制寄存器（**Auxiliary Interrupt Control，XICON**）

扩展中断控制寄存器主要针对 44 管脚的 STC89C52 单片机，控制外部中断 2 和外部中断 3。字节地址是 C0H，可以支持位寻址，位地址是 C7H ~ C0H。扩展中断控制寄存器各个位的定义及对应位地址如表 4 − 5 所示。

表 4 − 5　扩展中断控制寄存器各个位的定义及对应位地址

符号	字节地址	位地址（D7 ~ D0）							
XICON	C0H	C7H	C6H	C5H	C4H	C3H	C2H	C1H	C0H
		—	EX3	IE3	IT3	—	EX2	IE2	IT2

其中：

（1）EX3（Enable Exterior 3）是外部中断 3 允许控制位，当 EX3 = 0 时，禁止外部中断 3；当 EX3 = 1 时，允许外部中断 3。

（2）IE3（External Interrupt 3）是外部中断 3 请求标志位。当 CPU 采样到外部中断 3 的中断请求时，IE3 = 1；而当 CPU 响应该中断后，IE3 = 0。该位状态的改变由硬件电路自动设置。

（3）IT3（Interrupt Type 3）是外部中断 3 触发控制位。当 IT3 = 0 时，表示外部中断 3 采用低电平触发方式，当 CPU 检测到 P4.2 管脚出现低电平，则外部中断 3 被触发，CPU 使能 IE3 = 1；当 IT3 = 1 时，表示外部中断 3 采用下降沿触发方式，当 CPU 检测到 P4.2 管脚出现下降沿，则外部中断 3 被触发，CPU 使能 IE3 = 1。该位的状态由用户在初始化程序中定义。

（4）EX2（Enable Exterior 2）是外部中断 2 允许控制位，当 EX2 = 0 时，禁止外部中断 2；当 EX2 = 1 时，允许外部中断 2。

（5）IE2（External Interrupt 2）是外部中断 2 请求标志位。当 CPU 采样到外部中断 2 的中断请求时，IE2 = 1；而当 CPU 响应该中断后，IE2 = 0。该位状态的改变由硬件电路自动设置。

（6）IT2（Interrupt Type 2）是外部中断 2 触发控制位。当 IT2 = 0 时，表示外部中断 2 采用低电平触发方式，当 CPU 检测到 P4.3 管脚出现低电平，则外部中断 2 被触发，CPU 使能 IE2 = 1；当 IT2 = 1 时，表示外部中断 2 采用下降沿触发方式，当 CPU 检测到 P4.3 管脚出现下降沿，则外部中断 2 被触发，CPU 使能 IE2 = 1。该位的状态由用户在初始化程序中定义。

扩展中断控制寄存器的复位值是 0000 0000，表示如果在程序中对扩展中断控制寄存器不做任何修改，默认外部中断 2 和外部中断 3 均采用低电平触发方式。

4.3.4　中断优先级控制

前文我们已经说过，40 管脚的 STC89C52 单片机共有 6 个基本中断源，包括 2 个外部中断（外部中断 0 和外部中断 1）、3 个定时器中断（定时器中断 T0、定时器中断 T1 和定时器中断 T2）和 1 个串行中断。44 管脚的 STC89C52 单片机共有 8 个基本中断源，包括 4 个外部中断（外部中断 0、外部中断 1、外部中断 2 和外部中断 3）、3 个定时器中断（定时器中断 T0、定时器中断 T1 和定时器中断 T2）和 1 个串行中断。每个中断源对应中断事件的紧迫程度并不相同，而在单片机系统实际运行过程中，很可能出现多个中断源同时请求中断的情况，或者在执行某一中断过程中，又产生新的中断请求。因此，需要根据中断的轻重缓急，对中断的优先级次序进行排列。

中断优先级一般处理以下两个主要问题：

（1）当有两个及以上中断源同时请求中断时，CPU 判断哪个中断需要优先处理，哪些中断可以延后处理。

（2）当 CPU 正在处理某个中断时，又有新的中断产生，CPU 是停下当前中断转而处理新中断，还是继续完成当前中断后再去响应其他中断。

STC89C52 单片机支持设置四级的优先级控制，中断优先原则为：

（1）当优先级高和优先级低的中断源同时请求中断时，CPU 首先处理优先级高的中断，处理完优先级高的再处理优先级低的。

（2）当相同优先级的多个中断源同时请求中断时，对于 44 管脚的 STC89C52 单片机，其 8 个基本中断源的响应顺序如下：外部中断 0 优先，其次是定时器/计数器 0、外部中断 1、定时器/计数器 1、串行口中断、定时器/计数器 2、外部中断 2，外部中断 3 最后响应。对于 40 管脚的 STC89C52 单片机，去掉最后两个外部中断 2 和外部中断 3。

STC89C52 单片机支持的优先级控制设置由三个寄存器 IP、IPH 和 XICON 来完成。

1. 中断优先级低位寄存器（Interrupt Priority Low，IP）

中断优先级低位寄存器复位值是 ××00 0000，字节地址是 B8H，可以支持位寻址，位地址是 BFH ~ B8H。中断优先级低位寄存器各个位的定义及对应位地址如表 4 - 6 所示。

表 4 - 6　中断优先级低位寄存器各个位的定义及对应位地址

符号	字节地址	位地址（D7 ~ D0）							
IP	B8H	BFH	BEH	BDH	BCH	BBH	BAH	B9H	B8H
		—	—	PT2	PS	PT1	PX1	PT0	PX0

（1）PT2（Priority Timer 2）是定时器/计数器 2 中断优先级控制低位；

（2）PS（Priority Serial）是串行口中断优先级控制低位；

（3）PT1（Priority Timer 1）是定时器/计数器 1 中断优先级控制低位；

（4）PX1（Priority Exterior 1）是外部中断 1 中断优先级控制低位；

（5）PT0（Priority Timer 0）是定时器/计数器 0 中断优先级控制低位；

（6）PX0（Priority Exterior 0）是外部中断 0 中断优先级控制低位。

2. 中断优先级高位寄存器（Interrupt Priority High，IPH）

中断优先级高位寄存器复位值是 0000 0000，字节地址是 B7H，不支持位寻址。中断优先级高位寄存器各个位的定义如表 4 - 7 所示。

表 4 - 7 中断优先级高位寄存器各个位的定义

符号	字节地址	数据位（D7 ~ D0）							
		D7	D6	D5	D4	D3	D2	D1	D0
IPH	B7H	PX3H	PX2H	PT2H	PSH	PT1H	PX1H	PT0H	PX0H

（1）PX3H（Priority Exterior 3 High）是外部中断 3 中断优先级控制高位；

（2）PX2H（Priority Exterior 2 High）是外部中断 2 中断优先级控制高位；

（3）PT2H（Priority Timer 2 High）是定时器/计数器 2 中断优先级控制高位；

（4）PSH（Priority Serial High）是串行口中断优先级控制高位；

（5）PT1H（Priority Timer 1 High）是定时器/计数器 1 中断优先级控制高位；

（6）PX1H（Priority Exterior 1 High）是外部中断 1 中断优先级控制高位；

（7）PT0H（Priority Timer 0 High）是定时器/计数器 0 中断优先级控制高位；

（8）PX0H（Priority Exterior 0 High）是外部中断 0 中断优先级控制高位。

3. 扩展中断控制寄存器（Auxiliary Interrupt Control，XICON）

扩展中断控制寄存器与中断优先级控制相关的主要有两位，复位值是 0000 0000，如表 4 - 8 所示。

表 4 - 8 扩展中断控制寄存器中断优先级控制相关位

符号	字节地址	位地址（D7 ~ D0）							
		C7H	C6H	C5H	C4H	C3H	C2H	C1H	C0H
XICON	C0H	PX3	—	—	—	PX2	—	—	—

（1）PX3（Priority Exterior 3）是外部中断 3 中断优先级控制低位；

（2）PX2（Priority Exterior 2）是外部中断 2 中断优先级控制低位。

可以看出，在中断优先级控制方面，每个中断源均有两位可用于进行设置，分别为高位和低位。这两位分别有 4 种组合方式：00、01、10、11，也即之前提到的"STC89C52 单片机支持设置四级的优先级控制"。其中，11 优先级最高，其次是 10，然后是 01，最后是 00。因此，对于 44 管脚的 STC89C52 单片机，共有 IP 寄存器 6 位 + IPH 寄存器 8 位 + XICON 寄存器 2 位，一共 16 位以完成中断优先级控制。具体设置如表 4 - 9 所示。对于 40 管脚的 STC89C52 单片机，其他中断都一样，只是没有外部中断 2 和外部中断 3。

表 4 - 9 44 管脚的 STC89C52 单片机中断源优先级

中断源	中断向量地址	中断查询次序	中断优先级设置	优先级 0（最低）	优先级 1	优先级 2	优先级 3（最高）
外部中断 0	0003H	0（最高）	PX0H, PX0	0, 0	0, 1	1, 0	1, 1
定时器/计数器 0	000BH	1	PT0H, PT0	0, 0	0, 1	1, 0	1, 1
外部中断 1	0013H	2	PX1H, PX1	0, 0	0, 1	1, 0	1, 1
定时器/计数器 1	001BH	3	PT1H, PT1	0, 0	0, 1	1, 0	1, 1

中断源	中断向量地址	中断查询次序	中断优先级设置	优先级 0（最低）	优先级 1	优先级 2	优先级 3（最高）
串行口中断	0023H	4	PSH, PS	0, 0	0, 1	1, 0	1, 1
定时器/计数器 2	002BH	5	PT2H, PT2	0, 0	0, 1	1, 0	1, 1
外部中断 2	0033H	6	PX2H, PX2	0, 0	0, 1	1, 0	1, 1
外部中断 3	003BH	7（最低）	PX3H, PX3	0, 0	0, 1	1, 0	1, 1

[例] 编写 STC89C52 的初始化程序，设置外部中断 0 和 1 为优先级 3 级，定时器/计数器 1 为中断优先级 2 级，串行口中断为中断优先级 1 级，其他中断为优先级 0 级。

根据题意，外部中断 0 为优先级 3 级，则 PX0H = 1，PX0 = 1；外部中断 1 为优先级 3 级，则 PX1H = 1，PX1 = 1；定时器/计数器 1 为中断优先级 2 级，则 PT1H = 1，PT1 = 0；串行口中断为中断优先级 1 级，则 PSH = 0，PS = 1。因此，IP = 0001 0101 = 15H，IPH = 0001 1101 = 1DH。

具体 C 语言程序如下：

```
#include <reg51.h>
void main()
{
    IP = 0x15;
    IPH = 0x1D;
}
```

当 CPU 正在处理某个中断时，又有新的中断产生，CPU 是停下当前中断转而处理新中断，还是继续完成当前中断后再去响应其他中断，这就涉及中断嵌套的问题。中断嵌套的主要原则为：

（1）若正在执行优先级低的中断，此时产生了新的优先级高的中断，则优先级高的中断请求可以打断优先级低的中断服务，先执行优先级高的中断，完成后再继续执行优先级低的中断。

（2）若正在执行某个中断，此时产生了同优先级的中断，则不停下当前中断转去执行新的同优先级的中断。

（3）若正在执行优先级高的中断，此时产生了新的优先级低的中断，则优先级低的中断请求不能打断优先级高的中断服务。

4.4 中断响应过程及中断服务程序

中断响应是指 CPU 对于中断请求的响应。要想 CPU 能够响应中断，就必须首先要对中断进行初始化。

4.4.1　中断初始化

中断初始化在主程序中完成，一般位于主程序起始部分。主要通过对于各个中断寄存器的配置完成根据程序要求对于中断的设置，主要包括以下内容。

（1）打开中断允许总控制位，即令 EA = 1。

（2）若使用外部中断，通过设置外部中断触发控制位确定外部中断触发方式，采用低电平触发还是下降沿触发。

（3）若使用定时器/计数器中断，设置定时器/计数器初值（将会在第 5 章详细说明）。

（4）设置所用中断源的优先级。

（5）通过中断允许控制位的设置打开对应中断源。

（6）若使用定时器/计数器中断，启动定时器/计数器。

例如编写 STC89C52 的初始化程序，使用外部中断 0 和 1，其中外部中断 0 采用低电平触发，中断优先级为 3 级，外部中断 1 采用下降沿触发，中断优先级为 2 级。

根据题意有：

（1）需要用到中断，打开中断允许总控制位，EA = 1。

（2）外部中断 0 采用低电平触发，IT0 = 0；外部中断 1 采用下降沿触发，IT1 = 1。

（3）外部中断 0 的中断优先级为 3 级，PX0H = 1，PX0 = 1；外部中断 1 的中断优先级为 2 级，PX1H = 1，PX1 = 0；IP = 0000 0001B = 01H，IPH = 0000 0101H = 03H。

（4）使能外部中断 0 和 1，EX0 = 1、EX1 = 1。

具体 C 语言程序如下：

```
#include <reg51.h>
void main()
{
    IT0 = 0;      //外部中断 0 采用低电平触发
    IT1 = 1;      //外部中断 1 采用下降沿触发
    IP = 0x01;    //设置外部中断 0 的中断优先级为 3 级
    IPH = 0x03;   //外部中断 1 的中断优先级为 2 级
    EX0 = 1;      //使能外部中断 0
    EX1 = 1;      //使能外部中断 1
    EA = 1;       //开总中断
}
```

这里需要特别注意的是，EA = 1 和 EX0 = 1、EX1 = 1 并没有前后顺序要求，如果先写 EA = 1，再写 EX0 = 1、EX1 = 1，程序也没有错误。

在主程序完成中断初始化后，CPU 就可以响应中断请求了，具体过程如下。

4.4.2　中断响应过程

1. 对外部中断请求进行采样

对于 STC89C52 单片机的中断源来说，只有外部中断需要连接外部硬件电路进行触发。其中，若想要触发外部中断 0，需要让触发中断的外设连接 P3.2 管脚；若要触发外部中断

1，需要连接 P3.3 管脚；若要触发外部中断 2，需要连接 P4.3 管脚；若要触发外部中断 3，需要连接 P4.2 管脚。完成硬件连接后，启动单片机系统，CPU 会在每个机器周期对 P3.2、P3.3、P4.2 和 P4.3 管脚进行采样。对于采样结果的判断，首先要看 TCON 寄存器 IT0、IT1 位以及 XICON 寄存器 IT2、IT3 位的设置，IT0/1/2/3 = 0 代表采样低电平有效，IT0/1/2/3 = 1 代表采样下降沿有效。当 CPU 在相应管脚检测到有效触发电平时，则代表对应外部中断被触发，CPU 同时将对应 IE 位置 1。比如说，当 IT0 = 1，CPU 检测到 P3.3 管脚有下降沿信号输入时，代表外部中断 0 被触发，同时 IE0 = 1。

2. 中断状态查询

对于 CPU 来说，中断的产生是无法事先预知的。因此，CPU 需要在每个机器周期的最后时刻对中断请求位进行查询，以判断是否有对应中断申请。中断源及对应中断请求位如表 4 - 10 所示。比如，如果 CPU 查询到 IE1 = 1，则代表有外部中断 1 申请中断；若查询到 TF0 = 1，则代表有定时器/计数器 0 申请中断。

表 4 - 10　中断源及对应中断请求位

中断源	中断请求位
外部中断 0	IE0
定时器/计数器 0	TF0
外部中断 1	IE1
定时器/计数器 1	TF1
串行口中断	RI + TI
定时器/计数器 2	TF2 + EXF2
外部中断 2	IE2
外部中断 3	IE3

CPU 对于中断请求位的查询也是有一定顺序的。它遵循先查询优先级别高的中断请求位，再查询优先级别低的中断请求位，而对于相同优先级的中断，则按照外部中断 0→定时器/计数器 0→外部中断 1→定时器/计数器 1→串行口中断→定时器/计数器 2→外部中断 2→外部中断 3 的顺序进行查询。这样的中断状态查询操作，在每个机器周期均会发生一次，以便及时获得中断请求信息。

3. 中断响应的执行及封锁

CPU 接收中断请求并执行相应处理即为中断响应。在查询到中断请求后，CPU 并不一定会立刻进行中断响应，而是需要先进行判断。当遇到以下情况时，CPU 会封锁中断响应，不执行中断。

（1）CPU 当前正在处理更高优先级或相同优先级的中断。

（2）CPU 需要执行完当前指令，才可以响应中断。而当前指令非单机器周期指令，后续仍需占用一定机器周期继续执行当前指令。只有执行完毕当前指令后，才能响应中断。

（3）CPU 当前正在执行 RETI 指令或访问 IE 或 IP 的指令。AT89C52 中断系统要求执行上述指令后，再执行下一条指令，然后才能响应中断。

若 CPU 不处于上述三种情况，则可以立即响应中断，将对应优先级状态触发器置 1，然后由硬件电路自动生成一条长调用指令 LCALL，对应的指令格式为 "LCALL addr16"。该指令首先把当前断点地址入栈，再将 addr16 代表的中断向量地址送到程序计数器，程序从而跳转到 addr16 指向的地址，开始执行程序。STC89C52 单片机中断源及对应的中断向量地址和中断号如表 4－11 所示。

表 4－11　STC89C52 单片机中断源及对应的中断向量地址和中断号

中断源	中断向量地址	中断号
外部中断 0	0003H	0
定时器/计数器 0	000BH	1
外部中断 1	0013H	2
定时器/计数器 1	001BH	3
串行口中断	0023H	4
定时器/计数器 2	002BH	5
外部中断 2	0033H	6
外部中断 3	003BH	7

对于中断响应的执行，既可以使用汇编语言实现，也可以使用 C 语言实现。汇编语言使用的是中断向量地址，C 语言使用的是中断号。本书不讲述汇编语言程序的详细实现方法，因此大家了解即可。汇编语言通常在对应的中断向量地址位置放一条无条件跳转语句，当程序指向对应中断的中断向量地址时，会再一次跳转到完整的中断程序处。例如需执行外部中断 0 的程序，则中断向量地址处的汇编语言程序为：

ORG 0003H;代表下一条指令的起始地址是 0003H,即存放在外部中断 0 的中断向量地址

AJMP INT0_KEY;代表外部中断 0 对应程序的实际地址是在 INT0_KEY 位置

也就是说，当外部中断 0 的请求被响应时，CPU 会自动跳转到 0003H 的位置寻找对应指令，而 0003H 的位置存放一条无条件跳转指令，CPU 则会进一步跳转到 INT0_KEY 指向的位置，开始执行外部中断 0 对应的程序。

用 C 语言实现中断程序响应则使用的是中断号，中断源和中断号是一一对应的关系，由单片机系统手册指定，不可以随意改变。中断程序的格式如下：

void 函数名()interrupt m[using n]

{……}

关键字 interrupt 表示这是一个中断函数，m 为中断源对应的中断号，STC89C52 单片机中断源对应的中断号可见表 4－11。［using n］是可选项。STC89C52 单片机有 4 个寄存器组，可以由 PSW 寄存器的 RS0 和 RS1 位共同决定当前使用的寄存器组。而执行中断程序时，可以通过使用可选项［using n］切换当前寄存器组。这样，后面执行的中断程序就可以和当前主程序使用不同的寄存器组，从而保存当前主程序中使用的寄存器组里的数据。当结束中断程序返回主程序后，可以再将当前寄存器组切回，就不需要多余的入栈出栈操作即可恢复原有数据。

比如，想要使用寄存器组 2 完成外部中断 0 对应的中断程序，就可以将中断程序写为

```
void int0_Demo(viod)interrupt 0 using 2
{……}
```

如果想不变换当前寄存器组完成外部中断 3 对应的中断程序，就可以将中断程序写为

```
void int3_Demo(viod)interrupt 3
{……}
```

其中 interrupt 后面对应的中断号是和中断源一一对应的，不可以随意修改，而 int0_Demo、int3_Demo 这样的函数名则是编程者自己编写的，可以修改。

编写中断函数需要注意的是：

（1）中断函数没有返回值。

（2）中断函数不能进行参数传递。

（3）中断函数如果使用浮点运算，需要保存浮点寄存器的状态。

（4）中断函数如果需要调用其他函数，则被调用函数使用的寄存器要与中断函数相同。

4. 中断请求撤销

当 CPU 识别到某个中断请求并开始执行后，需要将该中断对应的中断请求撤销，以防止重复执行。

各中断源请求撤销的方法如下：

1）外部中断请求的撤销

当 CPU 采样检测到外部中断 0/1/2/3 被触发后，硬件电路自动设置 IE0/1/2/3 = 1。而当 CPU 响应该中断后，硬件电路自动设置对应的 IE0/1/2/3 = 0。比如当外部中断 1 被触发后，硬件电路自动设置 IE1 = 1，而当 CPU 响应外部中断 1 后，硬件电路自动设置 IE1 = 0。

2）定时器/计数器中断请求的撤销

对于定时器/计数器 T0、T1，当定时或计数完成时，TF0/1 = 1，同时自动产生定时中断请求。而当 CPU 响应该中断后，硬件电路自动设置对应的 TF0/1 = 0。比如当定时器/计数器 T0 被触发后，硬件电路自动设置 TF0 = 1，而当 CPU 响应定时器/计数器 T0 后，硬件电路自动设置 TF0 = 0。

对于定时器/计数器 T2，需要涉及 T2CON 寄存器的 EXF2 位，在下一章定时器/计数器中会具体说明。

3）串行口中断请求的撤销

对于串行口中断，CPU 无法知道是接收中断还是发送中断，硬件电路不会自动设置 TI 和 RI 位，需要在中断服务程序中，由软件设置判别是接收操作还是发送操作，从而判断出是 RI 还是 TI 引发的中断，再由软件将相应位设为 0。

5. 中断服务程序及中断返回

中断服务程序即 void 函数名（）interrupt m［using n］{……} 结构中，{……} 内的程序。

中断服务程序包括以下几部分内容：

1）现场保护

STC89C52 单片机中的一部分寄存器，如累加器 A、寄存器 B、程序状态字 PSW 等，有可能在主程序中用到，而在中断程序中也会用到。如果当执行中断程序时直接使用这些寄存器，就可能覆盖主程序的数据，导致完成中断程序返回主程序后，执行程序错误。所以，在执行中断程序前，需要先进行现场保护，使用入栈指令把主程序和中断程序共用的寄存器中

的值压入堆栈保存起来。

　　2）中断主体程序

　　完成现场保护后，就可以编写中断响应需要执行的相关程序。如若按键触发中断，则需要编写按键按下后系统完成的相关操作。这部分是中断程序的主体，也是中断程序之所以产生的目标内容。

　　3）现场恢复

　　完成终端主体程序的编写后，就可以返回主程序了。而这时主程序和中断程序共用的寄存器中存放的还是中断程序使用的数值。因此需要进行现场恢复，使用出栈指令把主程序的数值出栈弹出回共用寄存器中。此后，共用寄存器中存放的就是未执行中断程序时主程序存储的数值。

　　4）中断返回

　　最后，CPU 回到执行中断程序之前主程序停止的位置，继续执行主程序。

　　编写中断服务程序需要注意的是：

　　（1）执行当前中断程序时，可以被更高优先级的中断打断，CPU 转而去执行更高优先级的中断，完成后再返回当前中断继续执行。若不想被打断，则可以在进入中断程序后关闭总中断（EA = 0），在执行完中断现场恢复后再打开（EA = 1）。

　　（2）入栈和出栈的顺序一定要注意，它们是刚好相反的，先入后出。

4.5　STC89C52 单片机中断应用举例

　　定时器/计数器中断的具体使用方法和应用在下一章会介绍。这里，我们主要介绍外部中断的应用方法。

　　例：

　　设计一个如图 4 - 6 所示的中断触发流水灯电路，按下单脉冲电路后，8 个 LED 灯依次亮起。

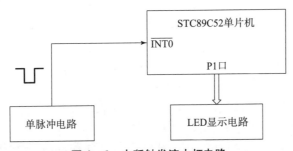

图 4 - 6　中断触发流水灯电路

　　分析：首先需要连接硬件电路，将单脉冲电路连接到单片机 P3. 2/$\overline{\text{INT0}}$ 管脚，8 个 LED 发光二极管连接到单片机 P1 口。在设计程序前需要先确认实验箱点亮 LED 发光二极管是高电平有效还是低电平有效，我们这里先假设低电平有效。因为人眼有视觉滞留效应，时间大约为 1/24 s，所以不能直接轮流点亮各个 LED 灯，中间需要一定的时间间隔，我们设为 loop_delay。

因为连接的是 P3.2/INT0管脚, 所以使用外部中断 0, 需要允许外部中断 0, EX0 = 1。只要有一个中断需要使用, 就必须打开中断允许总控制位, EA = 1。因为采用边沿触发方式, 下降沿有效, 所以 IT0 = 1。

对应的 C 语言程序为

```c
#include < reg52. h >
#include < intrins. h >
/* 延时函数*/
void loop_delay(int time)
{
 int i;
 for(i =0;i < time;i ++)
 {
     _nop_();//空指令,运行一个机器周期
     _nop_();//空指令,运行一个机器周期
 }
}

void  main()
{
 /* 初始化部分*/
 IT0 =1;        //外部中断 0,下降沿触发
 EA =1;         //打开中断允许总控制位
 EX0 =1;        //允许外部中断 0
/* 程序正式开始,是个死循环,一直执行,等待中断*/
    while(1);
}
/* 外部中断 0 中断程序*/
void ex0_isr(void)interrupt 0   //0 是中断号,代表外部中断 0
{
    P1 =0x7f;//P1 =0111 1111,0 对应 LED 二极管点亮
    loop_delay(10000);//延时一段时间
    P1 =0xbf;//P1 =1011 1111,0 对应 LED 二极管点亮
    loop_delay(10000);//延时一段时间
    P1 =0xdf;//P1 =1101 1111,0 对应 LED 二极管点亮
    loop_delay(10000);//延时一段时间
    P1 =0xef;//P1 =1110 1111,0 对应 LED 二极管点亮
    loop_delay(10000);//延时一段时间
    P1 =0xf7;//P1 =1111 0111,0 对应 LED 二极管点亮
    loop_delay(10000);//延时一段时间
    P1 =0xfb;//P1 =1111 1011,0 对应 LED 二极管点亮
```

```
loop_delay(10000);//延时一段时间
P1 = 0xfd;//P1 =1111 1101,0 对应 LED 二极管点亮
loop_delay(10000);//延时一段时间
P1 = 0xfe;//P1 =1111 1110,0 对应 LED 二极管点亮
loop_delay(10000);//延时一段时间
}
```

上述程序有几点需要注意:

(1) loop_delay 程序只是代表延时一段时间,具体多久和单片机晶振有关,如果大家用的单片机晶振频率较高,那么延时时间会较短,可能还会造成一定的视觉滞留现效应。这里视觉滞留效应的结果就是虽然程序执行的是依次点亮,但是通过人眼看到的是多个 LED 发光二极管同时点亮。如果有这种情况,可以增加延时时间,也就是增加 time 的数值。time 是 int 型数据,取值范围是 −32 768 ~ 32 767,最高取值是 32 767。如果需要超过 32 767 有两种解决方法:把 int 设为 long 型,或者增加循环单次的时间。增加循环单次的时间可以考虑通过双层循环嵌套得出。比如

```
for(i =0;i <time;i ++)
{
    for(j =0;j <1000;j ++)
    {
        _nop_();//空指令,运行一个机器周期
        _nop_();//空指令,运行一个机器周期
        _nop_();//空指令,运行一个机器周期
    }
}
```

也可以估算出延时时间的大概执行时间,比如

```
for(i =0;i <1000;i ++)
    for(j =0;j <125;j ++)
```

假如 STC89C52 单片机的晶振是 12 MHz,1 机器周期 =12 时钟周期,则

$$振荡周期\ T_c = \frac{1}{12 \times 10^6}s = \frac{1}{12}\ \mu s$$

$$机器周期\ T_m = 12T_c = \frac{12}{12 \times 10^6}s = 1\ \mu s$$

一个机器周期的时间是 1 μs,for 循环大约执行时间是 8 个机器周期,所以里层循环 125 次,大约需要花费 1 000 μs,也就是 1 ms;外层循环执行 1 000 次,一共实现大约 1 000 ms 即 1 s 的定时。

也可以估算之前写的延迟函数的时间,for 循环占 8 个机器周期,2 个 nop 空指令占 2 个机器周期,一共 10 个机器周期,一次 10 μs。loop_delay (10000) 代表执行 10 000 次,对应大约 10 000 μs,也就是大约 100 ms。

(2) 为保证空指令语句_nop_() 可以执行,必须添加头文件 intrins. h。

(3) 通常的按键所用开关为机械弹性开关,依靠机械触点的断开或闭合动作完成按键

的断开或接通。因为是弹性的，所以断开或闭合动作不是一次完成的，而是会在一瞬间先产生一连串的抖动，然后再稳定在断开或接通状态。为防止按键在一连串抖动期间被软件判定为多次断开或接通，就需要增加按键消抖程序。按键消抖就是识别出按键状态改变后，隔一定时间再检测一次，如果按键状态不变，再开始执行后续的程序。按键消抖一般延时 5 ~ 10 ms。可以将延时程序改为延时大约 10 ms 的程序，然后按键消抖和消除视觉滞留效应都用这个程序。

修改后的程序为

```
#include < reg52. h >
sbit S1 = P3^2;//定义按键 S1
/* 10ms 延时函数*/
void delay_10ms(unsigned int time)
{
    unsigned int i,j;
    for(i =0;i <time;i ++)
      for(j =0;j <10000;j ++);
}
void  main()
{
    /* 初始化部分*/
    ITO =1;        //外部中断 0,下降沿触发
    EA =1;   //打开中断允许总控制位
    EX0 =1;//允许外部中断 0
    /* 程序正式开始,是个死循环,一直执行,等待中断*/
        while(1);
}
/* 外部中断 0 中断程序*/
void ex0_isr(void)interrupt 0   //0 是中断号,代表外部中断 0
{
        if(S1 ==0)//判断 S1 是否按下
        {
                delay_10ms(1);//按键去抖动,10ms 后再判断一次
                if(S1 ==0)//再次确认 S1 是否按下
                {
                        P1 =0x7f;//P1 =0111 1111,0 对应 LED 二极管点亮
                        delay_10ms(10);//延时大约 100ms
                        P1 =0xbf;//P1 =1011 1111,0 对应 LED 二极管点亮
                        delay_10ms(10);//延时大约 100ms
                        /* P1 =0xdf;//P1 =1101 1111,0 对应 LED 二极管点亮
                        /* delay_10ms(10);//延时大约 100ms
```

```
/* P1 =0xef;// P1 =1110 1111,0 对应 LED 二极管点亮
/* delay_10ms(10);// 延时大约 100ms
/* P1 =0xf7;// P1 =1111 0111,0 对应 LED 二极管点亮
/* delay_10ms(10);// 延时大约 100ms
/* P1 =0xfb;// P1 =1111 1011,0 对应 LED 二极管点亮
/* delay_10ms(10);// 延时大约 100ms
/* P1 =0xfd;// P1 =1111 1101,0 对应 LED 二极管点亮
/* delay_10ms(10);// 延时大约 100ms
/* P1 =0xfe;// P1 =1111 1110,0 对应 LED 二极管点亮
/* delay_10ms(10);// 延时大约 100ms

                    }
            }
        }
```

　　最后需要注意的是，延时程序 delay_10 ms 和 loop_delay 必须写在程序的起始部分。因为编译器是按从上到下的顺序编译源代码的，如果把延时程序放在最后，在前面的编译过程中，其他函数需要使用延时程序而它还没有被编译，就会提示错误。

第 5 章

定时器/计数器原理及应用

上一章我们曾经讲过，44 管脚的 STC89C52 单片机有 8 个中断源，40 管脚的 STC89C52 单片机有 6 个中断源，其中有 3 个是定时器/计数器中断。这 3 个定时器/计数器都是 16 位的，分别称为定时器/计数器 0（简称 T0）、定时器/计数器 1（简称 T1）、定时器/计数器 2（简称 T2）。它们主要用于实现两大功能：定时和计数。

5.1 定时器/计数器的功能

当前，单片机系统已经被广泛应用各个领域，其可实现的功能也是多种多样的。其中很多功能的实现，都需要依靠定时或计数来完成。

5.1.1 定时功能

顾名思义，定时功能主要实现定时功能。也就是说，单片机可以使用定时器完成每隔固定时间就进行某个操作的功能。较常用的如 LED 显示的动态刷新，为保证在人眼看来 LED 屏幕一直是在稳定显示数据的，就需要根据人眼的视觉暂留效果计算刷新频率，每隔一定时间执行 LED 显示程序。

定时功能的实现主要通过以 STC89C52 单片机内部系统时钟产生的时钟频率进行 6 分频或 12 分频后得到的机器周期为基准，每个机器周期定时器加 1。若采用 12 分频，系统时钟为 6 MHz，则机器周期为 $\frac{12}{6 \times 10^6} = 2$（μs），则单片机每隔 2 μs 计数一次，若想实现 1 ms 定时中断，就需要每计数 $\frac{1 \times 10^{-3}}{2 \times 10^{-6}} = 500$ 次触发一次中断。

5.1.2 计数功能

计数功能主要可以实现记录次数的功能。这个次数不是由单片机内部产生的，而是由外部脉冲引发的。计数器有 4 个外部脉冲的输入管脚，分别为：P3.4，对应计数器 T0；P3.5，对应计数器 T1；P1.0 和 P1.1，对应计数器 T2。

在使用计数功能时，STC89C52 单片机会在每个机器周期对外部脉冲输入管脚进行采样，若采样结果在一个周期为高电平，而该周期的后一个周期为低电平，也就是采样得到一个下降沿信号，即为计数一次。也就是说，无论外部脉冲频率有多快，最短也需要 2 个机器周期才可以实现计数一次。若采用 12 分频，系统时钟为 6 MHz，则最小计数间隔为 $\frac{2 \times 12}{6 \times 10^6} =$

4（μs），也就是单片机最快每隔 4 μs 可以计数一次。

我们需要注意的是，STC89C52 单片机中的定时器和计数器其实是一个器件，计数器主要是对外部发生的脉冲进行计数，而定时器是对单片机内部的系统时钟脉冲进行计数的。

5.2　用于定时器/计数器的寄存器

定时器/计数器的控制主要依靠寄存器设置完成，相关寄存器及功能如下。

5.2.1　定时器控制寄存器（TCON）

定时器控制寄存器与定时器/计数器相关的设置有 4 位，相关内容在中断系统一章已有介绍。字节地址是 88H，可以支持位寻址，位地址是 8FH ~ 88H。定时器控制寄存器与定时器/计数器相关的各个位的定义及对应位地址如表 5 − 1 所示。

表 5 − 1　定时器控制寄存器与定时器/计数器相关的各个位的定义及对应位地址

符号	字节地址	位地址（D7 ~ D0）							
TCON	88H	8FH	8EH	8DH	8CH	8BH	8AH	89H	88H
		TF1	TR1	TF0	TR0	—	—	—	—

其中：

（1）TF1（Timer Overflow Flag 1）是定时器/计数器 T1 溢出中断请求位。当 T1 定时或计数完成时，TF1 = 1，同时自动产生定时中断请求；而当 CPU 响应该中断后，TF1 = 0。该位状态的改变由硬件电路自动设置，也可在软件中查询该位状态以判断定时器/计数器 T1 是否溢出，并通过软件令 TF1 = 0。

（2）TR1（Timer Run 1）是定时器/计数器 T1 启动标志位。当 TR1 = 1 时，表示启动定时器/计数器 T1；而当 TR1 = 0 时，表示停止定时器/计数器 T1。该位的状态由用户在初始化程序中定义。

（3）TF0（Timer Overflow Flag 0）是定时器/计数器 T0 溢出中断请求位。当 T0 定时或计数完成时，TF0 = 1，同时自动产生定时中断请求；而当 CPU 响应该中断后，TF0 = 0。该位状态的改变由硬件电路自动设置，也可在软件中查询该位状态以判断定时器/计数器 T0 是否溢出，并通过软件令 TF0 = 0。

（4）TR0（Timer Run 0）是定时器/计数器 T0 启动标志位。当 TR0 = 1 时，表示启动定时器/计数器 T0；而当 TR0 = 0 时，表示停止定时器/计数器 T0。该位的状态由用户在初始化程序中定义。

定时器控制寄存器 TCON 的复位值是 0000 0000，表示如果在程序中对 TCON 不做任何修改，定时器/计数器 T0 和定时器/计数器 T1 均处于停止状态。

5.2.2　定时器方式选择寄存器（Timer Mode，TMOD）

定时器方式选择寄存器用来设定定时器/计数器 T0 和 T1 的工作方式，字节地址是 89H，不支持位寻址。定时器方式选择寄存器各个位的定义如表 5 − 2 所示。

表 5 - 2　定时器方式选择寄存器各个位的定义

符号	字节地址	数据位（D7～D0）							
		D7	D6	D5	D4	D3	D2	D1	D0
TMOD	89H	GATE	C/$\overline{\text{T}}$	M1	M0	GATE	C/$\overline{\text{T}}$	M1	M0

定时器方式选择寄存器的低四位主要用于定时器/计数器 T0 的设置，高四位主要用于定时器/计数器 T1 的设置，GATE 是门控位，GATE = 0 时，以定时器/计数器启动标志位 TR 启动定时器/计数器，也就是说，当 D5 位的 GATE = 0 且 TR0 = 1 时，则启动定时器/计数器 T0；当 D7 位的 GATE = 0 且 TR1 = 1 时，则启动定时器/计数器 T1。当 GATE = 1 时，以外部脉冲中断请求信号启动定时器/计数器。

C/$\overline{\text{T}}$（Counter/Timer）是定时方式或计数方式选择位。C/$\overline{\text{T}}$ = 0 表示设置为定时器方式，C/$\overline{\text{T}}$ = 1 表示设置为计数器方式。M0、M1 为工作方式选择位，其表示的工作方式如表 5 - 3 所示。

表 5 - 3　M1、M0 对应的工作方式设置

M1	M0	工作方式	说明
0	0	方式 0	13 位定时器/计数器
0	1	方式 1	16 位定时器/计数器
1	0	方式 2	8 位自动重新装载
1	1	方式 3	仅适用于 T0，T0 分成两个 8 位计数器，T1 停止计数

定时器方式选择寄存器的复位值是 0000 0000，表示如果在程序中对定时器方式选择寄存器不做任何修改，则默认定时器/计数器 T0 和定时器/计数器 T1 均作为定时器工作于方式 0，且以定时器/计数器启动标志位 TR 启动定时器/计数器。

5.2.3　中断允许控制寄存器（Interrupt Enable，IE）

中断允许控制寄存器与定时器/计数器相关的设置有 3 位，相关内容在中断系统一章已有介绍。字节地址是 A8H，可以支持位寻址，位地址是 AFH～A8H。中断允许控制寄存器与定时器/计数器相关的各个位的定义及对应位地址如表 5 - 4 所示。

表 5 - 4　中断允许控制寄存器与定时器/计数器相关的各个位的定义及对应位地址

符号	字节地址	位地址（D7～D0）							
IE	A8H	AFH	—	ADH	ACH	ABH	AAH	A9H	A8H
		—	—	ET2	—	ET1	—	ET0	—

其中：

（1）ET2（Enable Timer 2）是定时器/计数器 2 中断允许控制位，当 ET2 = 0 时，禁止定时器/计数器中断 2；当 ET2 = 1 时，允许定时器/计数器中断 2。

（2）ET1（Enable Timer 1）是定时器/计数器 1 中断允许控制位，当 ET1 = 0 时，禁止

定时器/计数器中断 1；ET1 = 1 时允许定时器/计数器中断 1。

（3）ET0（Enable Timer 0）是定时器/计数器 0 中断允许控制位，ET0 = 0 时禁止定时器/计数器中断 0；当 ET0 = 1 时，允许定时器/计数器中断 0。

中断允许控制寄存器的复位值是 0000 0000，表示如果在程序中对中断允许控制寄存器不做任何修改，默认定时器/计数器中断处于被禁止的状态。

5.2.4 定时器 2 控制寄存器（T2CON）

定时器 2 控制寄存器控制设置定时器/计数器 2 控制相关内容。字节地址是 C8H，可以支持位寻址，位地址是 CFH ~ C8H。定时器 2 控制寄存器各个位的定义及对应位地址如表 5 – 5 所示。

表 5 – 5 定时器 2 控制寄存器各个位的定义及对应位地址

符号	字节地址	位地址（D7 ~ D0）							
T2CON	C8H	CFH	CEH	CDH	CCH	CBH	CAH	C9H	C8H
		TF2	EXF2	RCLK	TCLK	EXEN2	TR2	C/$\overline{T2}$	CP/$\overline{RL2}$

（1）TF2（Timer Overflow Flag 2）是定时器/计数器 T2 溢出中断请求位。当 T2 定时或计数完成时，TF2 = 1，同时自动产生定时中断请求；而当 CPU 响应该中断后，TF2 = 0。该位状态的改变由硬件电路自动设置，也可在软件中查询该位状态以判断定时器/计数器 T2 是否溢出，并通过软件令 TF2 = 0。

（2）EXF2（External Overflow Flag 2）是定时器/计数器 2 外部标志位。当 EXEN2 = 1 且 T2EX 的负跳变产生捕获或重装时，EXF2 = 1。若此时 ET2 = 1，允许定时器/计数器中断 2，则 CPU 开始执行定时器/计数器 2 中断程序。该位状态不能通过硬件电路清零，必须使用软件在程序中实现。当 DCEN = 1，处于递增/递减计数器模式时，EXF2 = 1 不会触发中断程序。

（3）RCLK（Receive Clock）是接收时钟标志位。当 RCLK = 1 时，定时器/计数器 2 的溢出脉冲作为串行口模式 1 和模式 3 的接收时钟；而当 RCLK = 0 时，定时器/计数器 1 的溢出脉冲作为串行口模式 1 和模式 3 的接收时钟。

（4）TCLK（Transmit Clock）是发送时钟标志位。当 TCLK = 1 时，定时器/计数器 2 的溢出脉冲作为串行口模式 1 和模式 3 的发送时钟；而当 TCLK = 0 时，定时器/计数器 1 的溢出脉冲作为串行口模式 1 和模式 3 的发送时钟。

（5）EXEN2（External Enable Flag 2）是定时器/计数器 2 外部使能标志位。当 EXEN2 = 1 且定时器/计数器 2 不作为串行口时钟时，可以允许 T2EX 的负跳变产生捕获或重装，以触发定时器/计数器 2 中断程序；而当 EXEN2 = 0 时，T2EX 的负跳变不会对定时器/计数器 2 产生影响。

（6）TR2（Timer Run 2）是定时器/计数器 T2 启动标志位。当 TR2 = 1 时，表示启动定时器/计数器 T2；而当 TR2 = 0 时，表示停止定时器/计数器 T2。该位的状态由用户在初始化程序中定义。

（7）C/$\overline{T2}$（Counter/Timer 2）是定时器/计数器 T2 的定时方式或计数方式选择位。

$C/\overline{T2} = 0$ 表示将定时器/计数器 T2 设置为定时器方式，$C/\overline{T2} = 1$ 表示将定时器/计数器 T2 设置为计数器方式。

（8）$CP/\overline{RL2}$ 是定时器/计数器 T2 的捕获/重装标志位。当 $CP/\overline{RL2} = 1$ 且 EXEN2 = 1 时，T2EX 的负跳变产生捕获；当 $CP/\overline{RL2} = 0$ 且 EXEN2 = 1 时，定时器/计数器 T2 的溢出和 T2EX 的负跳变都可以引发定时器自动重装。当 RCLK = 1 或 TCLK = 1 时，$CP/\overline{RL2}$ 无效，定时器/计数器 2 溢出时自动重装。

定时器 2 控制寄存器的复位值是 0000 0000，表示如果在程序中对定时器 2 控制寄存器不做任何修改，默认定时器/计数器 T2 为定时器方式，处于停止状态。

5.2.5　定时器 2 方式选择寄存器（Timer 2 Mode，T2MOD）

定时器 2 方式选择寄存器用来设定定时器/计数器 T2 的工作方式，字节地址是 C9H，不支持位寻址。定时器 2 方式选择寄存器各个位的定义如表 5-6 所示。

表 5-6　定时器 2 方式选择寄存器各个位的定义

符号	字节地址	数据位（D7～D0）							
		D7	D6	D5	D4	D3	D2	D1	D0
T2MOD	C9H	—	—	—	—	—	—	T2OE	DCEN

（1）T2OE（Timer 2 Output Enable）是定时器/计数器 2 输出使能位。当 T2OE = 1 时，允许时钟输出到 P1.0。

（2）DCEN（Decrease Counter Enable）是定时器/计数器 2 的递减计数使能位。当 DCEN = 1 时，定时器/计数器 2 递减计数；而当 DCEN = 0 时，定时器/计数器 2 递增计数。

5.3　定时器/计数器的结构

5.3.1　定时器/计数器 0 和 1 的结构

定时器/计数器 0 和 1 有 4 种工作方式，分别为工作方式 0、1、2、3，可以通过定时器方式选择寄存器的 M0、M1 位进行选择。

1. 工作方式 0

定时器方式选择寄存器的 M0（D4 位）= 0、M1（D5 位）= 0 表示定时器/计数器 1 工作于工作方式 0，M0（D0 位）= 0、M1（D1 位）= 0 表示定时器/计数器 0 工作于工作方式 0，如图 5-1 所示。图中，当 1 机器周期 = 6 时钟周期时，$d = 6$；当 1 机器周期 = 12 时钟周期时，$d = 12$。

工作方式 0 为 13 位定时器/计数器，由 TL0/1 的低 5 位和 TH0/1（8 位）共同完成计数功能（TL0/1 的高 3 位可忽略）。当 TL0/1 的低 5 位溢出时，向 TH0/1 产生进位继续计数，直到 TH0/1 溢出时，硬件电路自动将定时器中断请求标志位 TF0/1 置 1，可申请中断，也可对 TF0/1 进行查询。

由图 5-1 可知，定时器/计数器 0 工作于工作方式 0 时，若 D2 位 $C/\overline{T} = 0$，则表示将定

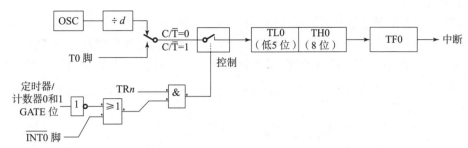

图 5 - 1 定时器/计数器 0 和 1 的工作方式 0 模式

时器/计数器 T0 设置为定时器方式，主要依靠 STC89C52 单片机内部系统时钟产生的时钟频率进行 6 分频（$d = 6$）或 12 分频（$d = 12$）后得到的机器周期为基准；若 D2 位 $C/\overline{T} = 1$，则表示将定时器/计数器 T0 设置为计数器方式，主要依靠对 P3.4/T0 管脚的外部脉冲进行采样。而这两个二选一的时钟基准是否开始计数还由控制开关决定，控制开关的控制逻辑为（GATE OR $\overline{INT0}$）AND TR0。也就是说，必须当定时器控制寄存器的 TR0 = 1 且定时器方式选择寄存器的 D3 位 GATE = 0，或者 TR0 = 1、GATE = 1 且 P3.2（$\overline{INT0}$）管脚输入为高电平时，控制开关接通，13 位定时器/计数器 0 开始计数，直至 TH0 溢出，触发定时器/计数器 0 中断申请。同理，定时器/计数器 1 的中断申请也是一样的，只是对应的寄存器控制位不一样。

当 13 位定时器/计数器开始计数时，是进行不断的"+1"操作完成计数的。这时就需要对计数次数进行单独的计算。因为若定时器/计数器执行的是"-1"的操作，减至 0 溢出，那么若想计数 100 次，只需要给定时器/计数器赋初值 100 即可，每次减 1，100 次后刚好为 0。而 STC89C52 单片机执行的是"+1"的操作，对于 13 位定时器/计数器，加至 $THn = 1111\ 1111$，$TLn = \times \times \times 1\ 1111$ 后，再加 1 则溢出，溢出后 $THn = 0000\ 0000$，$TLn = \times \times \times 0\ 0000$，$TFn = 1$。那么计数次数就需要通过公式进行计算

$$计数次数 = 2^{13} - 计数初值$$

13 位定时器/计数器的计数范围为 1 ~ 8 192（2^{13}）。

对应的定时时间由计数次数和机器周期共同决定。其中，机器周期 $T_m = $ 振荡周期 $T_c \times d$（$d = 6$ 或 12）。

$$定时时间 = (2^{13} - 计数初值) \times 机器周期 T_m$$

[例] 在工作方式 0 下，若晶振频率为 6 MHz，$d = 12$，试计算 STC89C52 单片机的最小与最大定时时间。

分析：已知 $f_{osc} = 6\mathrm{MHz}$，则

$$振荡周期\ T_c = \frac{1}{6 \times 10^6}\mathrm{s} = \frac{1}{6}\ \mu\mathrm{s}$$

$$机器周期\ T_m = 12T_c = \frac{12}{6 \times 10^6}\mathrm{s} = 2\ \mu\mathrm{s}$$

所以，在工作方式 0 下，STC89C52 单片机的最小定时时间为 $T_{min} = 2\ \mu\mathrm{s}$。

13 位定时器最大数值为 $2^{13} = 8\ 192$。

最大定时时间为 $T_{max} = 8\ 192 \times 2\ \mu\mathrm{s} = 16\ 384\ \mu\mathrm{s} = 16.384\ \mathrm{ms}$。

2. 工作方式1

定时器方式选择寄存器的 M0（D4 位）=1、M1（D5 位）=0 表示定时器/计数器 1 工作于工作方式 1，M0（D0 位）=1、M1（D1 位）=0 表示定时器/计数器 0 工作于工作方式 1，如图 5-2 所示。图中，当 1 机器周期=6 时钟周期时，$d=6$；当 1 机器周期=12 时钟周期时，$d=12$。

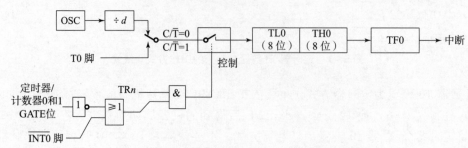

图 5-2　定时器/计数器 0 和 1 的工作方式 1 模式

工作方式 1 为 16 位定时器/计数器，由 TL0/1（8 位）和 TH0/1（8 位）共同完成计数功能。除了工作方式 1 使用的是 8 位 TL0/1、工作方式 0 使用的是 5 位 TL0/1 外，工作方式 1 和工作方式 0 的结构完全一样。

对于 16 位定时器/计数器，加至 THn=1111 1111，TLn=1111 1111 后，再加 1 则溢出，溢出后 THn=0000 0000，TLn=0000 0000，TFn=1。那么计数次数就需要通过公式进行计算：

$$计数次数 = 2^{16} - 计数初值$$

16 位定时工作/计数器的计数范围为 1~65 536（2^{16}）。

对应的定时时间由计数次数和机器周期共同决定。其中，机器周期 T_{m} = 振荡周期 T_{c} × d（$d=6$ 或 12）。

$$定时时间 = (2^{16} - 计数初值) × 机器周期 \ T_{\mathrm{m}}$$

［例］在工作方式 1 下，若晶振频率为 6 MHz，$d=12$，试计算 STC89C52 单片机的最小与最大定时时间。

分析：已知 $f_{\mathrm{osc}} = 6$ MHz，则

$$振荡周期 \ T_{\mathrm{c}} = \frac{1}{6 \times 10^6}\mathrm{s} = \frac{1}{6} \ \mu\mathrm{s}$$

$$机器周期 \ T_{\mathrm{m}} = 12 T_{\mathrm{c}} = \frac{12}{6 \times 10^6}\mathrm{s} = 2 \ \mu\mathrm{s}$$

所以，在工作方式 1 下，STC89C52 单片机的最小定时时间为 $T_{\mathrm{min}} = 2 \ \mu\mathrm{s}$。

16 位定时器最大数值为 $2^{16} = 65 \ 536$。

所以最大定时时间为 $T_{\mathrm{max}} = 65 \ 536 \times 2 \ \mu\mathrm{s} = 131 \ 072 \ \mu\mathrm{s} = 131.072 \ \mathrm{ms}$。

3. 工作方式2

定时器方式选择寄存器的 M0（D4 位）=0、M1（D5 位）=1 表示定时器/计数器 1 工作于工作方式 2，M0（D0 位）=0、M1（D1 位）=1 表示定时器/计数器 0 工作于工作方式 2，如图 5-3 所示。图中，当 1 机器周期=6 时钟周期时，$d=6$；当 1 机器周期=12 时钟周期时，$d=12$。

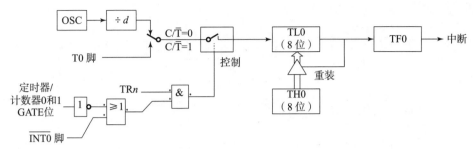

图 5 - 3　定时器/计数器 0 和 1 的工作方式 2 模式

工作方式 2 为自动重装的 8 位定时器/计数器，TL0/1（8 位）作为计数器使用，TH0/1（8 位）作为预置寄存器使用。初始化时，8 位计数初值同时装入 TL0/1 和 TH0/1 中。开始计数后，当 TL0/1 溢出时，硬件电路自动将定时器中断请求标志位 TF0/1 置 1，并用保存在预置寄存器 TH0/1 中的计数初值自动加载到 TL0/1，然后开始重新计数。

对于 8 位定时器/计数器，加至 $TLn = 1111\ 1111$ 后，再加 1 则溢出，溢出后 $TLn = THn$，$TFn = 1$。那么计数次数就需要通过公式进行计算：

$$计数次数 = 2^8 - 计数初值$$

8 位定时器/计数器的计数范围为 $1 \sim 256$（2^8）。

对应的定时时间由计数次数和机器周期共同决定。其中，机器周期 $T_m = $ 振荡周期 $T_c \times d$（$d = 6$ 或 12）。

$$定时时间 = (2^8 - 计数初值) \times 机器周期\ T_m$$

［例］在工作方式 2 下，若晶振频率为 6M Hz，$d = 6$，试计算 STC89C52 单片机的最小与最大定时时间。

分析：已知 $f_{osc} = 6$ MHz，则

$$振荡周期\ T_c = \frac{1}{6 \times 10^6}s = \frac{1}{6}\ \mu s$$

$$机器周期\ T_m = 6T_c = \frac{6}{6 \times 10^6}s = 1\ \mu s$$

所以，在工作方式 0 下，STC89C52 单片机的最小定时时间为 $T_{min} = 1\ \mu s$。

13 位定时器最大数值为 $2^8 = 256$。

最大定时时间为 $T_{max} = 256 \times 1\ \mu s = 256\ \mu s$

工作方式 2 所能达到的最大定时时间与工作方式 0 和 1 相比较要少很多，但是自动重装功能的使用非常方便，可以在程序中节省代码量，因此，在所需定时时间小于工作方式 2 的最大定时时间时，推荐使用此种方式。

4. 工作方式 3

定时器方式选择寄存器的 M0（D4 位）= 1、M1（D5 位）= 1 表示定时器/计数器 1 工作于工作方式 3，M0（D0 位）= 1、M1（D1 位）= 1 表示定时器/计数器 0 工作于工作方式 3，如图 5 - 4 所示。图中，当 1 机器周期 = 6 时钟周期时，$d = 6$；当 1 机器周期 = 12 时钟周期时，$d = 12$。

采用工作方式 3 时，定时器/计数器 0 被拆成两个独立的 8 位计数器 TL0 和 TH0。

TL0 对应的定时器/计数器既可以用于计数也可以用于定时，TH0 对应的定时器/计数器

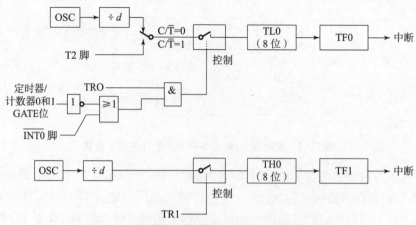

图 5 – 4　定时器/计数器 0 和 1 的工作方式 3 模式

只能做简单定时器使用，而且需要借用定时器/计数器 1 的控制位 TR1 开关 TL0，并用 TF1 作为计数溢出位。所以，在工作方式 3 下，定时器/计数器 1 停止工作，等同于 TR1 = 0，可以作为串行口波特率发生器。

　　由图 5 – 4 可知，对于 TL0 对应的定时器/计数器，若定时器方式选择寄存器 D2 位 $C/\overline{T} = 0$ 表示将定时器/计数器设置为定时器方式，主要依靠 STC89C52 单片机内部系统时钟产生的时钟频率进行 6 分频（$d = 6$）或 12 分频（$d = 12$）后得到的机器周期为基准；若 D2 位 $C/\overline{T} = 1$ 表示将定时器/计数器设置为计数器方式，主要依靠对 P3.4/T0 管脚的外部脉冲进行采样。而这两个二选一的时钟基准是否开始计数还由控制开关决定，控制开关的控制逻辑为（GATE OR INT0）AND TR0。也就是说，必须当定时器控制寄存器的 TR0 = 1 且定时器方式选择寄存器的 D3 位 GATE = 0，或者 TR0 = 1、GATE = 1 且 P3.2（$\overline{INT0}$）管脚输入为高电平时，控制开关接通，TL0 对应的定时器/计数器开始计数，直至 TL0 溢出，TF0 = 1，触发定时器/计数器中断申请。对于 TH0 对应的定时器/计数器，只能作为定时器，以单片机内部系统时钟产生的时钟频率进行 6 分频（$d = 6$）或 12 分频（$d = 12$）后得到的机器周期为基准，控制开关由 TR1 决定。也就是说，只有当 TR1 = 1 时，TH0 对应的定时器/计数器才会开始计数，直至 TH0 溢出，TF1 = 1，触发定时器/计数器中断申请。

　　在工作方式 3 时，单片机的最小与最大定时时间计算与工作方式 2 一样，都是按 8 位定时器/计数器来进行计算。

　　在程序编写过程中，我们往往已知需要定时的时间，计算对应的定时器/计数器 THn 和 TLn 寄存器的初值。

　　[例] 在工作方式 3 下，有两个 8 位定时器/计数器，若晶振频率为 12 MHz，$d = 12$，STC89C52 单片机需要每隔 100 μs 触发一次的两个定时器/计数器，则程序中 TL0 和 TH0 的初值应设为多少？

　　分析：已知 $f_{osc} = 12$ MHz，则

$$振荡周期\ T_c = \frac{1}{12 \times 10^6}s = \frac{1}{12}\ \mu s$$

$$机器周期\ T_m = 12T_c = \frac{12}{12 \times 10^6}s = 1\ \mu s$$

若需要每隔 100 μs 触发一次的定时器/计数器，则计数次数为

$$计数次数 = \frac{100 \ μs}{1 \ μs} = 100$$

则需要计数 100 次后，TL0 = 0000 0000，也就是说，在工作方式 3 下，最大的计数溢出值为 $2^8 = 256$，要想计数 100 次后得到 256，则计数初值为

$$计数初值 = 256 - 100 = 156 = 9CH$$

因此，程序中 TL0 和 TH0 的初值应为 9CH。

其他条件不变，若改为需要每隔 2 ms 触发一次定时器/计数器，则需要的计数次数为 $\frac{2 \ ms}{1 \ μs} = 2 \ 000$ 次，而工作方式 3 的最大计数次数为 256，所以，如果需要计数 2 000 次，则不能采用工作方式 3。工作方式 0 的最大计数次数为 $2^{13} = 8 \ 192$，工作方式 1 的最大计数次数为 $2^{16} = 65 \ 536$，均大于 2 000，所以可以改为采用工作方式 0 或 1，都可以实现 2 000 次计数。

5.3.2　定时器/计数器 2 的结构

定时器/计数器 2 与定时器/计数器 0 和 1 不同，有 3 种工作方式，分别为捕获方式、自动重装初值的定时器/计数器方式和波特率发生器方式。这 3 种工作方式由定时器 2 控制寄存器的 RCLK、TCLK、TR2 和 CP/$\overline{\text{RL2}}$ 位共同决定的，如表 5 - 7 所示。

表 5 - 7　定时器/计数器 2 工作方式的选择

RCLK + TCLK	CP/$\overline{\text{RL2}}$	TR2	工作方式
0	0	1	自动重装初值的定时器/计数器
0	1	1	捕获
1	×	1	波特率发生器
×	×	0	定时器/计数器 2 关闭

1. 捕获方式

定时器 2 控制寄存器的 RCLK = 0、TCLK = 0、TR2 = 1、CP/$\overline{\text{RL2}}$ = 1 时，定时器/计数器 2 工作于捕获方式，如图 5 - 5 所示。图中，当 1 机器周期 = 6 时钟周期时，$d = 6$；当 1 机器周期 = 12 时钟周期时，$d = 12$。

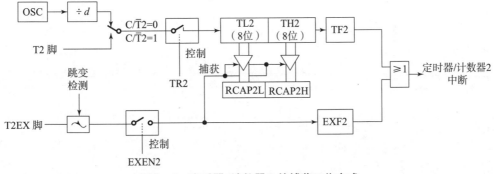

图 5 - 5　定时器/计数器 2 的捕获工作方式

由图 5 – 5 可知，定时器/计数器 2 工作于捕获方式时，若定时器 2 控制寄存器 D1 位 C/$\overline{T2}$ = 0 表示将定时器/计数器 T2 设置为定时器方式，主要依靠 STC89C52 单片机内部系统时钟产生的时钟频率进行 6 分频（d = 6）或 12 分频（d = 12）后得到的机器周期为基准；若 D1 位 C/$\overline{T2}$ = 1 表示将定时器/计数器 T2 设置为计数器方式，主要依靠对 P1.0/T2 管脚的外部脉冲进行采样。而这两个二选一的时钟基准是否开始计数还由 TR2 决定，当 TR2 = 1 时，控制开关接通，16 位定时器/计数器 2 开始计数，直至 TH2 溢出，TF2 = 1，触发定时器/计数器 2 中断申请。而定时器/计数器 2 的中断还可以通过下路 EXF2 = 1 来触发。若要 EXF2 = 1，需要 EXEN2 = 1 时在 P1.1/T2EX 管脚产生负跳变。此时，TH2 的当前值被捕获到 RCAP2H 中，TL2 的当前值被捕获到 RCAP2L 中，EXF2 = 1，定时器/计数器 2 中断被触发。EXF2 = 1 触发的中断和 TF2 = 1 触发的中断对应的中断号（5）和中断向量（002BH）都是相同的，需要在定时器/计数器 2 的中断服务程序中查询 TF2 和 EXF2 的值来确定中断被触发的源头。通过 EXF2 = 1 触发中断时，TL2 和 TH2 没有重新的装载值，即使当 EXEN2 = 1 且 T2EX 产生负跳变时，计数器仍在计数。

捕获方式的主要作用是可以通过触发捕获方式，锁定当时 TL2 和 TH2 里面的数值。随着计数不断进行，TL2 和 TH2 里面的数值也在不断改变，想要读取非常困难。因为 STC89C52 单片机的 CPU 一次只可以读取一个寄存器，比如读完 TL2 再读 TH2 时，对应的 TL2 的值已经不再是之前读取的那个了。有了捕获方式，就可以在需要读取的时候触发捕获，将 TH2 的当前值捕获到 RCAP2H 中，TL2 的当前值捕获到 RCAP2L 中，RCAP2H 和 RCAP2L 中的数值不会随计数变化，然后再读取 RCAP2L 和 RCAP2H，就可以得到捕获时 TL2 和 TH2 里面的数值了。

2. 自动重装初值的定时器/计数器方式

定时器 2 控制寄存器的 RCLK = 0、TCLK = 0、TR2 = 1、CP/$\overline{RL2}$ = 0 时，定时器/计数器 2 工作于自动重装初值的定时器/计数器方式。

当定时器/计数器 2 工作于自动重装初值方式时，可设置为定时器或计数器。与定时器/计数器 0 和 1 不一样的是，定时器/计数器 0 和 1 只能是递增计数，而定时器/计数器 2 可以通过寄存器的设置选择采用递增或递减计数。当定时器 2 方式选择寄存器的 DCEN = 0 时，定时器/计数器 2 采用递增计数，如图 5 – 6 所示；当 DCEN = 1 时，通过 T2EX 引脚来确定递增计数还是递减计数，如图 5 – 7 所示。图中，当 1 机器周期 = 6 时钟周期时，d = 6；当 1 机器周期 = 12 时钟周期时，d = 12。

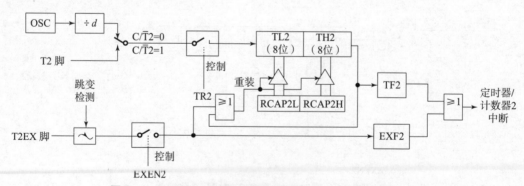

图 5 – 6 DCEN = 0 时定时器/计数器 2 的自动重装初值方式

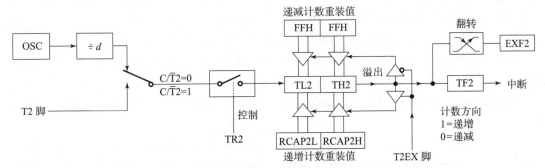

图 5 – 7 DCEN = 1 时定时器/计数器 2 的自动重装初值方式

由图 5 – 6 可知，当 DCEN = 0，定时器/计数器 2 工作于自动重装初值方式时，其结构与捕获工作方式类似，都可以作为定时器或计数器，当 TR2 = 1 时，通过 TF2 的溢出触发定时器/计数器 2 的中断，或者当 EXEN2 = 1 时，在 P1.1/T2EX 管脚产生负跳变会引起 EXF2 = 1，同样触发定时器/计数器 2 中断。与捕获工作方式不同的是，DCEN = 0 时的自动重装初值方式。当递增计数至 TL2 = FFH、TH2 = FFH 后，再加 1 引起计数溢出，TF2 = 1，同时 TL2 和 TH2 不是变为 0000 0000，而是将 RCAP2L 里面的值赋给 TL2，RCAP2H 里面的值赋给 TH2，作为 TL2 和 TH2 的初值。同样，EXF2 = 1 也会触发自动重装初值。这样，就可以再次进行计数。RCAP2L 和 RCAP2H 里面的值可在程序初始化时赋予。

由图 5 – 7 可知，当 DCEN = 1，定时器/计数器 2 工作于自动重装初值方式时，可以通过 T2EX 管脚选择是采用递增计数还是递减计数。此种模式下，T2EX 管脚的负跳变无法触发中断。同样依靠 T2CON 寄存器 D1 位 $C/\overline{T2} = 0$ 表示将定时器/计数器 T2 设置为定时器方式，$C/\overline{T2} = 1$ 表示设置为计数器方式，然后 TR2 = 1 控制开关接通，开始计数。当 T2EX 管脚为高电平时，采用递增计数方式，与 DCEN = 0 时计数方式一致。当 T2EX 管脚为低电平时，采用递减计数方式，递减至与陷阱寄存器（RCAP2L 和 RCAP2H）中数值一致时溢出，TF2 = 1，触发定时器/计数器 2 中断。同时，TL2 = FFH、TH2 = FFH 重装入 TL2 和 TH2，可以重新计数。

当采用递增计数方式时，寄存器 TL2、TH2、RCAP2L 和 RCAP2H 对应的计数初值应按如下步骤计算。

［例］在自动重装初值方式下，DCEN = 1、T2EX = 1，定时器/计数器 2 为 16 位定时器/计数器，若晶振频率为 12 MHz，d = 12，STC89C52 单片机需要每隔 1 ms 触发一次的定时器/计数器 2，则程序中寄存器 TL2、TH2、RCAP2L 和 RCAP2H 的初值应设为多少？

分析：已知 $f_{osc} = 12\text{MHz}$，则

$$振荡周期\ T_c = \frac{1}{12 \times 10^6}\text{s} = \frac{1}{12}\ \mu\text{s}$$

$$机器周期\ T_m = 12T_c = \frac{12}{12 \times 10^6}\text{s} = 1\ \mu\text{s}$$

若需要每隔 1 ms 触发一次的定时器/计数器，则计数次数为

$$计数次数 = \frac{1\ 000\ \mu\text{s}}{1\ \mu\text{s}} = 1\ 000$$

需要计数 1 000 次后溢出，在自动重装初值方式下，最大的计数溢出值为 $2^{16} = 65\ 536$，要想计数 1 000 次后得到 65 536，则计数初值为

$$计数初值 = 65\ 536 - 1\ 000 = 64536 = FC18H$$

计数初值低 8 位存入 TL2 和 RCAP2L，高 8 位存入 TH2 和 RCAP2H。因此 TL2 = 18H，RCAP2L = 18H，TH2 = FCH，RCAP2H = FCH。

当采用递减计数方式时，寄存器 RCAP2L 和 RCAP2H 对应的计数初值应按如下步骤计算。

［例］在自动重装初值方式下，DCEN = 1、T2EX = 0，定时器/计数器 2 为 16 位定时器/计数器，若晶振频率为 6 MHz，$d = 12$，STC89C52 单片机需要每隔 10 ms 触发一次的定时器/计数器 2，则程序中寄存器 TL2、TH2、RCAP2L 和 RCAP2H 的初值应为多少？

分析：已知 $f_{osc} = 6$ MHz，则

$$振荡周期\ T_c = \frac{1}{6 \times 10^6}s = \frac{1}{6}\ \mu s$$

$$机器周期\ T_m = 12T_c = \frac{12}{6 \times 10^6}s = 2\ \mu s$$

若需要每隔 10ms 触发一次的定时器/计数器，则计数次数为

$$计数次数 = \frac{10\ 000\ \mu s}{2\ \mu s} = 5\ 000$$

因为 DCEN = 1，采用递减计数方式，TL2、TH2 的初值为 FFH，所以计数初值为 FFFFH，等于 $2^{16} - 1 = 65\ 536 - 1 = 65\ 535$。每次计数减 1，计数 5 000 次后，得到的结果是

$$65\ 535 - 5\ 000 = 60\ 535 = EC77H$$

因此 TL2 = FFH，RCAP2L = ECH，TH2 = FFH，RCAP2H = 77H。

3. 波特率发生器方式

定时器 2 控制寄存器的 RCLK = 1 和（或）TCLK = 1、TR2 = 1 时，定时器/计数器 2 工作于波特率发生器方式，如图 5 - 8 所示。注意，与其他方式不同的是，当 1 机器周期 = 6 时钟周期时，$d = 1$；当 1 机器周期 = 12 时钟周期时，$d = 2$。

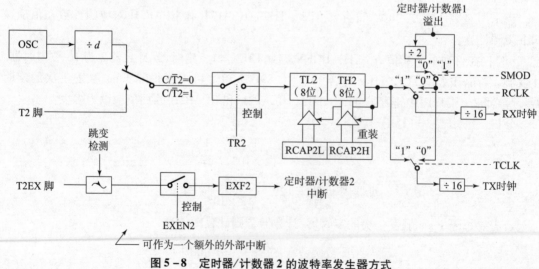

图 5 - 8　定时器/计数器 2 的波特率发生器方式

通过设置定时器 2 控制寄存器中的 TCLK 和（或）RCLK，可以选择定时器/计数器 1 或定时器/计数器 2 作为串行口发送和（或）接收的波特率发生器。当 TCLK =0 时，表示定时器/计数器 1 作为串行口发送波特率发生器；当 TCLK =1 时，定时器/计数器 2 作为串行口发送波特率发生器。当 RCLK =0 时，表示定时器/计数器 1 作为串行口接收波特率发生器；当 RCLK =1 时，定时器/计数器 2 作为串行口接收波特率发生器。通过设置，可以让定时器/计数器 1 和定时器/计数器 2 各自产生不同的发送和接收波特率。

由图 5 - 8 可知，当定时器/计数器 2 工作于波特率发生器方式时，其结构与 DCEN = 0 时的自动重装初值方式类似，都可以作为定时器或计数器，大部分应用是作为定时器使用。当递增计数至 TL2 = FFH、TH2 = FFH 后，再加 1 引起计数溢出，将 RCAP2L 里面的值赋给 TL2，RCAP2H 里面的值赋给 TLH2，作为 TL2 和 TH2 的初值。这样，就可以再次进行计数。RCAP2L 和 RCAP2H 里面的值可在程序初始化时赋予。不一样的是，波特率发生器方式溢出时，不会令 TF2 = 1，所以也不触发定时器/计数器 2 中断，而是输出 RX 时钟和（或）TX 时钟。不过在波特率发生器方式下，定时器/计数器 2 的中断可以通过 EXF2 = 1 来触发。当 EXEN2 = 1 时，在 P1. 1/T2EX 管脚产生负跳变会引起 EXF2 = 1，定时器/计数器 2 中断被触发，可以作为一个额外的外部中断。但中断的触发不会同时重装初值，将 RCAP2L 里面的值赋给 TL2，RCAP2H 里面的值赋给 TLH2。

当工作于波特率发生器方式作为计数器使用时，波特率的计算如下：

$$波特率发生器的波特率 = \frac{定时器/计数器\ 2\ 溢出速率}{16}$$

当工作于波特率发生器方式作为定时器使用时，波特率的计算如下：

$$波特率发生器的波特率 = \frac{时钟频率\ OSC}{d \times 16 \times (2^{16} - 计数初值)}$$

d 就是图 5 - 8 中 OSC 下一级，当 1 机器周期 =6 时钟周期时，$d = 1$；当 1 机器周期 = 12 时钟周期时，$d = 2$。

定时器/计数器 2 产生的常用波特率如表 5 - 8 所示。

表 5 - 8　定时器/计数器 2 产生的常用波特率

振荡频率	定时器/计数器 2 寄存器初值		波特率	
	RCAP2H	RCAP2L	1 机器周期 = 6 时钟周期	1 机器周期 = 12 时钟周期
6	F9	57	220	110
6	FD	8F	600	300
12	F2	AF	220	110
12	FB	1E	600	300
12	FE	C8	2 400	1 200
12	FF	64	4 800	2 400
12	FF	B2	9 600	4 800
12	FF	D9	19 200	9 600
12	FF	FF	750 000	375 000

当采用波特率发生器方式时，$C/\overline{T2} = 0$，寄存器 RCAP2L 和 RCAP2H 对应的计数初值应按如下步骤计算。

［例］在波特率发生器方式下，$C/\overline{T2} = 0$，定时器/计数器 2 为 16 位定时器，若晶振频率为 12 MHz，$d = 2$，当需要产生波特率为 9 600 的 RX 时钟和 TX 时钟时，则程序中寄存器 RCAP2L 和 RCAP2H 的初值应设为多少？

分析：已知 $f_{osc} = 12$ MHz，则根据

$$波特率发生器的波特率 = \frac{时钟频率\ OSC}{d \times 16 \times (2^{16} - 计数初值)}$$

可以得出

$$计数初值 = 2^{16} - \frac{时钟频率\ OSC}{d \times 16 \times 波特率发生器的波特率}$$

$$= 2^{16} - \frac{12 \times 10^6}{2 \times 16 \times 9\ 600} = 65\ 536 - 39 = 65\ 497 = \text{FFD9H}$$

寄存器初值低 8 位存入 RCAP2L，高 8 位存入 RCAP2H，因此 RCAP2L = D9H，RCAP2H = FFH。

4. 可编程时钟输出

定时器/计数器 2 除了工作在捕获方式、自动重装初值的定时器/计数器方式和波特率发生器方式外，还可以作为可编程时钟输出，如图 5 - 9 所示。图中，当 1 机器周期 = 6 时钟周期时，$d = 1$；当 1 机器周期 = 12 时钟周期时，$d = 2$。

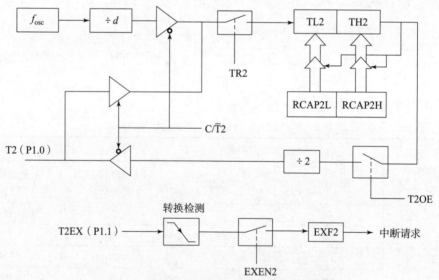

图 5 - 9　定时器/计数器 2 作为可编程时钟输出

由图 5 - 9 可知，可编程时钟输出仅可在定时器/计数器 2 作为定时器时使用，也就是说，此方式下必然要求定时器 2 控制寄存器的 $C/\overline{T2} = 0$，使 P1.0/T2 管脚禁止输入，允许输出，同时允许系统时钟输入。然后令定时器 2 方式选择寄存器的定时器/计数器 2 输出使能位 T2OE - 1，就可以允许时钟输出到 P1.0/T2 管脚。在初始化程序中设置完 $C/\overline{T2} = 0$、T2OE = 1 后，置位 TR2 = 1，则定时器/计数器 2 开始计时。当递增计数至 TL2 = FFH、

TH2 = FFH 后，再加 1 引起计数溢出，将 RCAP2L 里面的值赋给 TL2，RCAP2H 里面的值赋给 TLH2，作为 TL2 和 TH2 的初值。溢出时，不会令 TF2 = 1，所以也不触发定时器/计数器 2 中断，而是输出至 P1.0/T2 管脚，作为可编程时钟输出。定时器/计数器 2 的中断可以通过 EXF2 = 1 来触发。当 EXEN2 = 1 时，在 P1.1/T2EX 管脚产生负跳变会引起 EXF2 = 1，定时器/计数器 2 中断被触发，可以作为一个额外的外部中断，但中断的触发不会同时重装初值。

当定时器/计数器 2 作为可编程时钟输出时，时钟信号的输出频率计算如下：

$$时钟信号的输出频率 = \frac{时钟频率\ OSC}{d \times 2 \times (2^{16} - 计数初值)}$$

通过观察可以发现，定时器/计数器 2 作为可编程时钟输出和作为波特率发生器的设置并不完全抵触。当 C/$\overline{T2}$ = 0、T2OE = 1、RCLK = 1 和（或）TCLK = 1、TR2 = 1 时，定时器/计数器 2 可以同时作为可编程时钟输出和波特率发生器。不过，从硬件上可以看出，只有一个 TL2、TH2、RCAP2L 和 RCAP2H 寄存器，因此它们必须共用一个频率，只能有一个计数初值。计数初值的计算与波特率发生器类似，可以参照上文。

5.4　STC89C52 单片机定时器/计数器应用举例

5.4.1　定时器/计数器 0 和 1 的应用

1. 定时器

在实验中，定时器比较常见的应用就是简易方波发生器，产生固定频率的占空比为 1∶1 的方波，并可以通过示波器观察输出波形。对于定时器的使用，首先需要计算定时次数，因为工作方式 2 为 8 位自动重新装载方式，相对来说最简单，如果计数初值 ≤ 256，优先选择工作方式 2。如果 256 < 计数初值 ≤ 65 536，可以选择工作方式 1。当然如果计数初值 ≤ 8 192，也可以选择工作方式 0，使用 13 位定时器/计数器。不过工作方式 0 主要用于和早期单片机的兼容，对于 STC89C52 单片机，与工作方式 1 除位数外并无本质区别。还需要注意的是，方波发生器是一个高电平加一个低电平合起来是一个周期，所以如果方波发生器周期是 1 s，那么就是 0.5 s 高电平加 0.5 s 低电平，电平翻转的时间需要减半，也就是说，频率需要 ×2。

［例］设计一个占空比为 1∶1 的简易方波发生器，使用 STC89C52 单片机，利用定时器/计数器 0，1 机器周期 = 12 时钟周期，在 P1.0 引脚输出频率为 10 kHz 的方波，并用示波器进行观察（晶振采用 12 MHz）。

分析：已知 f_{osc} = 12 MHz，则

$$振荡周期\ T_c = \frac{1}{12 \times 10^6}s = \frac{1}{12}\mu s$$

$$机器周期\ T_m = 12T_c = \frac{12}{12 \times 10^6}s = 1\ \mu s$$

若需要输出频率为 10 kHz 的方波，则方波周期为 $\frac{1}{10 \times 10^3\ Hz} = 100\ \mu s$。

则高、低电平的持续时间为 $\dfrac{100\ \mu s}{2} = 50\ \mu s$。

计数次数 $= \dfrac{50\ \mu s}{1\ \mu s} = 50 < 256$。

因此可以选择让定时器/计数器 0 工作在工作方式 2，8 位自动重新装载初值方式。

$$计数初值 = 256 - 50 = 206 = CEH$$

程序中 TL0 和 TH0 的初值应为 CEH。

关于其他寄存器设置，因为使用定时器/计数器 0，所以需要允许定时器/计数器中断 0，ET0 = 1。只要有一个中断需要使用，就必须打开中断允许总控制位，EA = 1。因为不使用外部脉冲中断请求信号，所以 GATE = 0。因为采用定时器方式，所以，C/$\overline{T}$ = 0。因为工作于工作方式 2，所以 M1 = 1，M0 = 0。不使用定时器/计数器 1，所以对应设置为 0 不变，定时器方式选择寄存器为 0000 0010 = 02H。因为要启动定时器/计数器 0，所以定时器/计数器 0 启动标志位 TR0 = 1。

对应的 C 语言程序如下：

```c
#include < reg52.h >
sbit  Squ_out = P1^0;
void  main()
{
    /* 初始化部分*/
    TL0 = 0xCE;    //装载计数初值
    TH0 = 0xCE;
    EA = 1;          //打开中断允许总控制位
    ET0 = 1;          //允许定时器/计数器中断 0
    TMOD = 0x02;    //设置定时器方式选择寄存器
    TR0 = 1;          //启动定时器/计数器 0
    /* 程序正式开始,是个死循环,一直执行,等待中断*/
        while(1);
}
/* 定时器/计数器 0 中断程序*/
void t0_isr(void) interrupt 1   // 1 是中断号,代表定时器/计数器 0
{
        Squ_out = ! Squ_out;       //P1.0 翻转
}
```

如果计算出来的计数次数大于 256，小于 65 536，我们就不能选择工作方式 2，最好选择工作方式 1。因为工作方式 1 不可以自动重新装载计数初值，所以一定需要在程序中加入重新装载初值的语句。

[例] 设计一个占空比为 1:1 的简易方波发生器，使用 STC89C52 单片机，利用定时器/计数器 1，1 机器周期 = 12 时钟周期，在 P1.0 引脚输出频率为 1 kHz 的方波，并用示波器进行观察（晶振采用 12 MHz）。

分析：已知 $f_{osc} = 12\ \text{MHz}$，则

$$振荡周期\ T_c = \frac{1}{12 \times 10^6}s = \frac{1}{12}\ \mu s$$

$$机器周期\ T_m = 12T_c = \frac{12}{12 \times 10^6}s = 1\ \mu s$$

若需要输出频率为 1 kHz 的方波，则方波周期为 $\frac{1}{1 \times 10^3\ \text{Hz}} = 1\ 000\ \mu s$。

则高、低电平的持续时间为 $\frac{1\ 000\ \mu s}{2} = 500\ \mu s$。

计数次数 $= \frac{500\mu s}{1\ \mu s} = 500 > 256$。

因此可以选择让定时器/计数器 1 工作在工作方式 1，16 位定时器/计数器方式。

$$计数初值 = 65\ 536 - 500 = 65\ 036 = \text{FE0CH}$$

程序中 TL1 的初值应为 0CH、TH1 的初值应为 FEH。

关于其他寄存器设置，因为使用定时器/计数器 1，所以需要允许定时器/计数器中断 1，ET1 = 1。只要有一个中断需要使用，就必须打开中断允许总控制位，EA = 1。因为不使用外部脉冲中断请求信号，所以 GATE = 0。因为采用定时器方式，所以，C/$\overline{\text{T}}$ = 0。因为工作于工作方式 1，所以 M1 = 0，M0 = 1。不使用定时器/计数器 0 所以对应设置为 0 不变，定时器方式选择寄存器为 0001 0000 = 10H。因为要启动定时器/计数器 1，所以定时器/计数器 0 启动标志位 TR1 = 1。

对应的 C 语言程序如下：

```c
#include <reg52.h>
sbit  Squ_out = P1^0;
void  main()
{
    /* 初始化部分*/
    TL1 = 0x0C;//装载计数初值
    TH1 = 0xFE;
    EA = 1;      //打开中断允许总控制位
    ET1 = 1;      //允许定时器/计数器中断 1
    TMOD = 0x10;//设置定时器方式选择寄存器
    TR1 = 1;      //启动定时器/计数器 1
    /* 程序正式开始,是个死循环,一直执行,等待中断*/
    while(1);
}
/* 定时器/计数器 1 中断程序*/
void t1_isr(void)interrupt 3   //3 是中断号,代表定时器/计数器 1
{
    /* 一定注意这里需要重新装载计数初值*/
    TL1 = 0x0C;
```

```
        TH1 = 0xFE;
        Squ_out = ! Squ_out;   //P1.0 翻转
}
```

进一步来看，简易方波发生器如果采用 12 MHz 晶振，刚才通过计算已经得出机器周期为 1 μs，对于 16 位定时器/计数器来说，最大计数次数为 65 536（2^{16}），那么最长计数时间为 65 536 × 1 μs = 65 536 μs = 65.536 ms。也就是说，哪怕使用 16 位定时器/计数器方式，对于 12 MHz 晶振的单片机来说，最长的定时时间也就在 65 ms 左右。那么如果需要计数周期较长，比如 1 s，该如何设计呢？

[例] 设计一个占空比为 1∶1 的简易方波发生器，使用 STC89C52 单片机，利用定时器/计数器 1，1 机器周期 = 12 时钟周期，在 P1.0 引脚输出频率为 1 Hz 的方波，并用示波器进行观察（晶振采用 12 MHz）。

分析：已知 $f_{osc} = 12\text{MHz}$，则

$$振荡周期\ T_c = \frac{1}{12 \times 10^6}s = \frac{1}{12}\ \mu s$$

$$机器周期\ T_m = 12T_c = \frac{12}{12 \times 10^6}s = 1\ \mu s$$

若需要输出频率为 1Hz 的方波，则方波周期为 $1\ s = 1 \times 10^6\ \mu s$。

则高、低电平的持续时间为 $\frac{1 \times 10^6}{2}\ \mu s = 500\ 000\ \mu s$。

计数次数 $= \frac{500\ 000\ \mu s}{1\ \mu s} = 500\ 000 > 65\ 536$。

由计算可知，哪怕采用 16 位定时器/计数器方式，也无法沿用上两个例子的方法直接实现 1 Hz 频率的方波。16 位定时器/计数器方式最长的定时时间在 65 ms 左右，这时，我们可以考虑选择使用 50 ms 定时，循环 10 次再触发中断。50 ms × 10 = 500 ms，就可以实现题目要求。

选择让定时器/计数器 1 工作在工作方式 1，实现 50 ms 定时，则计数次数为

$$计数次数 = \frac{50\ ms}{1\ \mu s} = 50\ 000$$

$$计数初值 = 65\ 536 - 50\ 000 = 15\ 536 = 3CB0H$$

程序中 TL1 的初值应为 B0H、TH1 的初值应为 3CH。

关于其他寄存器的设置方法与上一例题一致，这里就不重复介绍了。

对应的 C 语言程序如下：

```
#include < reg52. h >
sbit  Squ_out = P1^0;
unsigned int Num = 10;
void  main()
{
        /* 初始化部分*/
        TL1 = 0xB0;//装载计数初值
        TH1 = 0x3C;
```

```
        EA =1;      //打开中断允许总控制位
        ET1 =1;       //允许定时器/计数器中断 1
        TMOD =0x10;   //设置定时器方式选择寄存器
        TR1 =1;              //启动定时器/计数器 1
        /* 程序正式开始,是个死循环,一直执行,等待中断*/
        while(1);
}
/* 定时器/计数器 1 中断程序*/
void t1_isr(void)interrupt 3   //3 是中断号,代表定时器/计数器 1
{
        /* 一定注意这里需要重新装载计数初值*/
        TL1 =0xB0;
        TH1 =0x3C;
        /* 判断是否循环 20 次,满足则 P1.0 翻转*/
        switch(Num)
        {
            case 0:
                Num =10;
                Squ_out =! Squ_out;   //P1.0 翻转
                break;
            default:
                Num -- ;
                break;
        }
}
```

当然, 也可以用 if, else 语句来实现中断程序。

```
/* 定时器/计数器 1 中断程序*/
void t1_isr(void)interrupt 3      //3 是中断号,代表定时器/计数器 1
{
        /* 一定注意这里需要重新装载计数初值*/
        TL1 =0xB0;
        TH1 =0x3C;
        /* 判断是否循环 20 次,满足则 P1.0 翻转*/
        if(Num >0)
        {
            Num =Num -1;
        }
        else
        {
```

```
            Num =10;
            Squ_out = ! Squ_out;
        }
    }
```

如果只完成单一频率、单一占空比的简易方波发生器，并不一定需要采用中断方式来实现。可以思考一下，还有其他实现方式吗？

2. 计数器

计数器可以多次计数，也可以作为开关使用。

多次计数应用如下。

[例] 设计一个计数器，使用 STC89C52 单片机，利用定时器/计数器 0，对 T0 引脚（P3.4）手动输入的单脉冲进行计数，每计数够 10 次 P1.0 引脚电平翻转，并用示波器进行观察。

分析：本题的输入需要涉及硬件电路连接。

$$计数次数 = 10 < 256$$

因此可以选择让定时器/计数器 0 工作在工作方式 2，8 位自动重新装载初值方式。

$$计数初值 = 256 - 10 = 246 = F6H$$

程序中 TL0 和 TH0 的初值应为 F6H。

关于其他寄存器设置，因为使用定时器/计数器 0，所以需要允许定时器/计数器中断 0，ET0 = 1。只要有一个中断需要使用，就必须打开中断允许总控制位，EA = 1。因为不使用外部脉冲中断请求信号，也就是 P3.2（$\overline{INT0}$）管脚，所以 GATE = 0。因为采用计数器方式，所以，C/$\overline{T}$ = 1。因为工作于工作方式 2，所以 M1 = 1，M0 = 0。不使用定时器/计数器 1，所以对应设置为 0 不变，定时器方式选择定时器方式选择寄存器为 0000 0110 = 06H。因为要启动定时器/计数器 0，所以定时器/计数器 0 启动标志位 TR0 = 1。

还需要考虑按键去抖动，加入相应程序实现。

对应的 C 语言程序如下：

```
#include < reg52.h >
sbit  Squ_out = P1^0;
sbit  S1 = P3^4;  //定义按键 S1
/* 10ms 延时函数 */
void delay_10ms(unsigned int time)
{
    unsigned int i,j;
    for(i =0;i < time;i ++)
        for(j =0;j <10000;j ++);
}
void  main()
{
    /* 初始化部分 */
    TL0 =0xF6;  //装载计数初值
```

```
    TH0 =0xF6;
    EA =1;          //打开中断允许总控制位
    ET0 =1;         //允许定时器/计数器中断 0
    TMOD =0x06;     //设置定时器方式选择寄存器
    TR0 =1;         //启动定时器/计数器 0
        /* 程序正式开始,是个死循环,一直执行,等待中断*/
        while(1);
}
/* 定时器/计数器 0 中断程序*/
void t0_isr(void)interrupt 1      // 1 是中断号,代表定时器/计数器 0
{
        if(S1 ==0)   //判断 S1 是否按下
        {
            delay_10ms(1);  //按键去抖动,10ms 后再判断一次
            if(S1 ==0)   //再次确认 S1 是否按下
            {
                Squ_out =! Squ_out;  //P1.0 翻转
            }
        }
}
```

如果计数次数大于 256, 需要选择工作方式 0 或 1 时, 切记在程序中加入重装载初值的语句。

作为开关使用时, 可以与定时器连用, 实现按开关开始计数的功能, 也可以实现再次按下又停止的功能。在工作方式 0、1 和 2 时, 定时器/计数器 0 和 1 使用的寄存器互相没有冲突, 因此可以同时使用两个定时器/计数器。

[例] 设计一个占空比为 1:1 的简易方波发生器, 使用 STC89C52 单片机, 将 T0 引脚 (P3.4) 产生的负跳变信号作为方波发生器起始信号。1 机器周期 = 12 时钟周期, 在 P1.0 引脚输出频率为 100 Hz 的方波, 并用示波器进行观察 (晶振采用 6 MHz)。

用 T0 引脚 (P3.4) 产生的跳变信号作为方波发生器起始信号, 所以需要定时器/计数器 0 作为计数器使用, 仅使用一次。还需要输出方波, 因此使用定时器/计数器 1 作为定时器。这里, 和上个例题一样, 需要涉及硬件电路连接。

已知 $f_{osc} = 6$ MHz, 则

$$振荡周期 \ T_c = \frac{1}{6 \times 10^6} s = \frac{1}{6} \ \mu s$$

$$机器周期 \ T_m = 12 T_c = \frac{12}{6 \times 10^6} s = 2 \ \mu s$$

若需要输出频率为 100 Hz 的方波, 则方波周期为 $\frac{1}{100 \ Hz} = 10\ 000 \ \mu s$。

则高、低电平的持续时间为 $\frac{10\ 000 \ \mu s}{2} = 5\ 000 \ \mu s$。

$$计数次数 = \frac{5\ 000\ \mu s}{2\ \mu s} = 2\ 500 > 256$$

因此可以选择让定时器/计数器 1 工作在工作方式 1，16 位定时器/计数器方式。

$$计数初值 = 65\ 536 - 2\ 500 = 63\ 036 = F63CH$$

程序中 TL1 的初值应为 3CH、TH1 的初值应为 F6H。

定时器/计数器 0 只使用一次，设置在哪种方式都可以，这里选择工作方式 2。因为按下一次就触发，所以计数次数为 1，TL0 和 TH0 计数初值为 FFH。

关于其他寄存器设置，因为定时器/计数器 0 和 1 都被使用了，所以需要允许定时器/计数器中断 0 和 1，ET0 = 1、ET1 = 1。只要有一个中断需要使用，就必须打开中断允许总控制位，EA = 1。两个定时器/计数器都不使用外部脉冲中断请求信号，所以两个 GATE = 0。对于定时器/计数器 0，因为采用计数器方式，所以，$C/\overline{T} = 1$；因为工作于工作方式 2，所以 M1 = 1，M0 = 0。对于定时器/计数器 1，因为采用定时器方式，所以，$C/\overline{T} = 0$；因为工作于工作方式 1，所以 M1 = 0，M0 = 1。定时器方式选择定时器方式选择寄存器为 0001 0110 = 16H。如果要启动定时器/计数器 0 或 1，需要设定定时器/计数器 0 或 1 的启动标志位 TR0 = 1、TR1 = 1。

还需要考虑按键去抖动，加入相应程序实现。

对应的 C 语言程序如下：

```
#include < reg52. h >
sbit  Squ_out = P1^0 ;
sbit  S1 = P3^4 ;  //定义按键 S1
/* 10ms 延时函数*/
void delay_10ms(unsigned int time)
{
    unsigned int i,j;
    for( i = 0;i < time;i ++ )
      for( j = 0;j <10000;j ++ );
}
void  main( )
{
        /* 初始化部分*/
        TL1 = 0x3C;  //装载计数初值
        TH1 = 0xF6;
        TL0 = 0xFF;
        TH0 = 0xFF;
        EA = 1;       //打开中断允许总控制位
        ET0 = 1;      //允许定时器/计数器中断 0
        ET1 = 1;      //允许定时器/计数器中断 1
        TMOD = 0x16;  //设置定时器方式选择寄存器
        TR0 = 1;      //启动定时器/计数器 0
```

```
/* 程序正式开始,是个死循环,一直执行,等待中断*/
while(1);
}
void t0_isr(void)interrupt 1    //1 是中断号,代表定时器/计数器 0
{
    if(S1 ==0)    //判断 S1 是否按下
    {
        delay_10ms(1);    //按键去抖动,10ms 后再判断一次
        if(S1 ==0)    //再次确认 S1 是否按下
        {
            TR0 =0;      //停止定时器/计数器 0
            TR1 =1;      //启动定时器/计数器 1
        }
    }
}
/* 定时器/计数器 1 中断程序*/
void t1_isr(void)interrupt 3    //3 是中断号,代表定时器/计数器 1
{
    /* 一定注意这里需要重新装载计数初值*/
    TL1 =0x3C;
    TH1 =0xF6;
    Squ_out = ! Squ_out;    //P1.0 翻转
}
```

本例题还可以进一步要求定时器/计数器 0 不止使用一次,可以作为启停开关,按下开始,再按下停止。

3. 测量正脉冲宽度

对于定时器/计数器 0 和 1 的使用,还包括测量 P3.2(INT0)或 P3.3(INT1)管脚输入的正脉冲宽度。这时,需要对 GATE 位进行设置,令 GATE =1。因为根据 STC89C52 单片机结构,当 GATE =1,启动定时器/计数器后,只有 P3.2(INT0)或 P3.3(INT1)管脚输入高电平的时候,才会开始计数。应用这一特性,可以测出 P3.2(INT0)或 P3.3(INT1)管脚输入的正脉冲宽度。

对于正脉冲宽度的测量,起始位置即当程序设定 GATE =1 且 TR0/1 =1 后,单片机硬件系统检测到 P3.2(INT0)或 P3.3(INT1)管脚有高电平,此时开始计数,所以起始位置的确定比较容易。那如何确定结束位置呢?理论上,在单片机硬件系统检测到 P3.2(INT0)或 P3.3(INT1)管脚有高电平时开始计算正脉冲宽度,再次检测到为低电平结束。可是高电平会触发定时器/计数器中断,而低电平不会触发,所以如何确定低电平的出现?

确定低电平的出现有两种方法,查询法和中断法。

查询法是设置一个定时器,每隔一定时间查询管脚状态。比如若测量 P3.3 管脚的正脉冲宽度,则使用定时器/计数器 1,这时就可以把定时器/计数器 0 设置为周期是 1 ms 的定时

器，每隔 1 ms 去检测 P3.3 管脚是高电平还是低电平。如果是高电平则不完成任何动作，如果是低电平且前面已经触发高电平则停止正脉冲宽度的计数。

中断法是利用 $\overline{INTn}$ 管脚同时也是外部中断 n 的输入管脚，而且外部中断的触发方式有一种是脉冲的下降沿有效。所以中断法是同时将正脉冲输入管脚设置为外部中断触发，也就是说会同时触发定时器/计数器中断和外部中断。当定时器/计数器中断触发时开始计数，当外部中断触发时停止计数。

那么中断法是利用外部中断停止计数，查询法是利用定时器/计数器中断停止计数，为什么要叫查询法呢？因为这是针对产生正脉冲的管脚来说的。查询法是 CPU 需要每隔一定时间反复查询管脚是否为低电平，而中断法是管脚产生下降沿后自动触发中断，这期间查询法还是需要占用 CPU 资源的，而中断法不需要。

［例］设计一个正脉冲宽度测量仪，使用 STC89C52 单片机，1 机器周期 = 12 时钟周期，在 P3.2（$\overline{INT0}$）引脚输入一个正脉冲，测量并将结果计入 Pulse_Width 变量中（晶振采用 12 MHz）。

分析：已知 $f_{osc} = 12$ MHz，则

$$振荡周期\ T_c = \frac{1}{12 \times 10^6}s = \frac{1}{12}\ \mu s$$

$$机器周期\ T_m = 12T_c = \frac{12}{12 \times 10^6}s = 1\ \mu s$$

则若脉冲宽度的计数次数为 Num，对应脉冲宽度为 Num × 1 μs = Num μs。

因为在 P3.2（$\overline{INT0}$）引脚输入一个正脉冲，所以使用的是定时器/计数器 0。为计数次数最大，采用工作方式 1～16 位定时器/计数器，且计数初值 TL0 = 00H，TH0 = 00H。

查询法：需要设置定时器/计数器 1 作为定时器，设每隔 1 ms 去检测一次 P3.2（$\overline{INT0}$）管脚，则所需计数次数为 $\frac{1\ ms}{1\ \mu s} = 1\ 000 > 256$，所以定时器/计数器 1 工作于工作方式 1。

$$计数初值 = 65\ 536 - 1\ 000 = 64\ 536 = FC18H$$

程序中 TL1 的初值应为 18、TH1 的初值应为 FCH。

因为定时器/计数器 0 和 1 都使用了，所以需要允许定时器/计数器中断 0 和 1，ET0 = 1、ET1 = 1。只要有一个中断需要使用，就必须打开中断允许总控制位，EA = 1。对于定时器/计数器 0 来说，因为需要使用外部脉冲中断请求信号，也就是 P3.2（$\overline{INT0}$）管脚，所以 GATE = 1。因为采用定时器方式，所以，$C/\overline{T} = 0$。因为工作于工作方式 1，所以 M1 = 0，M0 = 1。对于定时器/计数器 1 来说，因为不需要使用外部脉冲中断请求信号，所以 GATE = 0。定时器方式选择定时器方式选择寄存器为 0001 1001 = 19H。因为要启动定时器/计数器 0 和 1，所以定时器/计数器 0 和 1 启动标志位 TR0 = 1 和 TR1 = 1。

对应的 C 语言程序如下：

```
#include <reg52.h>
sbit Pulse_Out = P3^2;
unsigned int Num = 0;                //表示计数次数
unsigned int Pulse_Width = 0;    //表示脉冲宽度,单位是 μs
unsigned int Flag = 0;               //表示是否产生过正脉冲
```

```
void  main()
{
    /* 初始化部分*/
    TL0 = 0x00;  //装载计数初值
    TH0 = 0x00;  //其实 TL0 和 TH0 默认初值即为 00,这两句可以不写
    TL1 = 0x18;
    TH1 = 0xFC;
    EA = 1;      //打开中断允许总控制位
    ET0 = 1;     //允许定时器/计数器中断 0
    ET1 = 1;     //允许定时器/计数器中断 1
    TMOD = 0x19;  //设置定时器方式选择寄存器
    TR0 = 1;     //启动定时器/计数器 0
    TR1 = 1;     //启动定时器/计数器 1
    /* 程序正式开始,是个死循环,一直执行,等待中断*/
    while(1);
}
/* 定时器/计数器 0 中断程序*/
void t0_isr(void)interrupt 1   // 1 是中断号,代表定时器/计数器 0
{
    Num ++;
    Flag = 1;
}
/* 定时器/计数器 1 中断程序*/
void t1_isr(void)interrupt 3   // 3 是中断号,代表定时器/计数器 1
{
    /* 一定注意这里需要重新装载计数初值*/
    TL1 = 0x18;
    TH1 = 0xFC;
    /* 判断 P3.2 为高电平还是低电平*/
    if(Flag ==1&&Pulse_Out ==0)   //如果 P3.2 曾为高电平且现为低电平
    {
        Pulse_Width = Num;
        TR0 = 0;  //关闭定时器/计数器 0
        TR1 = 0;  //关闭定时器/计数器 1
    }
}
```

中断法需要使用外部中断，因为例题使用的 P3.2（$\overline{INT0}$）管脚，对应外部中断 0，所以中断法使用的是定时器/计数器 0 和外部中断 0。

因为使用了定时器/计数器 0，所以需要允许定时器/计数器中断 0，ET0 = 1。

因为使用了外部中断 0，所以需要允许外部中断 0，EX0 = 1。只要有一个中断需要使用，就必须打开中断允许总控制位，EA = 1。对于定时器/计数器 0 来说，因为需要使用外部脉冲中断请求信号，也就是 P3.2（$\overline{INT0}$）管脚，所以 GATE = 1。因为采用定时器方式，所以，C/$\overline{T}$ = 0。因为工作于工作方式 1，所以 M1 = 0，M0 = 1。不使用定时器/计数器 1，所以对应设置为 0 不变，定时器方式选择定时器方式选择寄存器为 0000 1001 = 09H。因为 CPU 检测到 P3.2 管脚出现下降沿触发外部中断 0，所以外部中断 0 触发控制位 IT0 = 1。因为要启动定时器/计数器 0，所以定时器/计数器 0 启动标志位 TR0 = 1。外部中断 0 自动启动，不需要标志位设置。

对应的 C 语言程序如下：

```c
#include <reg52.h>
unsigned int Num = 0;              //表示计数次数
unsigned int Pulse_Width = 0;   //表示脉冲宽度,单位是 μs
unsigned int Flag = 0;              //表示是否产生过正脉冲
void  main()
{
    /* 初始化部分*/
    TL0 = 0x00;   //装载计数初值
    TH0 = 0x00;   //其实 TL0 和 TH0 默认初值即为 00,这两句可以不写
    EA = 1;        //打开中断允许总控制位
    ET0 = 1;      //允许定时器/计数器中断 0
    EX0 = 1;      //允许外部中断 0
    TMOD = 0x19;  //设置定时器方式选择寄存器
    IT0 = 1;       //外部中断 0 触发控制位
    TR0 = 1;       //启动定时器/计数器 0
    /* 程序正式开始,是个死循环,一直执行,等待中断*/
    while(1);
}
/* 定时器/计数器 0 中断程序*/
void t0_isr(void)interrupt 1   // 1 是中断号,代表定时器/计数器 0
{
    Num ++;
    Flag = 1;
}
/* 外部中断 0 中断程序*/
void x0_isr(void)interrupt 0   // 0 是中断号,代表外部中断 0
{
    /* 判断 P3.2 为高电平还是低电平*/
    if(Flag == 1)   //如果 P3.2 曾为高电平
    {
```

```
        Pulse_Width = Num;
        TR0 = 0;  //关闭定时器/计数器 0
    }
}
```

对于上述程序，在 P3.2（$\overline{INT0}$）引脚输入正脉冲时，最好采用信号发生器，不要使用按键。因为此程序中没有按键去抖动程序，很容易引发错误的计算。而且，大家仔细思考一下，上述程序在正脉冲宽度测量的数值上其实有限制。因为我们使用的是 16 位定时器/计数器，所以最大计数次数为 65 536。也就是说，例题所示的单片机最长正脉冲宽度为 65 536 × 1 μs = 65 536 μs = 65.636 ms。若超过这个时间，定时器/计数器就会溢出，这时，就需要同时记录溢出次数 Cout。然后总的正脉冲宽度为（65 536 × Cout + Num） μs。需要特别注意的是，这里的正脉冲宽度 Pulse_Width 不能再设置为 unsigned int 型。因为 unsigned int 在单片机里占 2 字节，16 位，对应的取值范围是 $0 \sim 2^{16} - 1$，也就是 $0 \sim 65\ 535$，一旦超过 65 535 就会得到错误的结果。所以必须设置为 unsigned long 型，占 4 字节，32 位，对应的取值范围是 $0 \sim 2^{32} - 1$，也就是 $0 \sim 4\ 294\ 967\ 295$，这里对应约 4 295 s，在实验室基本够用。

考虑定时器/计数器溢出后的查询法程序修改为：

```
#include < reg52. h >
sbit Pulse_Out = P3^2;
unsigned long Cout = 0;              //表示溢出次数
unsigned long Num = 0;               //表示计数次数
unsigned long Pulse_Width = 0;   //表示脉冲宽度,单位是 μs
unsigned int Flag = 0;               //表示是否产生过正脉冲
void  main()
{
    /* 初始化部分*/
    TL0 = 0x00;  //装载计数初值
    TH0 = 0x00;  //其实 TL0 和 TH0 默认初值即为 00,这两句可以不写
    TL1 = 0x18;
    TH1 = 0xFC;
    EA = 1;      //打开中断允许总控制位
    ET0 = 1;     //允许定时器/计数器中断 0
    ET1 = 1;     //允许定时器/计数器中断 1
    TMOD = 0x19;     //设置定时器方式选择寄存器
    TR0 = 1;     //启动定时器/计数器 0
    TR1 = 1;     //启动定时器/计数器 1
    /* 程序正式开始,是个死循环,一直执行,等待中断*/
    while(1);
}
/* 定时器/计数器 0 中断程序*/
void t0_isr(void)interrupt 1     // 1 是中断号,代表定时器/计数器 0
```

```
    {
        Num ++;
        Flag =1;
        if(TF0 ==1)//如果溢出
        {
            Cout ++;
            TL0 =0x00;    //重装计数初值
            TH0 =0x00;
        }


    }
/* 定时器/计数器 1 中断程序*/
void t1_isr(void)interrupt 3      // 3 是中断号,代表定时器/计数器 1
{
    /* 一定注意这里需要重新装载计数初值*/
    TL1 =0x18;
    TH1 =0xFC;
    /* 判断 P3.2 为高电平还是低电平*/
    if(Flag ==1&&Pulse_Out ==0)    //如果 P3.2 曾为高电平且现为低电平
    {
        Pulse_Width =65536* Cout +Num;
        TR0 =0;    //关闭定时器/计数器 0
        TR1 =0;    //关闭定时器/计数器 1
    }
}
```

5.4.2　定时器/计数器 2 的应用

1. 捕获方式

在捕获方式下，定时器 2 控制寄存器的 RCLK =0、TCLK =0、TR2 =1、CP/$\overline{\text{RL2}}$ =1。捕获信号的固定输入管脚是 P1.1/T2EX，不可以用其他 I/O 管脚替代。在满足 EXEN2 =1 的条件下，P1.1/T2EX 管脚产生负跳变，即可触发捕获。此时，TH2 的当前值被捕获到 RCAP2H 中，TL2 的当前值被捕获到 RCAP2L 中，EXF2 =1，定时器/计数器 2 中断被触发。

［例］STC89C52 单片机，1 机器周期 =12 时钟周期，使用信号发生器产生任意频率方波，并连接 P1.1/T2EX 引脚输入，测量方波周期（晶振采用 12 MHz）。

分析：已知 f_{osc} =12 MHz，则

$$振荡周期\ T_c = \frac{1}{12 \times 10^6}\text{s} = \frac{1}{12}\ \mu\text{s}$$

$$机器周期\ T_m = 12T_c = \frac{12}{12 \times 10^6}\text{s} = 1\ \mu\text{s}$$

根据捕获后 RCAP2H + RCAP2L 的值，即可计算对应方波周期为（RCAP2H + RCAP2L）× 1 μs =（RCAP2H + RCAP2L）μs。这里的 RCAP2H + RCAP2L 是 16 位二进制数，高 8 位为 RCAP2H，低 8 位为 RCAP2L。

计数初值 TL2 = 00H，TH2 = 00H，RCAP2L = 00H，RCAP2H = 00H。

关于其他寄存器设置，因为使用定时器/计数器 2，所以需要允许定时器/计数器中断 2，ET2 = 1。只要有一个中断需要使用，就必须打开中断允许总控制位，EA = 1。因为应用在捕获模式，不允许时钟输出到 P1.0，所以 T2OE = 0。因为只能是递增计数，所以 DCEN = 0。定时器 2 方式选择寄存器为 0000 0000 = 00H。因为捕获方式要求 RCLK = 0、TCLK = 0、CP/RL2 = 1、EXEN2 = 1，所以定时器 2 控制寄存器为 0000 1001 = 09H。在初始化设置时，需要先设置 TR2 = 0，因为需要捕获两次。先停止定时器/计数器 2，第一次捕获成功后开启，开始计数，第二次捕获成功后停止，结束计数。

对应的 C 语言程序如下：

```
#include < reg52.h >
sfr T2MOD = 0xC9;                //指定 T2MOD 寄存器地址
unsigned int Flag = 0;           //表示捕获次数
void  main()
{
    /* 初始化部分*/
    TL2 = 0x00;  //装载计数初值
    TH2 = 0x00;  //其实 TL2 和 TH2 默认初值即为 00,这两句可以不写
    EA = 1;      //打开中断允许总控制位
    ET2 = 1;     //允许定时器/计数器中断 2
    T2MOD = 0x00;//也是默认初值,可以不写
    T2CON = 0x09;//设置定时器 2 控制寄存器
    /* 程序正式开始,是个死循环,一直执行,等待中断*/
    while(1);
}
/* 定时器/计数器 2 中断程序*/
void t2_isr(void)interrupt 5      //5 是中断号,代表定时器/计数器 2
{
    /* 判断 P3.2 为高电平还是低电平*/
    if(Flag ==1)   //如果是第二次捕获
    {
        T2CON = 0x01;  //EXEN2 = 0,EXF2 = 0,禁止捕获
        TR2 = 0;     //关闭定时器/计数器 2
    }
    else       //如果是第一次捕获
    {
        Flag = 1;
```

```
            TR2 =1;  //打开定时器/计数器2,开始计数
            T2CON =0x09;  //捕获后EXF2 =1,需要重新设置EXF2 =0
        }
    }
```

上述程序有以下几点需要注意:

(1) 程序执行结束后,方波周期存在 RCAP2H + RCAP2L 寄存器中,共16位,高8位为 RCAP2H,低8位为 RCAP2L。可继续编写十六进制转十进制程序将周期数转为十进制并送至 LED 数码管显示。

(2) 捕获成功后 EXF2 =1,但是该位状态不能通过硬件电路清零,必须使用软件在程序中实现。所以需要在程序中通过设置定时器2控制寄存器令 EXF2 =0。

(3) 程序中,"sfr T2MOD =0xC9;"这句话非常重要。sfr 不是标准 C 语言的关键字,而是 C 语言编译器为能直接访问单片机中的特殊功能寄存器提供的扩展数据类型。其结构为

sfr 名称 =地址;

比如说,"sfr P0 =0x80;"就表示 P0 的地址是 0x80。sfr 语句在头文件中经常用到,打开电脑上 keil 路径下的 C51→INC 文件夹内的 REG52. h 头文件,就可以看到很多 sfr 语句。查找 "T2CON",可以看到 "sfr T2CON =0xC8;",这代表定时器2控制寄存器的地址是 0xC8,在 REG52. h 头文件中已经有定义。再查找 "T2MOD",显示 "找不到 T2MOD",这表示定时器2方式选择寄存器还没有在 REG52. h 头文件中定义。如果不在程序中加入 "sfr T2MOD =0xC9;",使用 KEIL 编译程序,就会提示 "error202: 'T2MOD': undefied identifier"。这代表编译器无法为定时器2方式选择寄存器找到对应的地址,所以是未定义标识符。我们就需要在程序中手动添加寄存器指定地址的语句,或找到包含此语句的头文件写入程序。

(4) 如5.4.1节中测量正脉冲宽度程序一样,本程序的计数次数也要小于 2^{16} = 65 536。也就是说,测量的方波周期必须大于1个机器周期(1 μs),小于 65 536 个机器周期(65 536 μs)。若需要测量的方波周期小于1 μs,则无法测量;若需要测量的方波周期大于 65 536 μs,则需要加入中断溢出的计数,详见5.4.1节测量正脉冲宽度部分。

2. 自动重装初值的定时器/计数器

定时器/计数器2和定时器/计数器0、1一样,也可以作为定时器或计数器,而且具有16位自动重装初值的能力,并可以设置递增计数或递减计数。

定时器2控制寄存器的 RCLK =0、TCLK =0、TR2 =1、CP/$\overline{RL2}$ =0 时,定时器/计数器2工作于自动重装初值的定时器/计数器方式。

[例] 设计一个占空比为1:1的简易方波发生器,使用 STC89C52 单片机,利用定时器/计数器2,采用递减计数方式,1 机器周期 =12 时钟周期,在 P1.0 引脚输出频率为 1kHz 的方波,并用示波器进行观察(晶振采用6 MHz)。

分析:已知 f_{osc} =6 MHz,则

$$振荡周期\ T_c = \frac{1}{6 \times 10^6}s = \frac{1}{6}\ \mu s$$

$$机器周期\ T_m = 12T_c = \frac{12}{6 \times 10^6}s = 2\ \mu s$$

若需要输出频率为 1kHz 的方波，则方波周期为$\dfrac{1}{1 \times 10^3} = 1\ 000\ \mu s$。

则高、低电平的持续时间为$\dfrac{1\ 000\ \mu s}{2} = 500\ \mu s$。

计数次数$= \dfrac{500\ \mu s}{2\ \mu s} = 250$。

采用递减计数方式，TL2、TH2 的初值为 FFH，递减至与陷阱寄存器（RCAP2L 和 RCAP2H）中数值一致时溢出，TF2 = 1，触发定时器/计数器 2 中断。而因为 TL2、TH2 的初值为 FFH，计数初值为 FFFFH，等于 $2^{16} - 1 = 65\ 535$。每次计数减 1，计数 250 次后，得到的结果是

$$65\ 535 - 250 = 65\ 285 = FF05H$$

因此，TL2 = FFH，RCAP2L = 05H，TH2 = FFH，RCAP2H = FFH。

关于其他寄存器设置，因为使用定时器/计数器 2，所以需要允许定时器/计数器中断 2，ET2 = 1。只要有一个中断需要使用，就必须打开中断允许总控制位，EA = 1。因为应用在自动重装初值的定时器/计数器方式，不允许时钟输出到 P1.0，所以 T2OE = 0。因为采用递减计数方式，所以 DCEN = 1。定时器 2 方式选择寄存器为 0000 0001 = 01H。因为定时器/计数器方式要求 RCLK = 0、TCLK = 0、CP/$\overline{\text{RL2}}$ = 0，要启动定时器 2，还需要 TR2 = 1，所以定时器 2 控制寄存器为 0000 0100 = 04H。

对应的 C 语言程序如下：

```
#include < reg52.h >
sfr T2MOD = 0xC9;               //指定定时器 2 方式选择寄存器地址
sbit Squ_out = P1^0;
void main( )
{
    /* 初始化部分*/
    TL2 = 0xFF;//装载计数初值
    TH2 = 0xFF;
    RCAP2L = 0x05;
    RCAP2H = 0xFF;
    EA = 1;        //打开中断允许总控制位
    ET2 = 1;       //允许定时器/计数器中断 2
    T2MOD = 0x01;   //设置定时器 2 方式选择寄存器
    T2CON = 0x04;   //设置定时器 2 控制寄存器
    /* 程序正式开始,是个死循环,一直执行,等待中断*/
    while(1);
}
/* 定时器/计数器 2 中断程序*/
void t2_isr(void)interrupt 5       // 5 是中断号,代表定时器/计数器 2
{
```

```
        Squ_out = ! Squ_out;   //P1.0 翻转
}
```

3. 波特率发生器

定时器 2 控制寄存器的 RCLK = 1 和（或）TCLK = 1、TR2 = 1 时，定时器/计数器 2 工作于波特率发生器方式。

[例] 设计一个波特率发生器，产生波特率为 4 800 的 RX 时钟，使用 STC89C52 单片机，利用定时器/计数器 2，1 机器周期 = 12 时钟周期（晶振采用 12MHz）。

分析：1 机器周期 = 12 时钟周期时，对应波特率发生器公式中 $d = 2$。

$$计数初值 = 2^{16} - \frac{时钟频率\,OSC}{d \times 16 \times 波特率发生器的波特率}$$

$$= 2^{16} - \frac{12 \times 10^6}{2 \times 16 \times 4\,800} = 65\,536 - 78 = 65\,458 = FFB2H$$

TL2 = B2H，RCAP2L = B2H，TH2 = FFH，RCAP2H = FFH。

关于其他寄存器设置，因为使用定时器/计数器 2，所以需要允许定时器/计数器中断 2，ET2 = 1。只要有一个中断需要使用，就必须打开中断允许总控制位，EA = 1。因为应用在自动重装初值的定时器/计数器方式，不允许时钟输出到 P1.0，所以 T2OE = 0。因为只能是递增计数，所以 DCEN = 0。定时器 2 方式选择寄存器为 0000 0000 = 00H。因为产生 RX 时钟，RCLK = 1、TCLK = 0、TR2 = 1、CP/$\overline{RL2}$ = 0，所以定时器 2 控制寄存器为 0010 0100 = 24H。

对应的 C 语言程序如下：

```c
#include < reg52. h >
sfr T2MOD = 0xC9;               //指定定时器 2 方式选择寄存器地址
void main()
{
    /* 初始化部分*/
    TL2 = 0xB2;   //装载计数初值
    TH2 = 0xFF;
    RCAP2L = 0xB2;
    RCAP2H = 0xFF;
    EA = 1;       //打开中断允许总控制位
    ET2 = 1;      //允许定时器/计数器中断 2
    T2MOD = 0x00;  //设置定时器 2 方式选择寄存器
    T2CON = 0x24;  //设置定时器 2 控制寄存器
    /* 程序正式开始,是个死循环,一直执行,等待中断*/
    while(1);
}
```

需要注意的是，程序并不需要编写定时器/计数器 2 中断程序。因为触发中断后，单片机硬件系统会自动将 RCAP2L 中的值装入 TL2、RCAP2H 中的值装入 TH2，然后重新计数。

第6章
A/D 与 D/A 转换原理及应用

单片机只能对数字信号进行处理，处理的结果还是数字量。而生产过程自动控制过程中要处理的变量往往是连续变化的物理量，如温度、压力、速度等都是模拟量，这些非电信号的模拟量先要经过传感器变成电压或电流等电信号的模拟量，然后再转换为数字量，才能送入单片机进行处理。单片机处理后得到的数字量必须再转换成电的模拟量才能去控制执行设备，以实现自动控制的目的。要完成上述功能就要用到 A/D 和 D/A 两种转换器。本章主要介绍 A/D 和 D/A 转换器的工作原理及应用，通过描述、分析和举例说明两款具有代表性的A/D、D/A 转换芯片 ADC0809、DAC0832，从而进一步分析 A/D 和 D/A 转换器的工作原理和操作步骤。

6.1 D/A 转换

6.1.1 D/A 转换器简介

将二进制数字量形式的离散信号转换成以标准量（或参考量）为基准的模拟量的转换器，简称 DAC 或 D/A 转换器。最常见的 D/A 转换器是将并行二进制的数字量转换为直流电压或直流电流，常用作过程控制计算机系统的输出通道，与执行器相连，实现对生产过程的自动控制。

6.1.2 D/A 转换器的基本原理

D/A 转换器按照其转换原理大体可以分为两种转换方式：并行 D/A 转换和串行 D/A 转换，本章以并行 D/A 为例进行讲解。并行 D/A 转换器原理如图 6 – 1 所示。在图 6 – 1 中虚线内的电阻称为"权电阻"。所谓"权"是指二进制的每一位代表的数值，以图 6 – 1 为例，当 $R = 1\ \text{k}\Omega$ 时，由右至左的电阻依次为：1 kΩ、2 kΩ、4 kΩ、8 kΩ。电阻值越大，在"权电阻"上电流的"权电流"越小，经过运算放大器后得到的 V_0 电压值越小。4 个数码开关的不同组合，将在 V_0 产生 16 个不同的电压值，"权电阻"的数量越多，V_0 端输出的电压值越多，并且电压之间的差值越小。这就是 D/A 转换器的基本原理。

6.1.3 D/A 转换器的分类

按解码网络结构不同，D/A 可分为 T 型电阻网络 D/A 转换器、倒 T 型电阻网络 D/A 转换器、权电阻网络 D/A 转换器、权电流 D/A 转换器、权电容型 D/A 转换器、开关树型 D/A 转换器等，速度比较快的是 ECL 电流开关型 D/A 转换器。

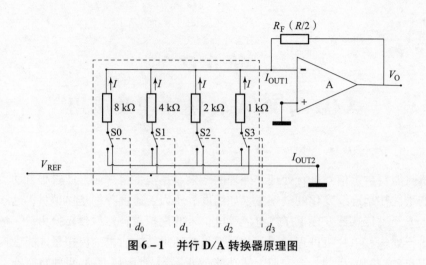

图 6-1   并行 D/A 转换器原理图

6.1.4   T 型电阻网络 D/A 转换器

T 型电阻网络 D/A 转换器原理如图 6-2 所示。

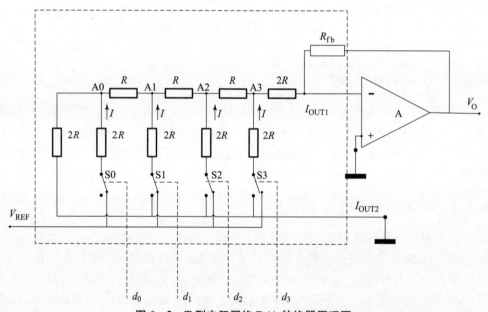

图 6-2   T 型电阻网络 D/A 转换器原理图

图 6-2 中的虚线框内为 D/A 转换器的内部结构。由于是电流输出型，而通常情况下要的是电压值，所以在 D/A 转换器的输出端连接一个运算放大器，将电流转换成电压信号。

D/A 转换器的 T 型电阻网络中只有两种规格的电阻：R 和 $2R$（反馈电阻 R_{fb} 的取值一般为 $3R$），所以这种结构又称为 $R-2R$ 型梯形电阻网络。由图 6-2 可知，任何一个分支流进节点（A0、A1、A2、A3）的电流都为 $I = V_{REF}/(3R)$，并且 I 在每个节点处被平分为相等的两个电流，经另外的两个支流流出。当开关 S0 闭合，S1、S2、S3 断开时，即输入的数字量

$D = d_3 d_2 d_1 d_0 = 0001B$ 时，基准电压（参考电压）V_{REF} 经开关 S0 流入支路的电流为 $I = V_{REF}/$ $(3R)$。此电流经过 A0、A1、A2、A3 这 4 个节点后，被平分了 4 次，得到的电流值为 $I/16$，即输出端 I_{OUT1} 端的电流值；该电流流入运算放大器转换成电压信号，则此电压信号 V_0 为

$$V_0 = -\frac{I}{16} \times 3R = -\frac{1}{16} \times \frac{V_{REF}}{3R} \times 3R = -\frac{1}{2^4} V_{REF}$$

根据叠加原理，可以得到 D 为任意数值时的输出电压为

$$V_0 = -\frac{V_{REF}}{2^4}(2^3 \times d_3 + 2^2 \times d_2 + 2^1 \times d_1 + 2^0 \times d_0) = -\frac{V_{REF}}{2^4} \times D$$

当 V_{REF} 为正时，D/A 转换器经过运算放大器后的输出电压值 V_0 为负；反之，V_0 为正。如果将 V_{REF} 与 I_{OUT1} 的位置互换，同时将反馈电阻 R_{fb} 连接到 I_{OUT2} 上，即得到倒 T 型电阻网络 D/A 转换器，其转换原理与 T 型电阻网络 D/A 转换器相同，这里不再赘述。

6.1.5　D/A 转换器的重要指标

1. 分辨率

分辨率是指 D/A 转换器的输入单位数字量变化引起的模拟量输出的变化，是对输入量变化灵敏度的描述。n 位的 D/A 转换器的分辨率可表示为 $\frac{1}{2^n - 1}$。

2. 转换精度

转换精度指在 D/A 转换器的整个工作区间，实际的输出电压与理想输出电压之间的偏差，可以用绝对值或相对值来表示。转换精度有时以综合误差的方式描述，有时以分项误差的方式描述；分项误差包括比例系数误差、漂移误差、非线性误差等。

3. 转换时间

通常用建立时间 T_{set} 来定量描述 D/A 转换器的转换时间（即速度）。建立时间 T_{set} 的定义为：输入数字量变化时，输出电压变化到相应稳定电压值所需时间。一般用 D/A 转换器输入的数字量从全 0 变化为全 1 时，输出电压达到规定的误差范围时所需要的时间表示。

6.2　D/A 转换芯片 DAC0832

6.2.1　DAC0832 的结构原理

1. DAC0832 的特性

美国国家半导体公司的 DAC0832 芯片具有两级输入数据寄存器的 8 位单片 D/A 转换器，能直接与 AT89C51 单片机相连接，主要特性如下：

DAC0832 采用二次缓冲方式，可以在输出的同时采集下一个数据，从而提高转换速度。

➢ 能够在多个转换器同时工作时，实现多通道 D/A 的同步转换输出。

➢ 分辨率为 8 位。

➢ 电流输出，稳定时间为 1 μs。

➢ 可双缓冲、单缓冲或直接数字输入。

- 只需在满量程下调整其线性度。
- 单一电源供电（+5 ～ +15 V）。
- 低功耗，20 mW。
- 逻辑电平输入与 TTL 兼容。

2. DAC0832 的引脚及逻辑结构

DAC0832 的引脚如图 6 - 3 所示；逻辑结构框图如图 6 - 4 所示，由 8 位输入锁存器、8 位 DAC 寄存器和 8 位 D/A 转换器构成。

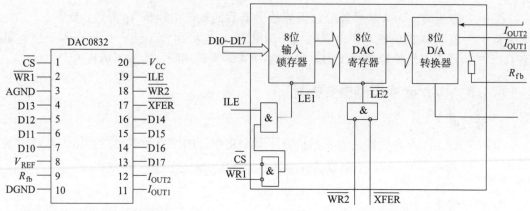

图 6 - 3　DAC0832 的引脚　　　　图 6 - 4　DAC0832 的逻辑结构框图

DAC0832 各引脚的功能说明如下：

DI0 ~ DI7：转换数据输入线。

ILE：数据允许锁存信号，高电平有效。

$\overline{CS}$：输入寄存器选择信号，低电平有效。

$\overline{WR1}$：输入寄存器写选通信号，低电平有效。

输入寄存器的锁存信号 LE1 由 ILE、$\overline{CS}$、$\overline{WR1}$ 的逻辑组合产生。当 ILE 为高电平，$\overline{CS}$ 为低电平，$\overline{WR1}$ 输入负脉冲时，$\overline{LE1}$ 产生正脉冲。LE1 为高电平时，输入锁存器的状态随数据输入线的状态变化；$\overline{LE1}$ 的负跳变将输入数据线上的信息存入输入锁存器。

$\overline{XFER}$：数据传送信号，低电平有效。

$\overline{WR2}$：DAC 寄存器的写选通信号。

DAC 寄存器的锁存信号 LE2 由 $\overline{XFER}$、$\overline{WR2}$ 的逻辑组合产生。当 $\overline{XFER}$ 为低电平，$\overline{WR2}$ 输入负脉冲时，则在 LE2 产生正脉冲；$\overline{LE2}$ 为高电平时，DAC 寄存器的输出和输入锁存器的状态一致，$\overline{LE2}$ 的负跳变将输入寄存器的内容存入 DAC 寄存器。

V_{REF}：基准电源输入引脚。

R_{fb}：反馈信号输入引脚，反馈电阻在芯片内部。

I_{OUT1}、I_{OUT2}：电流输出引脚。电流 I_{OUT1} 和 I_{OUT2} 的和为常数，I_{OUT1}、I_{OUT2} 随 DAC 寄存器的内容线性变化。

V_{CC}：电源输入引脚。

AGND：模拟信号地。

DGND：数字信号地。

DAC0832 是电流输出型，而在单片机应用系统中通常需要电压信号，电流信号到电压信号的转换由运算放大器实现。

6.2.2　D/A 转换器与单片机接口

由图 6-4 的 DAC0832 逻辑框图可以总结出 DAC0832 控制信号的逻辑关系：

（1）当 $\overline{CS}=0$、ILE=1 时，$\overline{WR1}$ 信号有效时将数据总线上的信号写入 8 位输入锁存器；

（2）当 $\overline{XFER}=0$ 时，$\overline{WR2}$ 信号有效时将输入寄存器的数据转移到 8 位 DAC 寄存器中，此时 D/A 转换器的输出随之改变。

根据上述功能，可以将 DAC0832 连接成直通工作方式、单缓冲工作方式和双缓冲工作方式。

1. 直通工作方式应用

当某一根地线或地址译码器的输出线使 DAC0832 的 $\overline{CS}$ 脚有效（低电平），ILE 脚高电平，同时 $\overline{WR1}$、$\overline{XFER}$ 和 $\overline{WR2}$ 为低电平时，单片机数据线上的数据字节直通 D/A 转换器，被转换并输出。

2. 单缓冲方式应用

图 6-5 所示为 DAC0832 单缓冲工作方式接口电路。图中 ILE 脚接高电平，$\overline{CS}$ 和 $\overline{XFER}$ 脚连在一起都接到地址线 P2.7 脚，输入寄存器和 DAC 寄存器地址都是 7FFFH；$\overline{WR1}$ 和 $\overline{WR2}$ 连到一起且和单片机的写信号 $\overline{WR}$ 相连。单片机对 DAC0832 执行一次写操作，则把一个字节数据直接写入 DAC 寄存器中，DAC0832 输出的模拟量随之变化。

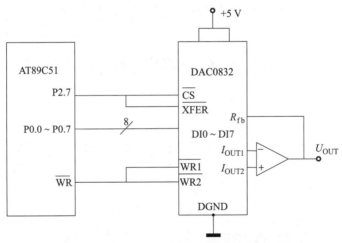

图 6-5　DAC0832 单缓冲工作方式接口电路

3. 双缓冲方式应用

多路 D/A 转换接口要求同步进行 D/A 转换输出时，则必须采用双缓冲方式。DAC0832 数字量输入锁存和 D/A 转换输出是分两步完成的，即 CPU 的数据总线分时输出数字量并锁存在各 D/A 转换器的输入寄存器中；然后 CPU 对所有 D/A 转换器发出控制信号，使各输入寄存器中的数据打入相应的 DAC 寄存器，实现同步转换输出。

在图 6-6 中每一路模拟量输出需一片 DAC0832。DAC0832（1）输入锁存器地址为

0DFFFH，DAC0832（2）输入锁存器的地址为0BFFFH，DAC0832（1）和DAC0832（2）的第二级寄存器地址同为7FFFH。

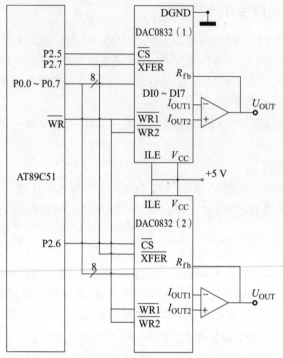

图 6-6　DAC0832 双缓冲工作方式接口电路

6.3　A/D 转换

6.3.1　A/D 转换器简介

单片机本身处理的是数字量，然而在单片机的测控系统中，常检测到的是连续变化的模拟量。这些模拟量（如温度、压力、流量和速度等）只有转换成离散的数字量后，才能输入单片机中进行处理，然后再将处理结果的数字量经反变换变成模拟量，实现对被控对象（过程、仪表、机电设备、装置）的控制，这时就需要解决单片机与 A/D 转换器的接口问题。

6.3.2　A/D 转换器的基本原理

目前，A/D、D/A 转换器都已经集成化，具有体积小、功能强、可靠性高、误差小、功耗低等特点，并且与单片机连接简单方便。

A/D 转换器用以实现模拟量向数字量的转换，按转换原理可分为计数型、双积分型、逐次逼近型以及并行型 A/D 转换器。逐次逼近型 A/D 转换器是一种转换速度较快，精度较高，价格适中的转换器，其转换时间在几微秒（μs）到几百微秒（μs）。

8 位逐次逼近型 A/D 转换器的逻辑电路原理如图 6-7 所示，这是一个输出为 8 位二进制数的逐次逼近型 A/D 转换器。图中，C 为电压比较器；当 $V_I \geqslant V_O$ 时，比较器的输出为 1；

N 位寄存器的对应位保持 1。相反，如果 $V_I < V_O$，则比较器输出 0，N 位寄存器对应位清 0。随后，START 控制逻辑移至下一位，并将该位设置为高电平，进行下一次比较。这个过程从最高有效位（MSB）一直持续到最低有效位（LSB）。上述操作结束后，也就完成了转换，N 位转换结果储存在寄存器内。

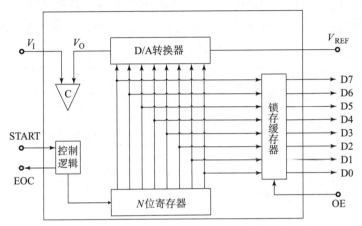

图 6-7　逐次逼近型 A/D 转换器的逻辑电路原理图

逐次逼近型 A/D 转换器完成一次转换所需的时间与其位数、时钟脉冲频率 START 有关，位数越少且时钟频率越高，则转换的时间越短。

集成逐次逼近型 A/D 转换器有 ADC0804/0808/0809 系列（8 位）、AD575（10 位）、AD574A（12 位）等。

6.3.3　A/D 转换器的主要技术指标

1. 分辨率

分辨率是指 A/D 转换器能够分辨的输入模拟电压的最小变化量，反映了 A/D 转换器对输入模拟信号的最小变化的分辨能力。由下式计算：

$$\Delta = \frac{满量程输入电压}{2^n - 1}$$

式中，n 为 A/D 转换器的位数。

2. 量化误差

量化误差是指由 A/D 转换器有限的分辨率而引起的误差。量化误差有两种表示方法：一种是绝对量化误差，另一种是相对量化误差。

绝对量化误差：$\varepsilon = \dfrac{\Delta}{2}$；相对量化误差：$\varepsilon = \dfrac{1}{2^{n+1}}$。

6.4　A/D 转换芯片 ADC0809

6.4.1　ADC0809 的结构原理

ADC0809 是美国国家半导体公司生产的 8 位 A/D 转换器，采用逐次逼近的方法完成

A/D 转换功能。ADC0809 的内部结构框图如图 6 - 8 所示，特点如下：

➢ 由单一 +5 V 电源供电，片内带有锁存功能的 8 路模拟多路开关，可对 8 路 0 ~ 5 V 的输入模拟电压信号分时进行转换，完成一次转换约需 100 μs。

➢ 由 8 位 A/D 转换器完成模拟信号到数字信号的转换。

➢ 输出具有 TTL 三态输出锁存缓冲器，可直接接到单片机数据总线上。

➢ 通过适当的外接电路，ADC0809 可对 0 ~ ±5 V 的双极性模拟信号进行转换。

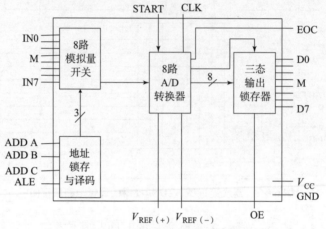

图 6 - 8　ADC0809 的内部结构框图

ADC0809 的工作过程为：首先输入 3 位地址，并使 ALE = 1，将地址存入地址锁存器中。此地址经译码选通 8 路模拟输入（IN0 ~ IN7）之一到比较器。START 上升沿将逐次逼近寄存器复位，下降沿启动 A/D 转换，之后 EOC 输出信号变低电平，表示转换正在进行。直到 A/D 转换完成，EOC 变为高电平，表示 A/D 转换结束，结果数据已存入锁存器，这个信号可用作中断申请。当 OE 输入高电平时，输出三态门打开，转换结果的数字量输出到数据总线上。

6. 4. 2　ADC0809 的引脚及功能

ADC0809 是 28 脚双列直插式封装，其引脚图如图 6 - 9 所示。

各引脚功能说明如下：

2^{-1} ~ 2^{-8}：8 位数字量输出引脚。2^{-1} 为最高有效位，2^{-8} 为最低有效位。

IN0 ~ IN7：8 路模拟量输入引脚。

$V_{REF(+)}$：参考电压正端。

$V_{REF(-)}$：参考电压负端。

START：A/D 转换启动信号输入端。在此端口应该加一个完整的正脉冲信号，脉冲的上升沿将复位 A/D 转换器中的逐次逼近寄存器，脉冲的下降沿将启动 A/D 开始转换。

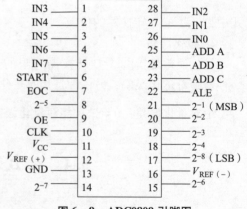

图 6 - 9　ADC0809 引脚图

ALE：地址锁存允许信号接入端。ALE 高电平允许改变 CBA 的值，低电平不允许改变 CBA 的值，防止在进行 A/D 转换的过程中切换通道。

EOC：转换结束信号输出引脚。开始转换时为低电平，转换结束后为高电平。

OE：输出允许控制端，用以打开三态数据输出锁存器。当 OE = 1 时，D0 ~ D7 引脚上为转换后的数据；当 OE = 0 时，D0 ~ D7 为对外呈现高阻状态。

CLK：时钟信号输入端。

ADD A/B/C：地址输入线。经译码后可选通 IN0 ~ IN7 通道中的一个通道进行转换。A、B、C 的输入与被选通的通道的关系如表 6 – 1 所列。

表 6 – 1　ADC0809 的输入与被选通的通道的关系

被选通的通道	C B A	被选通的通道	C B A
IN0	0 0 0	IN4	1 0 0
IN1	0 0 1	IN5	1 0 1
IN2	0 1 0	IN6	1 1 0
IN3	0 1 1	IN7	1 1 1

6.4.3　ADC0809 与 AT89C51 接口

1. 查询方式

由于 ADC0809 片内无时钟，可利用 AT89C51 提供的地址锁存允许信号 ALE 经 D 触发器二分频获得。ALE 脚的频率是 AT89C51 时钟频率的 1/6，但要注意的是，每当访问外部数据存储器时，将丢失一个 ALE 脉冲。如果单片机的时钟频率采用 6 MHz，则 ALE 脚的输出频率为 1 MHz，再分频后为 500 kHz，恰好符合 ADC0809 对时钟频率的要求。

图 6 – 10 为 ADC0809 与 AT89C51 单片机的接口电路。由于 ADC0809 具有输出三态锁存器，数据输出引脚 D7 ~ D0 可直接与数据总线相连，地址译码引脚 A、B、C 分别与地址总线 A0、A1、A2（即 P0.0 ~ P0.2）相连，以选通 IN0 ~ IN7 中的一个通道。将 P2.7 作为片选信号，在启动 A/D 转换时，由单片机的写信号 WR 和 P2.7 控制的地址锁存和转换启动。

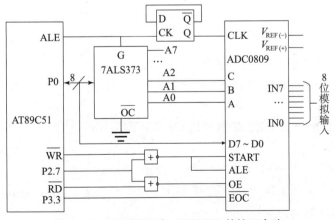

图 6 – 10　ADC0809 与 AT89C51 的接口电路

由于 ADC0809 的 ALE 和 START 连在一起，因此 ADC0809 在锁存通道地址的同时，启动并进行转换。在读取转换结果时，用低电平的读信号$\overline{RD}$和 P2.7 脚经"或非"门后，产生的正脉冲作为 OE 信号，用以打开三态输出锁存器。由图 6 - 10 可知，ADC0809 的 ALE、START、OE 信号的逻辑关系为

$$ALE = START = \overline{\overline{WR} + P2.7} \qquad OE = \overline{\overline{RD} + P2.7}$$

可见，P2.7 应设置为低电平。

由上述分析可知，在软件编写时，应令 P2.7 = 0，A0、A1、A2 给出被选择模拟通道的地址。执行一条输出指令，可启动 A/D 转换；执行一条输入指令，可读取转换结果。

转换结束信号 EOC 连接到 AT89C51 的 P3.3 引脚，通过查询 P3.3 的状态判断 A/D 转换是否结束。

2. 中断方式

ADC0809 与 AT89C51 的中断方式接口电路只需要将图 6 - 10 中 ADC0809 的 EOC 脚经过一个"非门"再接到 AT89C51 的 INT1 脚即可。采用中断方式可大大节省 CPU 的时间。当转换结束时，EOC 发出一个正脉冲，经"非门"后向单片机提出中断申请，单片机响应中断请求，由外部中断 1 的中断服务程序读 A/D 转换结果，并启动 ADC0809 的下一次转换。外部中断 1 采用边沿触发方式。

ADC0809 是采样频率为 8 位的、以逐次逼近原理进行 A/D 转换的器件，内部有一个 8 通道多路开关；它可以根据地址码锁存译码后的信号，只选通 8 路模拟输入信号中的一个进行 A/D 转换。

6.5　STC89C52RC 单片机介绍

STC89C52RC 单片机是宏晶科技推出的新一代高速、低功耗、超强抗干扰的单片机，指令代码完全兼容传统 8051 单片机，12 时钟/机器周期和 6 时钟/机器周期可以任意选择。其引脚图如图 6 -11 所示。

6.5.1　功能介绍

1. 主要特性

➢ 增强型 8051 单片机，6 时钟/机器周期和 12 时钟/机器周期可以任意选择，指令代码完全兼容传统 8051。

➢ 工作电压：5.5 ~ 3.3 V（5 V 单片机）/3.8 ~ 2.0 V（3 V 单片机）。

➢ 工作频率范围：0 ~ 40 MHz，相当于普通 8051 的 0 ~ 80 MHz，实际工作频率可达 48 MHz。

➢ 用户应用程序空间为 8 KB。

➢ 片上集成 512 字节 RAM。

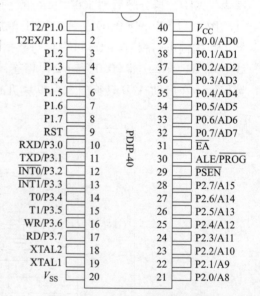

图 6 -11　STC89C52RC 引脚图

➢ 通用 I/O 端口 (32 个)，复位后为：P1/P2/P3/P4 是准双向口/弱上拉，P0 口是漏极开路输出，作为总线扩展用时，不用加上拉电阻，作为 I/O 口用时，需加上拉电阻。

➢ ISP (在系统可编程) /IAP (在应用可编程)，无需专用编程器，无需专用仿真器，可通过串口 (RXD/P3.0，TXD/P3.1) 直接下载用户程序，数秒即可完成一片。

➢ 具有 EEPROM (Electrically – erasable programmable read – only memory，电擦除可编程只读存储器) 功能。

➢ 具有看门狗功能。

➢ 共 3 个 16 位定时器/计数器。即定时器 T0、T1、T2。

➢ 外部中断 4 路，下降沿中断或低电平触发电路，Power Down 模式可由外部中断低电平触发中断方式唤醒。

➢ 通用异步串行口 (UART)，还可用定时器软件实现多个 UART。

➢ 工作温度范围：– 40 ~ + 85℃ (工业级) /0 ~ 75℃ (商业级)。

➢ PDIP 封装。

2. STC89C52RC 单片机的工作模式

➢ 掉电模式：典型功耗 < 0.1 μA，可由外部中断唤醒，中断返回后，继续执行原程序。

➢ 空闲模式：典型功耗 2 mA。

➢ 正常工作模式：典型功耗 4 ~ 7 mA。

➢ 掉电模式可由外部中断唤醒，适用于水表、气表等电池供电系统及便携设备。

6.5.2　STC89C52RC 引脚功能说明

V_{CC} (40 引脚)：电源电压。

V_{SS} (20 引脚)：接地。

P0 口 (P0.0 ~ P0.7，39 ~ 32 引脚)：P0 口是一个漏极开路的 8 位双向 I/O 端口。作为输出端口，每个引脚能驱动 8 个 TTL 负载，对 P0 口写入 1 时，可以作为高阻抗输入。在访问外部程序和数据存储器时，P0 口也可以提供低 8 位地址和 8 位数据的复用总线。此时，P0 口内部上拉电阻有效。在 Flash ROM 编程时，P0 端口接收指令字节；而在校验程序时，则输出指令字节。验证时，要求外接上拉电阻。

P1 口 (P1.0 ~ P1.7，1 ~ 8 引脚)：P1 口是一个带内部上拉电阻的 8 位双向 I/O 端口。P1 口的输出缓冲器可驱动 (吸收或者输出电流方式) 4 个 TTL 输入。对 P1 口写入 1 时，通过内部的上拉电阻把端口拉到高电位，这时可用作为输入口。P1 口作为输入口使用时，因为有内部上拉电阻，那些被外部信号拉低的引脚会输出一个电流。此外，P1.0 和 P1.1 还可以作为定时器/计数器 2 的外部技术输入 (P1.0/T2) 和定时器/计数器 2 的触发输入 (P1.1/T2EX)，具体参见表 6 – 2。

表 6 – 2　P1.0 和 P1.1 引脚复用功能

引脚号	功能特性
P1.0	T2 (定时器/计数器 2 外部计数输入)，时钟输出
P1.1	T2EX (定时器/计数器 2 捕获/重装触发和方向控制)

在对 Flash ROM 进行编程和程序校验时，P1 口接收低 8 位地址。

P2 口（P2.0 ~ P2.7，21 ~ 28 引脚）：P2 口是一个带内部上拉电阻的 8 位双向 I/O 端口。P2 口的输出缓冲器可以驱动（吸收或输出电流方式）4 个 TTL 输入。对 P2 口写入 1 时，通过内部的上拉电阻把端口拉到高电平，这时可用作输入口。P2 口作为输入口使用时，因为有内部的上拉电阻，那些被外部信号拉低的引脚会输出一个电流。

在访问外部程序存储器和 16 位地址的外部数据存储器（如执行"MOVX @ DPTR"指令）时，P2 口送出高 8 位地址。在访问 8 位地址的外部数据存储器（如执行"MOVX @ R1"指令）时，P2 口引脚上的内容（就是专用寄存器（SFR）区中的 P2 寄存器的内容）在整个访问期间不会改变。

在对 Flash ROM 进行编程和程序校验期间，P2 口也接收高位地址和一些控制信号。

P3 口（P3.0 ~ P3.7，10 ~ 17 引脚）：P3 口是一个带内部上拉电阻的 8 位双向 I/O 端口。P3 口的输出缓冲器可驱动（吸收或输出电流方式）4 个 TTL 输入。对 P3 口写入 1 时，通过内部的上拉电阻把端口拉到高电位，这时可用作输入口。P3 口作为输入口使用时，因为有内部的上拉电阻，那些被外部信号拉低的引脚会输出一个电流。

在对 Flash ROM 编程或程序校验时，P3 口还接收一些控制信号。

P3 口除作为一般 I/O 端口外，还有其他一些复用功能，如表 6-3 所示。

表 6-3 P3 口引脚复用功能

引脚号	复用功能
P3.0	RXD（串行输入口）
P3.1	TXD（串行输出口）
P3.2	INT0（外部中断 0）
P3.3	INT1（外部中断 1）
P3.4	T0（定时器 0 的外部输入）
P3.5	T1（定时器 1 的外部输入）
P3.6	WR（外部数据存储器写选通）
P3.7	R0（外部数据存储器读选通）

RST（9 引脚）：复位输入。当输入连续两个机器周期以上高电平时为有效，用来完成单片机的复位初始化操作。看门狗计时完成后，RST 引脚输出 96 个晶振周期的高电平。特殊寄存器 AUXR（地址 8EH）上的 DISRTO 位可以使此功能无效。DISRTO 默认状态下，复位高电平有效。

ALE/（30 引脚）：地址锁存控制信号（ALE）是访问外部程序存储器时，锁存低 8 位地址的输出脉冲。在 Flash 编程时，此引脚也用作编程输入脉冲。

在一般情况下，ALE 以晶振 1/6 的固定频率输出脉冲，可用来作为外部定时器或时钟使用。然而，特别强调，在每次访问外部数据存储器时，ALE 脉冲将会跳过。

如果需要，通过将地址位 8EH 的 SFR 的第 0 位置"1"，ALE 操作将无效。这一位置"1"，ALE 仅在执行 MOVX 或 MOV 指令时有效。否则，ALE 将被微弱拉高。这个 ALE 使能标志位（地址位 8EH 的 SFR 的第 0 位）的设置对微控制器处于外部执行模式下无效。

PSEN（29 引脚）：外部程序存储器选通信号。当 STC89C52RC 从外部程序存储器执行外部代码时，在每个机器周期被激活两次，而访问外部数据存储器时，将不被激活。

EA（31 引脚）：访问外部程序存储器控制信号。为使能从 0000H 到 FFFFH 的外部程序存储器读取指令，必须接 GND。注意加密方式 1 时，将内部锁定位 RESET。为了执行内部程序指令，应该接 V_{CC}。在 Flash 编程时，也接收 12 V 的 V_{PP} 电压。

XTAL1（19 引脚）：振荡器反相放大器和内部时钟发生电路的输入端。

XTAL2（18 引脚）：振荡器反相放大器的输入端。

6.6 A/D、D/A 转换器应用实例

6.6.1 基于 DAC0832 的三角波发生器

1. 设计要求

用 DAC0832 芯片，制作一个信号发生器，输出一个三角波信号。

2. 硬件设计

打开 Proteus ISIS，在编辑窗口中单击元件列表中的"P"按钮，添加如表 6 - 4 所列的元件。然后，按图 6 - 12 连线绘制完成电路原理图。选择 Proteus ISIS 编辑窗口中的 File→Save Design 菜单项，保存电路图。在 Proteus 仿真电路图中，单片机的晶振和复位电路可不画出。

表 6 - 4　元件清单

元件名称	所属类	所属子类
AT89C51	Microprocessor ICs	8051 Family
DAC0832	Data Converters	D/A Converters
OPAMP	Operational Amplifiers	Ideal
RESPACK - 8	Resistor	Resistor Packs
RES	Resistors	Generic

3. 软件设计

源程序清单：

```
/************ 必要的变量定义************ /
# include < reg51. h >
# define uchar unsigned char
# define uint unsigned int
sbit cs = P3^7;        //片选控制端
sbit wr = P3^6;        //输入寄存器写选通信号
/*********** 延时子程序*********** /
void delay( uint m)
{
    while(m -- );
```

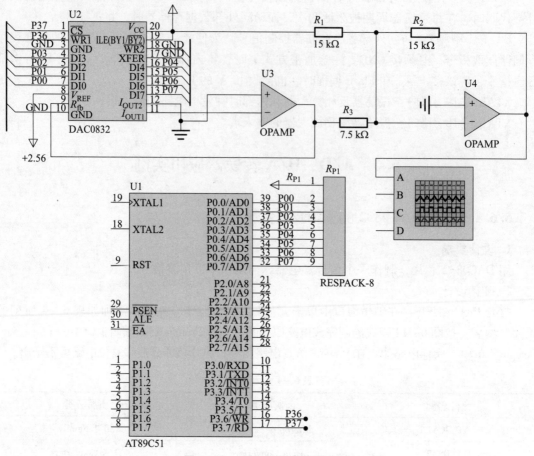

图 6 - 12　DAC0832 电路原理图

```
        }
    /************ 主程序************* /
void main()
    {
uchar k = 0;              //定义一个输出的值
cs = 0;
wr = 0;
while(1)                  //主循环
{
        while(1)         //将 k 值从 0 ~ 255 通过 P0 口输出到 DAC0832
        {
        P0 = k ++ ;
        delay(100);
        if(k == 0xff)  break;
        }
```

```
        while(1)        //将 k 值从 255～0 通过 P0 口输出到 DAC0832
        {
        P0 = k -- ;
        delay(100);
        if(k ==0)  break;
        }
    }
    }
```

4. 联合调试与运行

联合调试与运行过程如下：

1）生成 HEX 文件步骤

（1）新建项目：打开单片机软件开发系统 Keil μVision，选择 Project→New μVision Project 菜单项，则弹出 Create New Project 对话框，输入新建项目名称，并保存。

（2）选择单片机型号：单击"保存"按钮后弹出一个"Select Device"对话框，在该对话框中选择合适的单片机型号（本书的应用实例均以 ATMEL 公司的 AT89C51 为例）。

（3）新建源程序文件：选择"File"→"New"菜单项，则弹出一个空的文本编辑窗口（此窗口为程序编辑窗口）。选择"File"→"Save As"菜单项，在弹出的对话框中输入自定义的源程序文件名称，文件名称以".c"为后缀（Keil C51 中的源程序文件无默认后缀，所以后缀需要用户自己定义），保存源程序文件。

（4）导入源程序文件：单击 Project 窗口的：Target1 前的"+"，则伸展出一个"Source Group 1"图标，右击该图标，在弹出的窗口中选中"Add Files to Group 'Source Group 1'"选项，将第（3）步保存的".c"源程序文件导入 Source Group 1 中。

（5）选择生成 HEX 文件选项：选择"Project"→"Options for Target"菜单项，则弹出"Options for Target"对话框，选择此对话框的"Output"选项卡中的"Create HEX File"选项。

（6）编译生成 HEX 文件：选择"Project"→"Rebuild all Target Files"菜单项，若程序编译成功，则生成一个十六进制的 HEX 文件。该文件就是最终导入单片机内部的文件，编译成功后自动生成在项目文件夹下，后缀名为".hex"。

2）调试与仿真

（1）打开 Proteus ISIS，选择"File"→"Open Design"菜单项，打开已经编辑好的电路图。如果 Proteus 正处于打开状态，且电路已经编辑好，则可以省略这步。

（2）在 Proteus ISIS 编辑窗口中双击 AT89C51 单片机，则弹出"Edit Component"对话框。在此对话框的"Clock Frequency"栏中设置单片机晶振频率为 12 MHz（除特别要求外）；在"Program File"栏中单击图标，选择先前用 Keil μVision 生成的 HEX 文件。

（3）在 ISIS 编辑窗口中单击图标或选择"Debug"→"Execute"菜单项，则可以看到运行结果。

3）Keil C51 与 Proteus 联调

Proteus 可以仿真 MCS - 51 系列及其外围电路，但 Proteus 调试过程中有个缺点，就是不能执行电路的单步程序，这样就不能很好地观察电路运行的每一步，对调试程序是不方便的。因此，可以将 Keil C51 与 Proteus 建立一种联调方式，从而在 Keil C51 中单步调试程序。每调试一步程序，Proteus 就执行相应的响应。

Proteus 与 Keil C51 的联调设置步骤：

（1）安装好 Proteus 和 Keil C51 两个软件。

（2）运行 Proteus 与 Keil C51 的联调驱动软件"vdmagdi.exe"。安装过程中会弹出很多个对话框，在弹出来的 Setup Type 对话框中选择自己之前安装的 Keil C51 版本，如果安装的是 μVision2 版本的 Keil C51，则选择 AGDI Drivers for μVision2，如图 6 – 13 所示；在 Choose Destination Location 对话框中选择 Keil C51 的安装路径（vdmagdi.exe 会将安装产生的联调相关文件放在 Keil 文件夹下），如图 6 – 14 所示。其他的对话框均单击"Next"按钮便可。安装联调驱动后，C:\\Keil\C51\BIN 文件夹下产生一个联调相关文"VDM51.dll"。

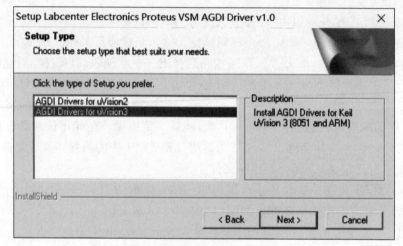

图 6 – 13　Keil C51 版本选择

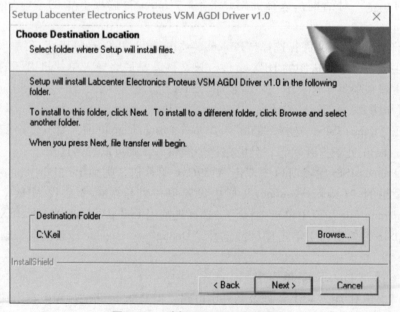

图 6 – 14　选择 Keil C51 安装路径

（3）进入 Keil C51，新建一个工程，并为该工程选择一个合适的 CPU（如 AT89C51），加入源程序。注意：Keil C51 的工程文件一定要与 Proteus 的电路文件放在同一个文件夹内。

（4）在新建的 Keil C51 工程中，单击工具栏下的"Option for Target"按钮，或者选择"Project"→"Options for Target"菜单项，在弹出的窗口中单击"Debug"按钮。然后在弹出的对话框右栏上部的下拉列表框里选中"Proteus VSM Monitor – 51 Driver"；并且还要选择"Use"单选按钮。

如果不是在同一台计算机上进行仿真（即 Proteus 装在了另一台计算机上），则需要设置通信接口：单击旁边的"Setting"按钮，在弹出的界面中的 Host 文本框中输入另一台计算机的 IP 地址，在 Port 文本框中输入 8000。设置好后单击"OK"按钮即可。

（5）进入 Proteus 的 ISIS，选择"Debug"→"Use Reomote Debuger Monitor"菜单项。打开与 Keil C51 的工程文件所对应的 Proteus 电路文件。

最后，编译 Keil C51 中的工程，进入调试状态，再看看 Proteus，已经发生变化了。这时再执行 Keil C51 中的程序（单步、全速都可以，也可以设置断点等），Proteus 已经在进行仿真了。

运行结果如图 6 – 15 所示。

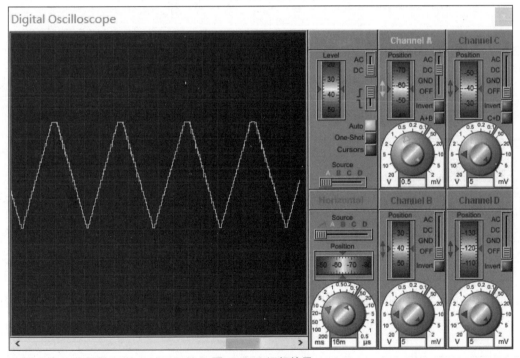

图 6 – 15　运行结果

5. 电路图功能分析

三角波发生器电路原理如图 6 – 16 所示，参考电压 $V_{REF} = +2.5$ V。

在程序的入口处，一开始就将 DAC0832 的 $\overline{CS}$ 和 $\overline{WRI}$ 端的电平置低，做好开始写数据的准备。这时只要 P0 口有数据输出，DAC0832 便会将其转换成模拟信号。

程序中：

```
while(1)                    //将 k 值从 0~255 通过 P0 口输出到 DAC0832
```

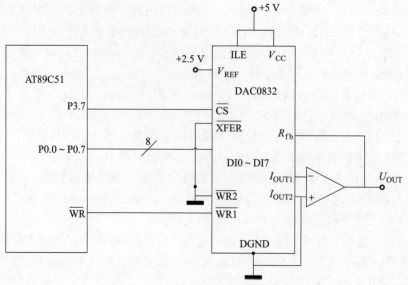

图 6 - 16　三角波发生器电路原理图

```
{
P0 = k ++ ;
delay(100);                   //提供 DAC0832 进行 D/A 转换的时间
if(k == 0xff)  break;        //P0 为 8 位的寄存器,所以其最大值为 255
}
```

6.6.2　数字电压表实例

1. 设计要求

本例用 ADC0808 代替了 ADC0809, ADC0808 和 ADC0809 的使用方法相同, 只是 ADC0809 的转换误差为 ± 1 位, ADC0808 的误差为 ± 5 位而已。掌握了 ADC0808 的使用方法后, 自然也懂得怎么使用 ADC0809。

要求: 设计一个电压表; 作用: 检测外部模拟电压, 并用数字量将其电压值表示出来。

2. 硬件设计

打开 Proteus ISIS, 在编辑窗口中单击元件列表中的 P 按钮, 添加如表 6 - 5 所列的元件。然后, 按图 6 - 17 连线绘制完成电路原理图。

表 6 - 5　元件清单

元件名称	所属类	所属子类
7SEG - MPX8 - CC - BLUE	Optoelectronics	7 - Segment Displays
ADC0808	Data Converters	A/D Converters
AT89C51	Microprocessor ICs	8051 Family
RESPACK - 8	Resistors	Resistors Packs
POT - LIN	Resistors	Variable

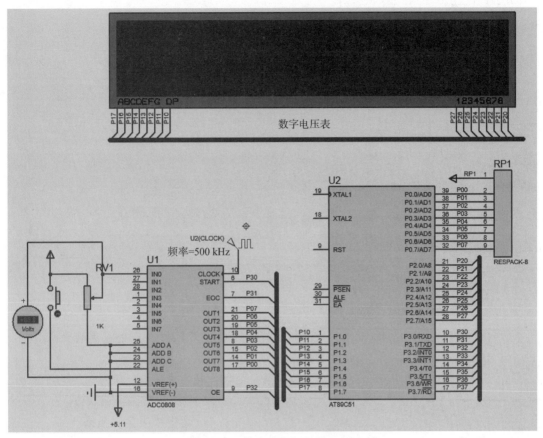

图 6-17 数字电压表电路原理图

3. 软件设计

源程序清单:

```
/*********** 必要的变量定义 *********** /
# include < reg51. h >
# define uint unsigned int
# define uchar unsigned char
uchar code table[]
 = {0xfc,0x60,0xda,0xf2,0x66,0xb6,0xbe,0xe0,0xfe,0xf6,0xee,0x3e,
0x9c,0x7a,0x9e,0x8e};
//7 段共阴数码管编码表
sbit START = P3^0;                              //A/D 转换启动信号输入端
sbit EOC = P3^1;//转换结束信号输出引脚。开始转换时为低电平,转换结束时为高
电平
sbit OE = P3^2;//输出允许控制端,用以打开三态数据输出锁存器
sbit dot = P1^0;//数码管的小数点控制位
/*********** 延时子程序 *********** /
```

```
void delay(uint m)
{
    while(m--);
}
/************* 主程序************** /
void main()
  {
  uint temp;
  START =0;
  OE =0;
  START =1;                              //启动 A/D 转换
  START =0;
  while(1)
  {
    if(EOC ==1)                          //查询 0808 转换结束信号
    {
    OE =1;          //这时 D0~D7 输出转换后的数据,CPU 可以进行读取数据
    temp = P0;           //读取数据
    temp = temp* 1.0/255* 500;//将获得的数值转换成模拟电压对应的电压值
    OE =0;                                //D0~D7 引脚呈高阻状态
    P2 =0xfe;                            //选中数码管的个位
    P1 = table[temp% 10];                //显示 temp 的个位数值
    delay(500);                          //延时显示数码管
    P2 =0xfd;
    P1 = table[temp/10% 10];             //显示 temp 的十位数值
    delay(500);
    P2 =0xfb;
    P1 = table[temp/100% 10];            //显示 temp 的百位数值
    dot =1;                              //小数点显示
    delay(500);
    START =1;                            //启动下一次 A/D 转换
    START =0;
    }
  }
  }
```

4. 联合调试与运行

联合调试与运行过程同 6.6.1 节。

5. 电路图功能分析

ADC0808 与 AT89C51 连接电路原理如图 6-18 所示。可知本例用到的是查询方式,

ADC0808 的频率由一个外部脉冲源提供（500 kHz），模拟输入通道选择 IN0，参考电压为 +5 V，输入电压为 V_1。

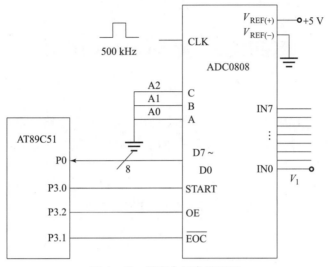

图 6-18　数字电压表原理图

6. 程序分析

OE = 0：禁止 0808 的数据输出，为 A/D 转换做准备。

START = 0→START = 1→START = 0：产生一个脉冲信号，启动 A/D 转换。

if（EOC == 1）：检测 ADC0808 是否完成 A/D 转换进行，完成则执行以下程序。

OE = 1；temp = P0：允许 A/D 转换数据输出，并将数据传送给 P0。

temp = temp * 1.0/255 * 500；OE = 0：对输入的数字量 0 ~ 255，转换成对应的模拟电量 0 ~ +5 V；OE = 1：禁止数据输出，防止在处理 P0 口数据过程中，输入 P0 口的数据发生变化。

6.7　小　　结

本章主要介绍的是并行 A/D、D/A 转换器的工作原理及操作方法和步骤，然而在一些比较复杂的电路设计中，为了节省单片机的 I/O 端口，常选用串行 A/D、D/A 转换器。因此，笔者建议读者在掌握本章的并行 A/D、D/A 转换器的使用方法后再学习怎么使用串行 A/D、D/A 转换器。

第7章

Keil C51 及 Proteus 应用

单片机应用系统是以单片机为核心，同时配以相应的外围电路及软件来完成某些功能的系统。它包括硬件和软件两部分，硬件是系统的"躯体"，软件是系统的"灵魂"。本章主要介绍相关软件的使用。

7.1 Keil C51 的使用

单片机的源程序是在哪里进行编写的？又是在哪里将其调试并生成 .hex 文件的？其实这些工作在单片机的一些编译软件中就可以完成。单片机程序的编译调试软件比较多，如 51 汇编集成开发环境、伟福仿真软件、Keil C51 单片机开发系统等。

Keil C51 是当前使用最广泛的基于 80C51 单片机内核的软件开发平台之一，它是由德国 Keil Software 公司推出的。μVision5 是 Keil Software 公司推出的关于 51 系列单片机的开发工具。μVision5 集成开发环境 IDE 是一个基于 Windows 的软件开发平台，集编辑、编译、仿真于一体，支持汇编语言和 C 语言的程序设计。一般来说，Keil C51 和 μVision5 均是指 μVision5 集成开发环境。

可以从相关网站下载 Keil C51 并安装。安装完成后，双击桌面上的快捷图标 ![icon]，或者在"开始"菜单中选择"Keil μVision5"，即可启动 μVision5 集成开发环境，如图 7 – 1 所示。

7.1.1 创建项目

Keil μVision5 中有一个项目管理器，它包含了程序的环境变量及与编辑有关的全部信息，为单片机程序的管理带来了很大的方便。

创建新项目的操作步骤：

(1) 启动 μVision5，创建一个项目文件，并从元器件数据库中选择一款合适的 CPU。

(2) 创建一个新的源程序文件，并把这个源程序文件添加到项目中。

(3) 设置工具选项，使之适合目标硬件。

(4) 编译项目，并生成一个可供 PROM 编程的 .hex 文件。

1. 启动 μVision5 并创建一个项目文件

μVision5 是一个标准的 Windows 应用程序，直接在桌面上双击图标 ![icon] 就可启动它。在 μVision5 中执行菜单命令 "Project"→"New Project"，弹出 "Create New Project" 对话框，在此可以输入项目名称。建议为每个项目创建一个独立的文件夹。

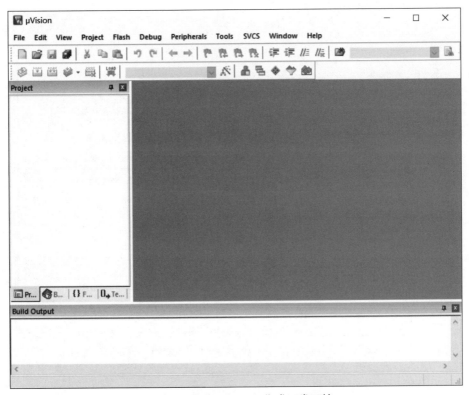

图 7 - 1　启动 μVision5 集成开发环境

输入新建项目名称后，单击"确定"按钮，弹出如图 7 - 2 所示的"Select Device for Target 'Target 1'"对话框。在此对话框中，根据需要选择合适的单片机型号。执行菜单命令"Project"→"Select Device for Target" 也会弹出图 7 - 2 所示的对话框。

在图 7 - 2 中，左侧的下拉栏中列出了各厂商名及其产品，右侧"Description"栏中则是对选中单片机的说明。如果知道单片机芯片的具体型号，也可在左侧的"Search"中直接输入其型号，如"AT89C51"，即可选择该单片机型号为目标器件。选择了目标器件后，单击"OK"按钮，将弹出如图 7 - 3 所示的对话框，询问用户是否将标准的 8051 启动代码复制到项目文件夹并将该文件添加到项目中。在此单击"否"按钮，项目窗口中将不添加启动代码；如果单击"是"按钮，项目窗口中将添加启动代码。二者的区别如图 7 - 4 所示。

STARTUP. A51 文件是大部分 8051 单片机 CPU 及其派生产品的启动程序，其中的操作包括清除数据存储器内容、初始化硬件及可重入堆栈指针。一些 8051 单片机派生的 CPU 需要初始化代码以使配置符合硬件上的设计要求。例如，NXP 的 8x51RD + 片内 Xdata RAM 需要通过在启动程序中进行设置才能使用。应按照目标器件的要求来创建相应的 STARTUP. A51 文件，或者直接将它从安装路径的\C51\LIB 文件夹中复制到项目文件中，并根据需要进行更改。

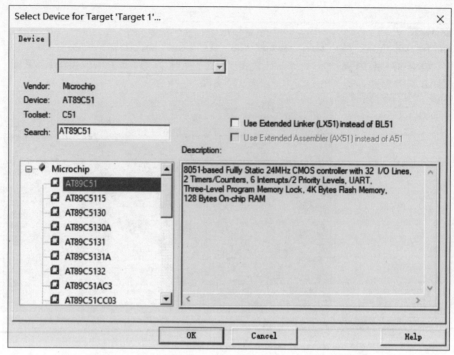

图 7 – 2 "Select Device for Target ″Target 1′" 对话框

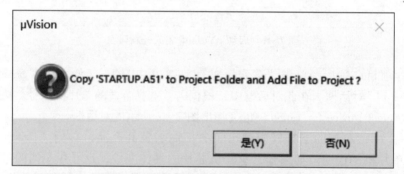

图 7 – 3 询问是否添加启动代码对话框

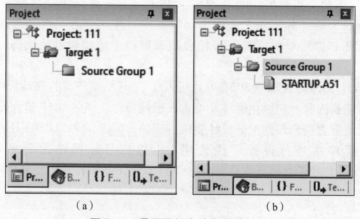

（a）　　　　　　　　　　　　　（b）

图 7 – 4 是否添加启动代码的区别
（a）未添加启动代码；（b）添加启动代码

2. 创建新的源程序文件

单击 "New" 图标或执行菜单命令 "File"→"New"，即可创建一个源程序文件。该命令会打开一个空的编辑器窗口，在此可以输入源代码，如图 7-5 所示。源代码可以用汇编语言或单片机 C 语言进行编写。源代码输入完成后，执行菜单命令 "File"→"Save as..." 或 "Save"，即可对源程序进行保存。在保存时，源程序文件名只能由字符、字母或数字组成，并且一定要带扩展名（使用汇编语言编写的源程序文件的扩展名为 .A51 或 .ASM，使用单片机 C 语言编写的源程序文件的扩展名为 .C）。源程序文件保存好后，源程序窗口中的关键字呈彩色高亮显示。

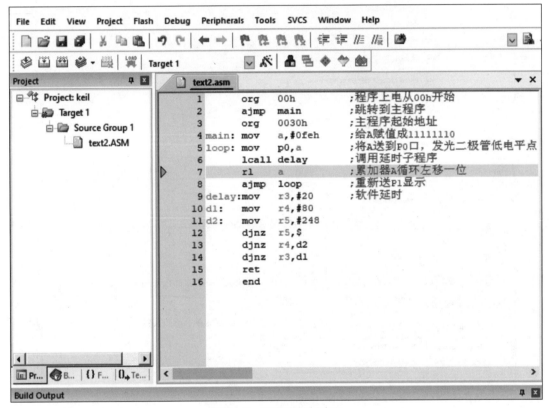

图 7-5　源程序编辑窗口

源程序文件创建好后，可以把这个文件添加到项目中。在 μVision5 中，添加的方法有多种。如图 7-6 所示，在 "Source Group 1" 上单击鼠标右键，在弹出的菜单中选择 "Add Existing Files to Group 'Source Group 1'"，然后在弹出的 "Add Files to Group 'Source Group 1'" 对话框中选择刚才创建的源程序文件即可将其添加到项目中。

3. 为目标设定工具选项

单击图标 或执行菜单命令 "Project"→"Options for Target 'Target 1'"，将会出现 "Options for Target 'Target 1'" 对话框，如图 7-7 所示。在此对话框的 "Target" 选项卡中可以对目标器件及所选器件片内部件进行参数设定。表 7-1 描述了 "Target" 选项卡的选项说明。

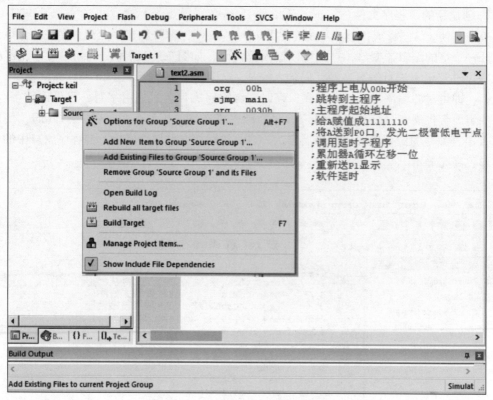

图7-6　在项目中添加源程序文件

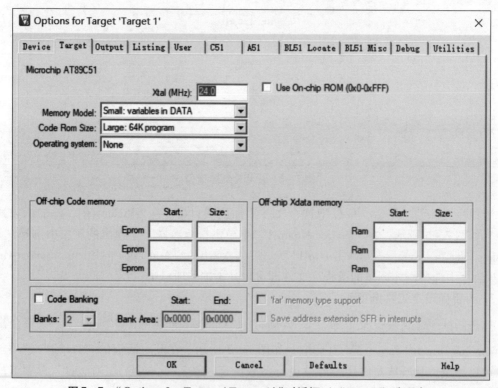

图7-7　"Options for Target 'Target 1'"对话框（"Target"选项卡）

表 7 – 1　"Target"选项卡的选项说明

选项	说明
Xtal（MHz）	指定器件的 CPU 时钟频率，在多数情况下，它的值与 Xtal 的频率相同
Use On – chip ROM	使用片上自带的 ROM 作为程序存储器
Memory Model	指定 C51 编译器的存储模式，在开始编辑新应用时，默认为 Small
Code Rom Size	指定 ROM 存储器的大小
Operating system	操作系统的选择
Off – chip Code memory	指定目标器件上所有外部地址存储器的地址范围
Off – chip Xdata memory	指定目标器件上所有外部数据存储器的地址范围
Code Banking	指定 Code Banking 块数

标准的 80C51 的程序存储器空间为 64 KB，当程序存储器空间超过 64 KB 时，可在"Target"选项卡中对"Code Banking"栏进行设置。Code Banking 为地址复用，可以扩展现有的 CPU 程序存储器寻址空间。选中"Code Banking"栏后，用户根据需求在"Banks"中选择合适的块数。在 Keil C51 中，用户最多能使用 32 块 64 KB 的程序存储空间，即 2 MB 的空间。

4. 编译项目并创建 HEX 文件

在"Target"选项卡中设置好参数后，即可对源程序进行编译。单击图标 ▓ 或执行菜单命令"Project"→"Build Target"，可以编译源程序并生成应用程序。当所编译的源程序有语法错误时，μVision5 将会在"Build Output"窗口中显示错误和警告信息，如图 7 – 8 所示。双击某一条信息，光标将停留在 μVision5 文本编辑窗口中出现该错误或警告的源程序位置上。

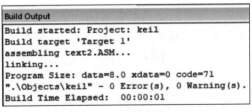

图 7 – 8　错误和警告信息

若成功创建并编译了应用程序，就可以开始调试。程序调试好后，要求创建一个 HEX 文件，生成的 .hex 文件可以下载到 EPROM 编程器或模拟器中。

若要创建 HEX 文件，必须将"Options for Target'Target 1'"对话框"Output"选项卡中的"Create HEX File"选项选中，如图 7 – 9 所示。

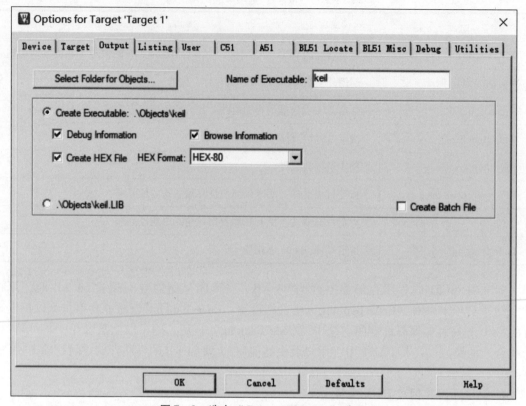

图 7 - 9 选中 "Create HEX File" 选项

7.1.2 仿真设置

使用 μVision5 调试器可对源程序进行仿真测试,μVision5 提供了两种仿真模式,这两种模式可以在 "Option for Target 'Target 1'" 对话框的 "Debug" 选项卡中选择,如图 7 - 10 所示。

➤ Use Simulator:软件仿真模式,将 μVision5 仿真器配置成纯软件产品,能够仿真 8051 系列产品的绝大多数功能而不需要任何硬件目标板,如串行口、外部 I/O 和定时器等,这些外围部件设置是在从元器件数据库选择 CPU 时选定的。

➤ Use:硬件仿真模式,如 TKS Debugger,用户可以直接把这个环境与仿真程序或 Keil C51 监控程序相连。

1. CPU 仿真

μVision5 仿真器可以模拟 16MB 的存储器,该存储器被映射为读、写或代码执行访问区域。除了映射存储器外,仿真器还支持各种 80C51 单片机派生产品的集成外围器件。在 "Debug" 选项卡中,可以选择和显示片内外围部件,也可以通过设置其内容来改变各种外设的值。

2. 启动调试

源程序编译好后,选择相应的仿真模式,即可进行源程序的调试。单击图标或执行菜单命令 "Debug"→"Star/Stop Debug Session",即可启动 μVision5 的调试模式,如图 7 - 11 所示。

软件仿真模式　　　　　　　硬件仿真模式　　启动运行选择　　　　仿真器参数设置

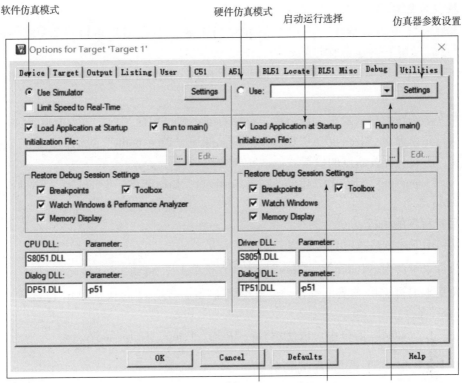

仿真目标器件驱动选择　仿真配置记忆选择　仿真器类型选择

图 7 - 10　仿真设置

图 7 - 11　μVision5 的调试模式

3. 断点的设定

在编辑源程序的过程中，或者在源程序尚未编译时，用户可以设置执行断点。在 μVision5 中，可用下述方法来定义断点。

➤ 在文本编辑窗口或反汇编窗口中选定所在行，然后单击"File Toolbar"按钮或图标 🖐。

➤ 在文本编辑窗口或反汇编窗口单击鼠标右键，弹出快捷菜单，进行断点设置。

➤ 执行菜单命令"Debug"→"Breakpoint"，打开"Breakpoint"对话框，在此对话框中可以查看、定义或更改断点的设置。

➤ 在"Command"窗口中可以使用 BreakSet、BreakKill、BreakList、BreakEnable 和 BreakDisable 等命令。

4. 目标程序的执行

可以利用下述方法执行目标程序。

➤ 执行菜单命令"Debug"→"Run"，或者直接单击图标 📄。

➤ 在文本编辑窗口或反汇编窗口单击鼠标右键，在弹出的快捷菜单上选择"Run till Cursor line"命令。

➤ 在"Command"窗口中可以使用 Go、Ostep、Pstep、Tsetp 命令。

7.1.3 Keil C51 程序调试与分析

前面讲述了如何在 Keil C51 中建立、编译、连接项目，并获得目标代码，但是做到这一步仅代表源程序没有语法错误，而源程序中存在的其他错误，必须通过调试才能发现并解决。事实上，除了极简单的源程序外，绝大多数的源程序都要经过反复调试才能得到正确的结果，因此，调试是软件开发中的一个重要环节。

1. 寄存器和存储器窗口分析

进入调试状态后，执行菜单命令"Debug"→"Run"，或者单击图标 📄，全速运行源程序；执行菜单命令"Debug"→"Step"，或者单击图标 🖑，单步运行源程序。在源程序运行过程中，项目工作区（Project Workspace）的"Registers"选项卡中将显示相关寄存器当前的内容。若在调试状态下未显示此窗口，可执行菜单命令"View"→"Project Window"将其打开。

在源程序运行过程中，可以通过存储器窗口（Memory Window）来查看存储区中的数据。在存储器窗口的上部，有供用户输入存储器类型的起始地址的"Address"栏，用于设置关注对象所在的存储区域和起始地址，如"D：0x30"。其中，前缀表示存储区域，冒号后为要观察的存储单元的起始地址。常用的存储区前缀有"d"或"D"（表示内部 RAM 的直接寻址区）、"i"或"I"（表示内部 RAM 的间接寻址区）、"x"或"X"（表示外部 RAM 区）、"c"或"C"（表示 ROM 区）。由于 P0 口属于特殊功能寄存器（SFR），片内 RAM 字节地址为 80H，所以在存储器窗口的"Address"栏中输入"d：80h"时，可以看到 P0 口的当前运行状态为 FE，如图 7 – 12 所示。

2. 延时子程序的调试与分析

在源程序编辑状态下，执行菜单命令"Project"→"Options for Target'Target 1'"，或者

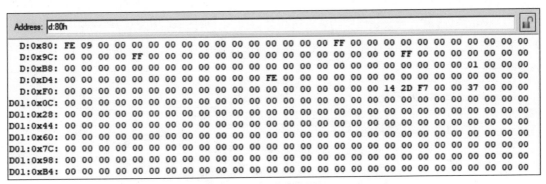

图 7 – 12　存储器窗口

在工具栏中单击图标 ，在弹出的对话框中选择"Target"选项卡，在"Xtal（MHz）"栏中输入 12，即设置单片机的晶振频率为 12 MHz。然后在工具栏中单击图标 ，再次对源程序进行编译。

执行菜单命令"Debug"→"Start/Stop Debug Session"，或者在工具栏中单击图标@，进入调试状态。在调试状态下，单击图标 ，使光标首次指向"LCALL DELAY"所在行后，项目工作区"Registers"选项卡中"Sys"项的 sec 值为 0.000 004 00，表示进入首次运行到"LCALL DELAY"所在行时花费了 0.000 004 00 s，如图 7 – 13 所示。

图 7 – 13　光标首次指向"LCALL DELAY"所在行

再次单击图标 ，光标指向"RLA"所在行，"Sys"项的 sec 值为 0. 798 469 00，如图 7 - 14 所示。因此，DELAY 的延时时间为二者之差，即 0. 798 465 00 s，也就是说延时约为 0.8 s。

图 7 - 14　光标首次指向"RLA"所在行

3. P0 端口运行模拟分析

执行菜单命令"Debug"→"Start/Stop Debug Session"，或者在工具栏中单击图标@，进入调试状态。

执行菜单命令"Peripherals"→"I/O Ports"→"Port 0"，弹出"Parallel Port 0"窗口。"Parallel Port 0"窗口的初始状态如图 7 - 15 （a）所示，表示 P0 口的初始值为 0xFF，即 FFH。单击图标 或多次单击图标 后，"Parallel Port 0"窗口的状态将会发生变化，如图 7 - 15 （b）所示，表示 P0 端口当前为 0xFB，即 FBH。

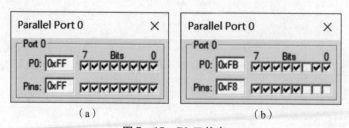

（a）　　　　　　　　　　　　（b）

图 7 - 15　P0 口状态

（a）初始状态；（b）P0 运行状态

7.2　Proteus 快速入门

Proteus 软件是由英国 Lab Center Electronics 公司开发的 EDA 工具软件。Proteus 软件除了具有和其他 EDA 工具软件类似的原理图编辑、印制电路板设计功能外，还具有交互式的仿真功能。它不仅是模拟电路、数字电路、模/数混合电路的设计与仿真平台，更是目前世界上最先进、最完整的多种型号微处理器系统的设计与仿真平台，真正实现了在计算机上完成原理图设计、电路分析与仿真、微处理器程序设计与仿真、系统测试与功能验证，可形成印制电路板的完整电子设计、研发过程。

7.2.1　Proteus 电路图绘制软件的使用

Proteus 电路设计是在 Proteus 电路图绘制软件环境中进行的，该软件编辑环境具有友好的交互式人机界面，设计功能强大，使用方便。

7.2.2　Proteus 电路图绘制软件编辑环境及参数设置

在计算机中安装好 Proteus 8.7 软件后，选择 "开始"→"程序"→"Proteus 8 Professional"→ "Proteus 8 Professional" 或在桌面上双击图标 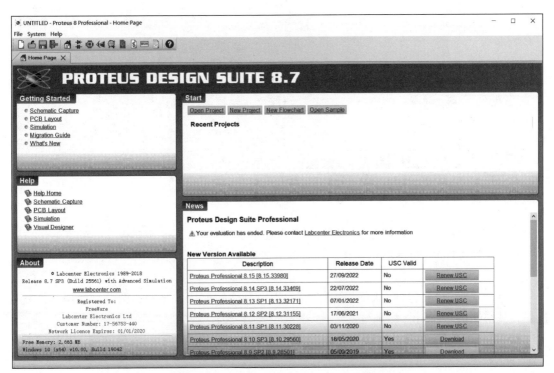，弹出如图 7 – 16 所示的 Proteus 8 Professional 启动界面。

图 7 – 16　Proteus 8 Professional 启动界面

Proteus 软件主要由电路图绘制（Schematic Capture）和印制电路板绘制（PCB Layout）

两个软件构成，其中电路图绘制是一款智能原理图输入系统软件，可作为电子系统仿真平台；印制电路板绘制是一款高级布线编辑软件，用于设计印制电路板。由于本书主要应用Proteus 进行程序仿真，所以此处只讲述与电路图绘制相关的内容。

1. 电路图绘制软件编辑环境

在 Proteus 8 Professional 启动界面上单击图标 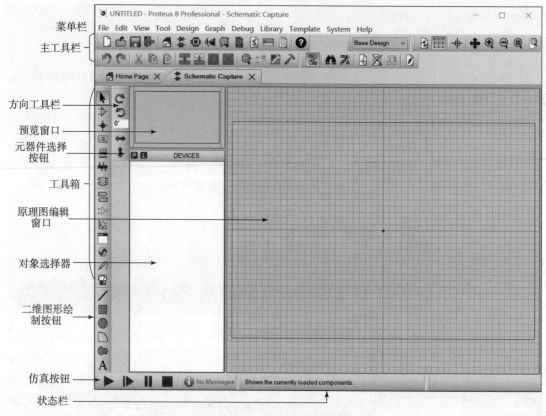，打开电路图绘制软件，如图 7 – 17 所示。它由菜单栏、主工具栏、预览窗口、元器件选择按钮、工具箱、原理图编辑窗口、对象选择器、仿真按钮、二维图形绘制按钮、方向工具栏、状态栏等部分组成。

图 7 – 17　电路图绘制软件

（1）菜单栏。Proteus 电路图绘制软件共有如下 11 项菜单，每项都有下一级菜单。

➢ File（文件）：包括项目新建、保存、导入、导出、打印等操作，其快捷键为"Alt"+"F"。

➢ Edit（编辑）：包括对原理图编辑窗口中元器件的剪切、复制、粘贴、撤销、恢复等操作，其快捷键为"Alt"+"E"。

➢ View（查看）：包括原理图编辑窗口定位、栅格调整及图形缩放等操作，其快捷键为"Alt"+"V"。

➢ Tool（工具）：具有实时标注、自动布线、搜索并标志、属性分配工具、全局标注、ASCII 文本数据导入、材料清单、电气规则检查、网络表编译、模型编译、将网络导入PCB、从 PCB 返回原理图设计等功能，其快捷键为"Alt"+"T"。

➤ Design（设计）：具有编辑设计属性、编辑面板属性、编辑设计注释、配置电源线、新建原理图、删除原理图、转到前一个原理图、转到下一个原理图、转到原理图、设计浏览等功能，其快捷键为"Alt"+"D"。

➤ Graph（图形）：具有编辑仿真图形、增加跟踪曲线、仿真图形、查看日志、导出数据、清除数据、图形一致性分析、批处理模式一致性分析等功能，其快捷键为"Alt"+"G"。

➤ Debug（调试）：具有调试、运行、断点设置等功能，其快捷键为"Alt"+"B"。

➤ Library（库）：具有选择元器件/符号、制作元器件、制作符号、封装工具、分解元器件、编译到库、自动放置到库、验证封装、库管理等功能，其快捷键为"Alt"+"L"。

➤ Template（模板）：具有完成图形、颜色、字体、连线等功能，其快捷键为"Alt"+"M"。

➤ System（系统）：具有系统信息、文本浏览、设置系统环境、设置路径等功能，其快捷键为"Alt"+"Y"。

➤ Help（帮助）：为用户提供帮助文档，每个元器件均可通过属性中的 Help 获得帮助，其快捷键为"Alt"+"H"。

（2）主工具栏。包括查看工具条（View Toolbar）、编辑工具条（Edit Toolbar）和调试工具条（Design Toolbar）3 部分。这 3 部分工具条打开与关闭的方法是，执行菜单命令"View"→"Toolbar Configuration"，在弹出的"Show/Hide Toolbars"对话框中进行设置（在复选框中打"√"表示该工具条打开）。

（3）预览窗口。预览窗口可显示两部分的内容：①在对象选择器窗口中单击某个元器件，或者在工具箱中选择元器件➤、元器件终端▤、绘制子电路▮、虚拟仪器☎等对象时，预览窗口会显示该对象的符号，如图 7 - 18（a）所示；②在原理图编辑窗口单击鼠标左键，或者在工具箱中单击选择按钮▶时，它会显示整张原理图的缩略图，并显示一个绿色方框和一个蓝色方框（绿色方框内的是当前原理图编辑窗口中显示的内容，可用鼠标在它上面单击来改变绿色方框的位置从而改变原理图的可视范围；而蓝色方框内的是可编辑区的缩略图），如图 7 - 18（b）所示。

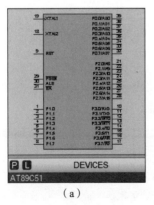
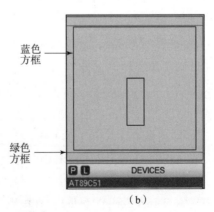

蓝色方框

绿色方框

（a）　　　　　　　　　　　　　　（b）

图 7 - 18　预览窗口

（4）元器件选择按钮。在工具箱中单击元器件按钮 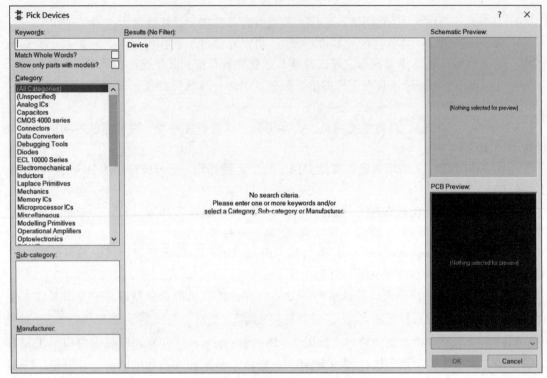 后，才会出现元器件选择按钮。元器件选择按钮中的"P"按钮为对象选择按钮，"L"按钮为库管理按钮。单击"P"按钮时，将弹出如图 7-19 所示的"Pick Devices"对话框。在该对话框的"Keywords"栏中输入元器件名称，单击"OK"按钮，就可从库中选择元器件，并将所选元器件名称逐一列在对象选择器窗口中。

图 7-19　"Pick Devices"对话框

（5）工具箱。Proteus 电路图绘制软件提供了许多工具按钮，其对应的操作如下所述：

➢ 选择按钮（Selection Mode）：用户可以在原理图编辑窗口中通过单击选择任意元器件并编辑元器件的属性。

➢ 选择元器件（Components Mode）：单击"P"按钮时，可以根据需要从库中添加元器件，也可在列表中选择元器件。

➢ 连接点（Junction Dot Mode）：在原理图中放置连接点；也可在不用画线工具的前提下，直接在节点之间或节点到电路中任意点或线之间连线。

➢ 连线的网络标号（Wire Label Mode）：在绘制电路图时，使用网络标号可使连线简单化。例如，在 AT89C51 单片机的 P1.0 口和二极管的阳极处各绘制一根短线，并标注相同的网络标号，这就说明 AT89C51 的 P1.0 口与二极管的阳极是连接在一起的。

➢ 插入文本（Text Script Mode）：在电路图中插入文本。

➢ 总线（Buses Mode）：总线在电路图中显示为一条粗线，它还应有一组口线（由多根单线组成）。使用总线时，总线和分支线都要标注好相应的网络标号。

➢ ▮绘制子电路（Sub circuits Mode）：用于绘制子电路块。

➢ ▮终端（Terminals Mode）：绘制电路图时，通常会涉及各种端子，如输入、输出、电源和地等。单击此图标时，将弹出"Terminals Selector"窗口，在此窗口中有多种常用的端子供用户选择，如 DEFAULT（默认的无定义端子）、INPUT（输入端子）、OUTPUT（输出端子）、BIDIR（双向端子）、POWER（电源端子）、GROUND（接地端子）、BUS（总线端子）。

➢ ▮选择元器件引脚（Device Pins Mode）：单击该图标时，在弹出的窗口中将出现多种引脚供用户选择，如普通引脚、时钟引脚、反电压引脚、短接引脚等。

➢ ▮图表（Graph Mode）：单击该图标时，在弹出的"Graph"窗口中将出现多种仿真分析所需的图表供用户选择，如 ANALOGUE（模拟图表）、DIGITAL（数字图表）、MIXED（混合图表）、FREQUENCY（频率图表）、TRANSFER（转换图表）、NOISE（噪声图表）、DISTORTION（失真图表）、FOURIER（傅里叶图表）、AUDIO（声波图表）、INTERACTIVE（交互式图表）、CONFORMANCE（一致性图表）、DC SWEEP（直流扫描图表）、AC SWEEP（交流扫描图表）。

➢ ▮信号源（Generator Mode）：单击该图标时，在弹出的"Generator"窗口中将出现多种激励源供用户选择，如 DC（直流激励源）、SINE（正弦激励源）、PULSE（脉冲激励源）、EXP（指数激励源）等。

➢ ▮电压探针（Voltage Probe Mode）：在原理图中添加电压探针后，在进行电路仿真时，可显示各探针处的电压值。

➢ ▮虚拟仪器（Virtual Instruments）：单击该图标时，在弹出的"Instruments"窗口中将出现虚拟仪器供用户选择，如 OSCILLOSCOPE（示波器）、LOGIC ANALYSER（逻辑分析仪）、COUNTER TIMER（计数器/定时器）、SPI DEBUGGER（SPI 总线调试器）、I^2C DEBUGGER（I^2C 总线调试器）、SIGNAL GENERATOR（信号发生器）等。

（6）二维图形绘制按钮。Proteus 电路图绘制软件提供了 2D 图形的绘制按钮，这些按钮对应的操作如下所述：

➢ ▮画线（2D Graphics Line Mode）：绘制直线。单击该图标时，在弹出的窗口中将出现多种画线工具供用户选择，如 COMPONENT（元器件连线）、PIN（引脚连线）、PORT（端口连线）、MARKER（标志连线）、ACTUATOR（激励源连线）、INDICATOR（指示器连线）、VPROBE（电压探针连线）、IPROBE（电源探针连线）、TAPE（录音机连线）、GENERATOR（信号发生器连线）、TERMINAL（端子连线）、SUBCIRCUIT（支路连线）、2D GRAPHIC（二维图连线）、WIRE DOT（线连接点连线）、WIRE（线连接）、BUS WIRE（总线连线）、BORDER（边界连线）、TEMPLATE（模板连线）。

➢ ▮方框（2D Graphics Box Mode）：绘制方框。

➢ ▮圆形（2D Graphics Circle Mode）：绘制圆形。

➢ ▮弧线（2D Graphics Arc Mode）：绘制弧线。

➢ ▮曲线（2D Graphics Path Mode）：绘制任意形状的曲线。

➢ **A** 字符/文字（2D Graphics Text Mode）：插入文字说明。

➢ ■ 符号（2D Graphics Symbol Mode）：放置符号。

➢ ✛ 坐标原点：放置坐标原点。

（7）原理图编辑窗口。原理图编辑窗口用于放置元器件，进行连线，绘制原理图。窗口中蓝色方框内的区域为可编辑区，电路设计必须在此区域内完成。该窗口没有滚动条，用户单击预览窗口，拖动鼠标移动预览窗口中的绿色方框就可以改变可视原理图区域。

在原理图编辑窗口中的操作与常用的 Windows 应用程序不同，其操作特点如下所述：

➢ 3D 鼠标的中间滚轮：放大或缩小原理图。

➢ 单击鼠标左键：放置元器件、连线。

➢ 单击鼠标右键：选择元器件、连线和其他对象，若操作对象被选中，默认情况下将以红色显示。

➢ 双击鼠标右键：删除元器件、连线。

➢ 先单击鼠标右键，然后单击鼠标左键：编辑元器件属性。

➢ 按住鼠标右键拖出方框：选中方框中的多个元器件及其连线。

➢ 先单击鼠标右键选中对象，然后按住鼠标左键并移动：拖动元器件、连线等。

➢ ▶ ▮▶ ▮▮ ▮ 仿真按钮：用于仿真运行控制。

① ▶ ：运行。

② ▮▶ ：单步运行。

③ ▮▮ ：暂停。

④ ▮ ：停止。

（8）方向工具栏。

➢ **C G** 0° 旋转控制：第 1 个和第 2 个图标是旋转按钮，第 3 个图标用于输入旋转角度，旋转角度只能是 90°的整数倍。直接单击旋转按钮，则以 90°为递增量进行旋转。

➢ ↔ ↕ 翻转控制：用于水平翻转和垂直翻转。

使用方法：先用鼠标右键单击元器件，再单击相应的旋转按钮。

2. Proteus 电路图绘制软件参数设置

Proteus 电路图绘制软件参数设置主要是指对编辑环境和系统参数进行设置。

1）编辑环境设置

Proteus 电路图绘制软件编辑环境的设置主要是对模板、图纸尺寸、文本编辑器和网格点的设置。

（1）模板的设置：执行菜单命令 "Template"→"Set Design Colours"，弹出如图 7-20 所示的窗口，进行设计默认值的设置。在此窗口中，可设置纸张（Paper）、网格点（GridDot）、工作区（Work Area Box）、提示（Highlight）、拖动（Drag）等项目的颜色；设置电路仿真（Animation）时正（Positive）、负（Negative）、地（Ground）、逻辑高（1）/低（0）等项目的颜色；设置隐藏对象（Hidden Objects）是否显示及其颜色；设置默认字体（Font）。

执行菜单命令 "Template"→"Set Graph & Trace Colours"，弹出如图 7-21 所示的窗口，进行图形颜色的设置。在此窗口中，可设置图形轮廓（Graph Outline）、底色（Background）、图形标题（Graph Title）、图形文本（Graph Text）的颜色；设置模拟跟踪曲线（Analogue Traces）中不同曲线的颜色；设置数字跟踪曲线（Digital Traces）的颜色。

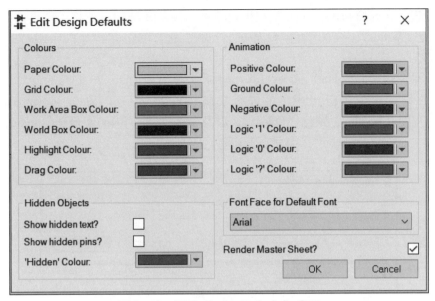

图 7 – 20　"Edit Design Defaults" 窗口

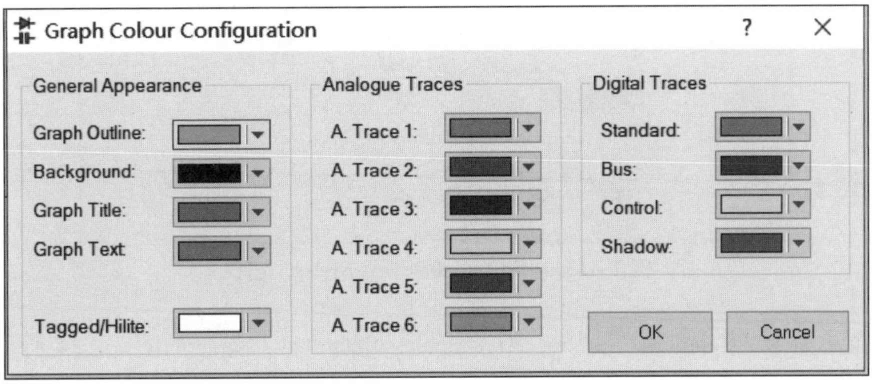

图 7 – 21　"Graph Colour Configuration" 窗口

执行菜单命令 "Template"→"Set Graphics Styles"，弹出如图 7 – 22 所示的窗口，进行图

图 7 – 22　"Edit Global Graphics Styles" 窗口

形格式的设置。在此窗口的"Style"栏中可选择不同的系统图形风格；可设置线型（Line style）、线宽（Width）、线的颜色（Colour）；设置图形填充方式（Fill style）、填充颜色（Fg. colour）。

执行菜单命令"Template"→"Set Text Styles"，弹出如图 7 – 23 所示的窗口，进行全局文本格式的设置。在此窗口中，可进行字体的选择（Font face），设置字体的高度（Height）、宽度（Width）、颜色（Colour），以及是否加粗（Bold）、倾斜（Italic）、下划线（Underline）、横线（Strikeout）、显示（Visible）。

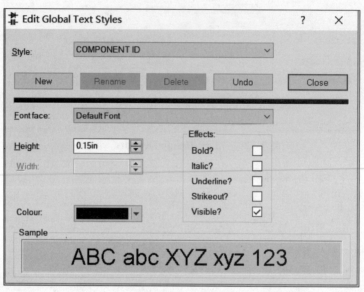

图 7 – 23　"Edit Global Text Styles" 窗口

执行菜单命令"Template"→"Set 2D Graphics Defaults"，弹出如图 7 – 24 所示的窗口，

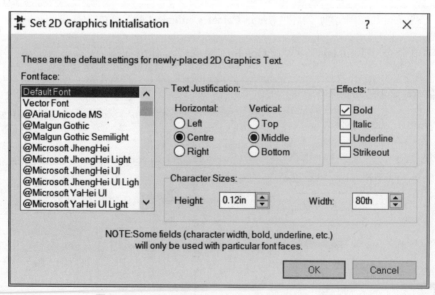

图 7 – 24　"Set 2D Graphics Initialisation" 窗口

进行 2D 图形文本的设置。在此窗口中，可进行字体的选择（Font face）；字体在文本框中的水平位置（Horizontal）和垂直位置（Vertical），水平位置分为左（Left）、中心（Centre）、右（Right）3 个位置，垂直位置分为上（Top）、中间（Middle）、下（Bottom）3 个位置；字体是否加粗（Bold）、倾斜（Italic）、下划线（Underline）、横线（Strikeout）；设置字体的高度（Height）、宽度（Width）。

执行菜单命令“Template”→“Set Junction Dots Styles”，弹出如图 7 - 25 所示的窗口，进行连接点的设置。在此窗口中，可以设置连接点的大小（Size）和形状（Shape），连接点的形状可选方形（Square）、圆点（Round）、菱形（Diamond）。

（2）图纸尺寸的设置：执行菜单命令“System”→“Set Sheet Sizes”，弹出如图 7 - 26 所示的窗口，进行图纸的设置。

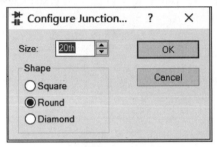

图 7 - 25　“Configure Junction Dots”窗口

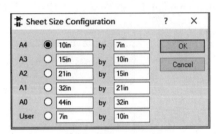

图 7 - 26　“Sheet Size Configuration”窗口

（3）文本编辑器的设置：执行菜单命令“System”→“Set Text Editor”，弹出如图 7 - 27 所示的“字体”对话框。在该对话框中，可设置字体、字形、字号大小、字体颜色、字体效果。

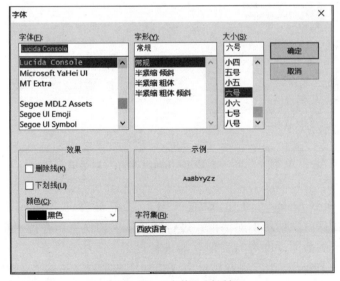

图 7 - 27　“字体”对话框

（4）网格点的设置：执行菜单命令“View”→“Toggle Grid”，可显示/隐藏原理图编辑器中的网格点。显示网格点时，执行菜单命令"View"→"Snap 10th"或"Snap 50th"、"Snap 0.1in"、"Snap 0.5in"，可设置网格点的间距。

2）系统参数设置

Proteus 电路图绘制软件系统参数的设置主要是对热键（Keyboard）、标注选项（Animation）、仿真参数（Simulator）的设置。

（1）热键（Keyboard）的设置：执行菜单命令"System"→"Set Keyboard Mapping"，弹出如图 7 - 28 所示的对话框，进行热键（快捷键）的设置。单击"Command Groups"下拉列表，可选择相应的菜单项。"Available Commands"列表框中为可设置热键项。"Key sequence for selected command"栏中为热键的设置。例如，若要设置"Edit"菜单中"Copy"项的热键为"Ctrl"+"C"，其操作为，在"Command Groups"下拉列表中选择"Edit"菜单项，在"Available Commands"列表框中单击"Copy To Clipboard"，在"Key sequence for selected command"栏中输入"Ctrl"+"C"，最后单击"Assign"按钮和"OK"按钮。

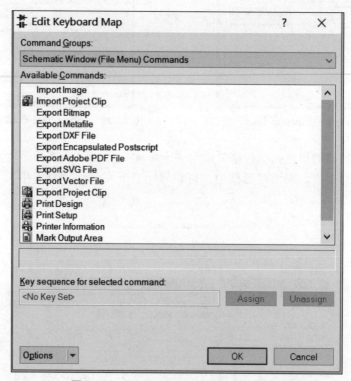

图 7 - 28 "Edit Keyboard Map"对话框

（2）标注选项（Animation）的设置：执行菜单命令"System"→"Set Animation Options"，弹出如图 7 - 29 所示的对话框，进行标注选项的设置。在此对话框中，可设置仿真速度、电压/电流的范围，也可对其他功能进行设置。其中，"Show Voltage & Current on Probes?"选项用于设置是否在探测点显示电压值和电流值；"Show Logic State of Pins?"选项用于设置是否显示引脚的逻辑状态；"Show Wire Voltage by Colour?"选项用于设置是否用不同的颜色表示线的电压；"Show Wire Current with Arrows?"选项用于设置是否用箭头表示线的电流方向。

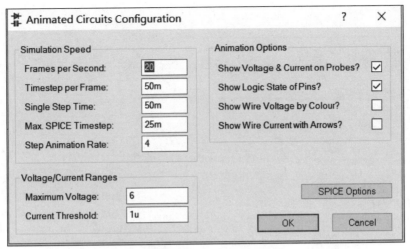

图 7 – 29　"**Animated Circuits Configuration**" 对话框

（3）仿真参数（Simulator）的设置：执行菜单命令 "System" → "Set Simulator Options"，弹出如图 7 – 30 所示的对话框，进行仿真参数的设置。

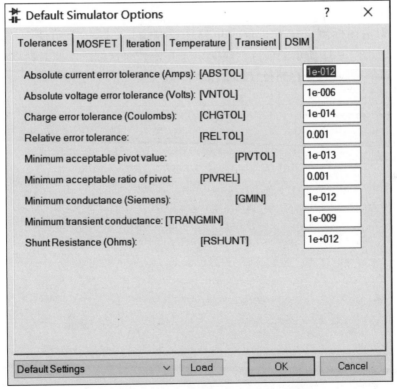

图 7 – 30　"**Set Simulator Options**" 对话框

7.2.3　Proteus 原理图绘制

下面以图 7 – 31 为例，介绍在 Proteus 中进行单片机原理图绘制的方法。

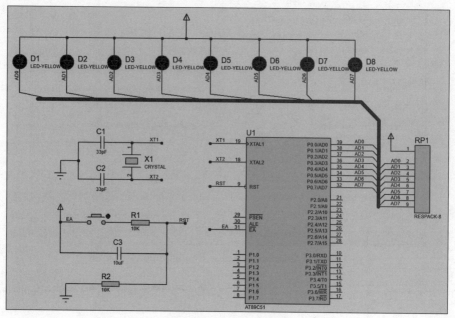

图 7 – 31   单片机原理图

1. 新建项目

在桌面上双击图标 ，打开 Proteus 电路图绘制窗口。执行菜单命令 "File"→"New Project"，弹出如图 7 – 32 所示的项目创建向导（开始）对话框。在此对话框中，可以设置项目名称（Name）及项目保存路径（Path）。

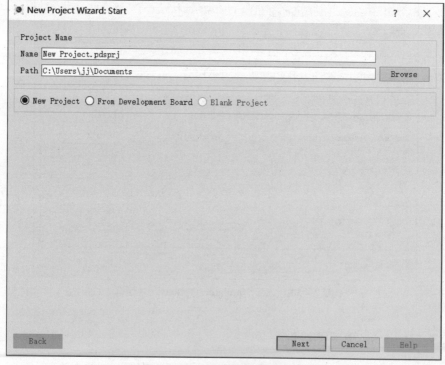

图 7 – 32   项目创建向导对话框

设置项目名称及保存路径后，单击"Next"按钮，弹出项目创建向导（原理图模板设置）对话框，如图 7-33 所示。在此对话框中，若选中"Do not create a schematic."选项，表示不再新建原理图；若选中"Create a schematic from the selected template."选项，表示新建原理图，并应在列表中选择合适的模板样式。其中，"Landscape"表示横向图纸，"Portrait"表示纵向图纸，"DEFAULT"表示默认模板；A0～A4 表示图纸尺寸大小。

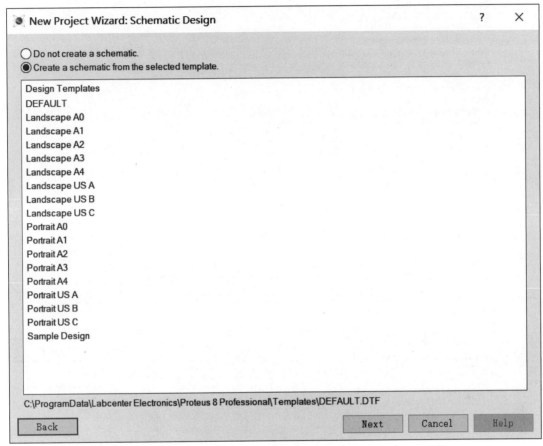

图 7-33　项目创建向导对话框

在此选中"Create a schematic from the selected template."选项，并选择"DEFAULT"，单击"Next"按钮，弹出的项目创建向导（PCB 版图设置）对话框如图 7-34 所示。在此对话框中，若选中"Do not create a PCB layout."选项，表示不再新建 PCB 版图；若选中"Create a PCB layout from the selected template."选项，表示新建 PCB 版图，并应在列表中选择合适的版图样式。

在此选中"Do not create a PCB layout."选项，单击"Next"按钮，弹出的项目创建向导（固件设置）对话框如图 7-35 所示。在此对话框中，若选中"No Firmware Project"选项，表示创建的项目中不包含固件；若选中"Create Firmware Project"选项，表示创建包含固件的项目，并可设置相应的固件系列（Family）、控制器（Controller）和编译器（Compiler）。

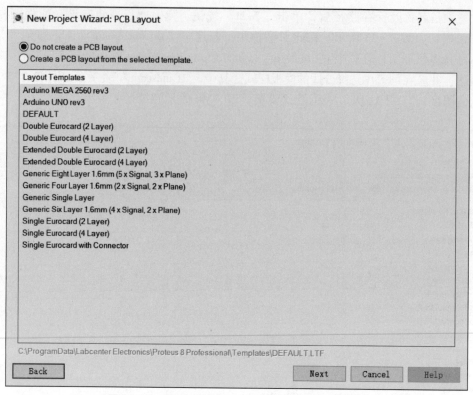

图 7-34　项目创建向导（PCB 版图设置）对话框

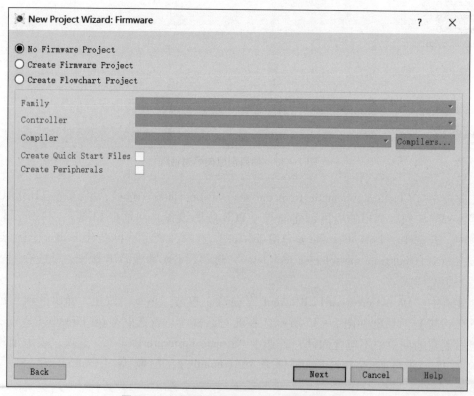

图 7-35　项目创建向导（固件设置）对话框

在此选中"Create Firmware Project"选项，单击"Next"按钮，弹出的项目创建向导（项目概要）对话框如图 7 - 36 所示。在此对话框中显示了项目保存路径和项目名称。文件保存后，在 Professional 电路图绘制软件的标题栏上显示为"New"。

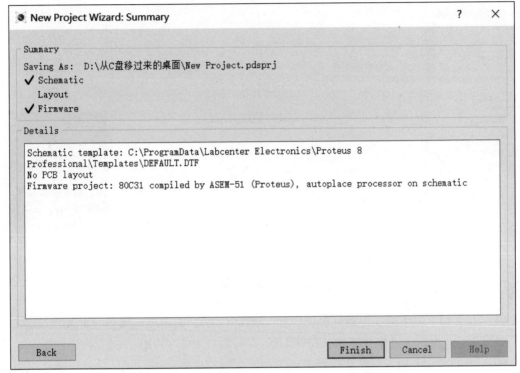

图 7 - 36　项目创建向导（项目概要）对话框

2. 添加元器件

本例所用元器件见表 7 - 2。

表 7 - 2　本例所用元器件列表

序号	名称	序号	名称
1	单片机 AT89C51	7	发光二极管 LED – BULE
2	瓷片电容 CAP 30pF	8	发光二极管 LED – RED
3	晶振 CRYSTAL 12MHz	9	发光二极管 LED – GREEN
4	电解电容 CAP – ELEC	10	发光二极管 LED – YELLOW
5	电阻 RES	11	按钮 BUTTON
6	电阻排 RESPACK – 8		

在元器件选择按钮"Pick DEVICE"中单击"P"按钮，或者执行菜单命令"Library"→"Pick Device/Symbol"，弹出如图 7 - 37 所示的对话框。在此对话框中添加元器件的方法有两种。

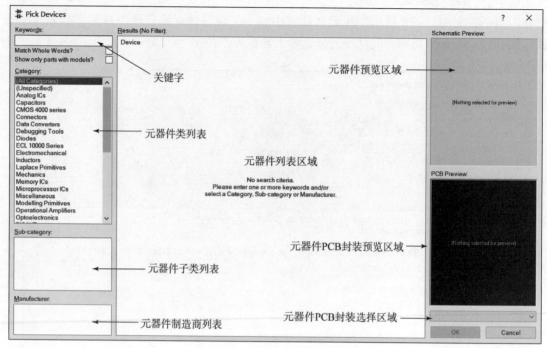

图 7-37　元器件库选择对话框

（1）在关键字栏中输入元器件名称，如"AT89C51"，则出现与关键字匹配的元器件列表，如图 7-38 所示。选中并双击 AT89C51 所在行后，单击"OK"按钮或按"Enter"键，即可将器件 AT89C51 加入对象选择器中。

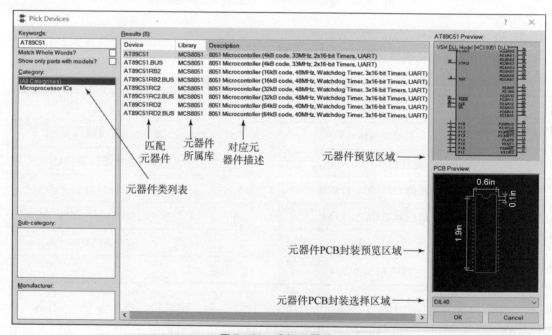

图 7-38　选择元器件

（2）在元器件类列表中选择元器件所属类，在子类列表中选择所属子类，如果对元器件的制造商有要求，还要在制造商列表中选择期望的厂商，然后在元器件列表区域选择相应的元器件即可。

按照上述方法，将表 7 - 2 中所列元器件添加到对象选择器中。

3. 放置、移动、旋转、删除对象

将元器件添加到对象选择器中后，单击要放置的元器件，在原理图编辑窗口中单击鼠标左键，在光标处会出现一个元器件符号；移动光标至合适位置，再次单击鼠标左键，即可将元器件放置在预定位置。

在原理图编辑窗口中若要移动元器件或连线，应先用鼠标右键单击对象，使其处于选中状态（默认情况下为红色），再按住鼠标左键并拖动，元器件或连线就会跟随光标移动，到达合适位置时，松开鼠标左键即可。

单击要放置的元器件，在放置元器件前，单击方向工具栏上相应的转向按钮，即可旋转元器件，然后在原理图编辑窗口中单击，就能放置一个更改方向的元器件。若需要在原理图编辑窗口中更改元器件方向，应单击选中该元器件，再单击块旋转图标，在弹出的对话框中输入旋转的角度即可。

若要在原理图编辑窗口中删除元器件，用鼠标右键双击该元器件即可；或者先单击选中该元器件，再按"Delete"键将其删除。

通过放置、移动、旋转、删除等操作，即可将各元器件放置在原理图编辑窗口中的合适位置上，如图 7 - 39 所示。

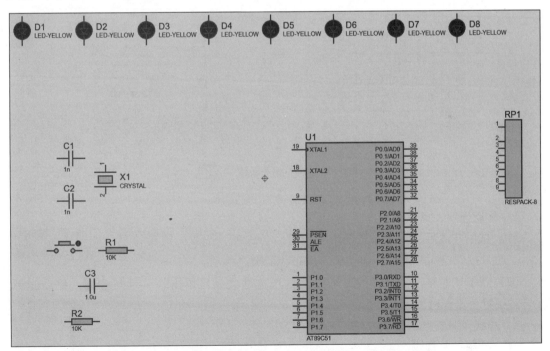

图 7 - 39　将各元器件放置在原理图编辑窗口中的合适位置上

4. 放置电源、地

单击工具箱中图标，在对象选择器中单击"POWER"，然后将其放置在原理图编辑窗口中的合适位置上。同样，在对象选择器中单击"GROUND"，然后将其放置在原理图编辑窗口中的合适位置上。

5. 布线

系统默认自动布线█有效，因此可直接进行布线操作。

1）在两个对象间连线

（1）将光标靠近一个对象引脚末端，该处自动出现一个方块符号，单击鼠标左键开始布线。

（2）移动光标至另一对象的引脚末端，当该处出现一个方块符号时，再次单击鼠标左键，即可绘制一条连线，如图 7-40（a）所示；若想手动设定布线路径，可以在想要拐点处单击鼠标左键来设定布线路径，如图 7-40（b）所示；在移动鼠标过程中按下"Ctrl"键，即可绘制斜线，如图 7-40（c）所示。

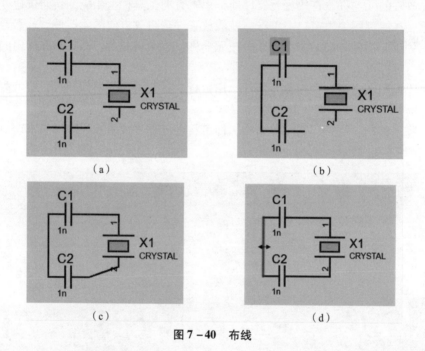

图 7-40 布线

2）移动连线、更改线型

（1）选中连线后，当光标靠近该连线时，会出现一个双向箭头符号，如图 7-40（d）所示。此时按住鼠标左键，移动光标，该布线就随之移动。

（2）若要同时移动多个布线，可以先框选这些线，再单击块移动按钮█，移动光标，在合适位置单击即可。

3）总线及分支线的绘制方法

（1）绘制一条直线。

（2）将光标移至该直线上，单击鼠标右键，会出现如图 7-41（a）所示菜单，在弹出的菜单中选择"Edit Wire Style"，会弹出"Edit Wire Style"对话框，在"Global Style"下拉列表中选择"BUS WIRE"，如图 7-41（b）所示。绘制的总线如图 7-42 所示。

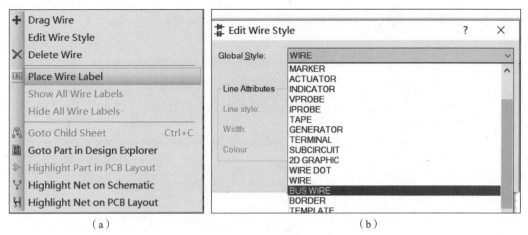

图 7 -41 绘制总线的操作图

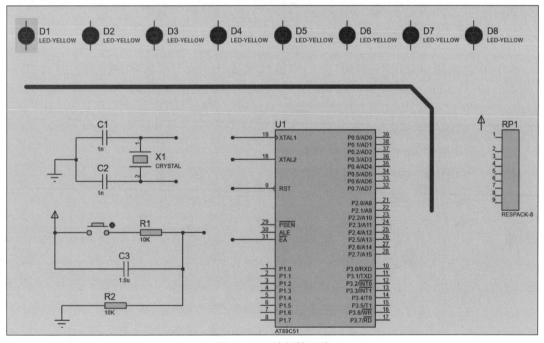

图 7 -42 绘制的总线

绘制总线分支线的步骤如下所述：

（1）确定需要进行网络标识的引脚末端。

（2）将光标靠近对象引脚末端，该处自动出现一个方块符号，单击鼠标左键，开始布线。

（3）移动光标至靠近总线的合适位置，单击鼠标左键，即可绘制出一条直线。

（4）按住"Ctrl"键，将光标移至总线上的合适位置，单击鼠标左键，即可完成一个分支线的绘制。图 7 -43 是绘制完成的分支线。

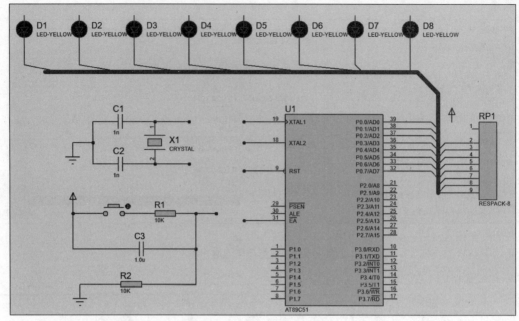

图7-43 绘制完成的分支线

（5）在工具箱中单击图标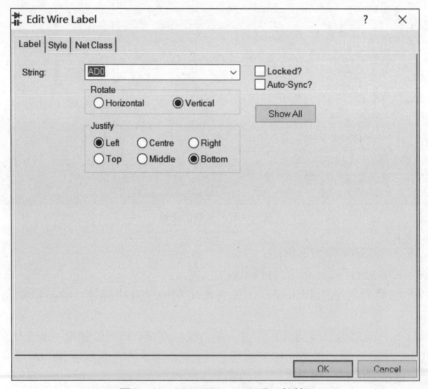，然后在总线或各分支线上单击鼠标左键，弹出"Edit Wire Label"对话框，如图7-44所示。在"Label"选项卡的"String"栏中输入相应的线路标号，如总线为AD［0..7］（表示有AD0～AD7共8根数据线），分支线为AD0、AD1等。

图7-44 "Edit Wire Label"对话框

4）网络标识法

（1）靠近需要进行网络标识的引脚末端，该处自动出现一个方块符号，单击鼠标左键；

（2）移动光标，在合适的位置双击鼠标左键，绘制一段导线；

（3）在工具箱中单击图标，然后在需要连接的线上单击鼠标左键，弹出如图 7 - 44 所示对话框。在"Label"选项卡的"String"栏中输入相应的线路标号，如 XT1 等。注意，同一连接点的线路标号应相同。

6. 设置、修改元器件属性

在需要修改属性的元器件上单击鼠标右键，在弹出的菜单中选择"Edit Properties"，或按快捷键"Ctrl"+"E"，将出现"Edit Component"对话框，如图 7 - 45 所示，在此对话框中设置相关信息（例如，修改电容值为 33pF）。

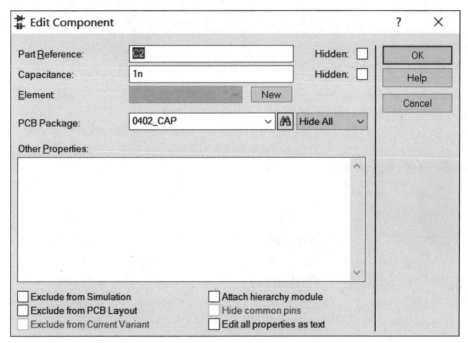

图 7 - 45　"Edit Component"对话框

根据以上步骤及方法在原理图编辑窗口中绘制出图 7 - 46 所示的电路图。

7. 隐藏文本

执行菜单命令"Template"→"Set Design Colours"，弹出"Edit Design Defaults"对话框，如图 7 - 47 所示。在此对话框中，选中"Show hidden text?"选项，单击"OK"按钮，则图 7 - 46 中的 <TEXT> 全部隐藏。双击发光二极管，弹出"Edit Component"对话框，选中"Part Value"栏后的"Hidden"选项，得到的效果与图 7 - 47 完全一致。

8. 建立网络表

网络是指设计中的电气连接通路，如本电路中 AT89C51 的 P0.0 口与发光二极管 D1 的一个引脚就是连接在一起的。执行菜单命令"Tool"→"Netlist Compiler"，弹出"Netlist

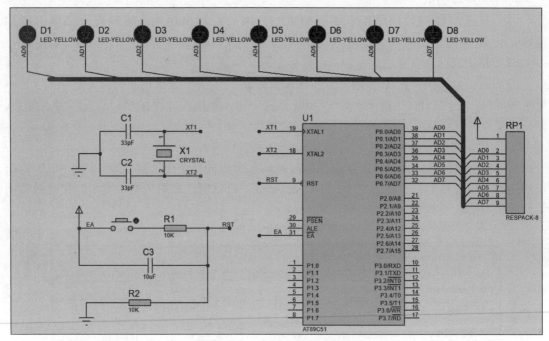

图 7 - 46   实际绘制的电路图

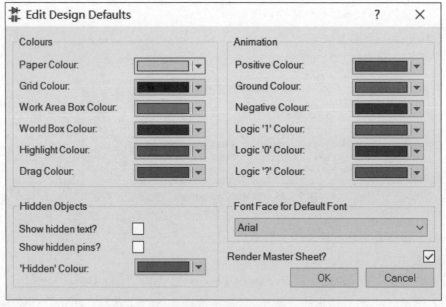

图 7 - 47   "Edit Design Defaults" 对话框

Compiler" 对话框，如图 7 - 48 所示。在此对话框中，可设置网络表的输出形式、模式、范围、深度和格式等，在此不进行修改，单击 "OK" 按钮，以默认方式输出图 7 - 49 所示内容。单击 "Close" 按钮，关闭 "NETLIST - Schematic Capture" 窗口。

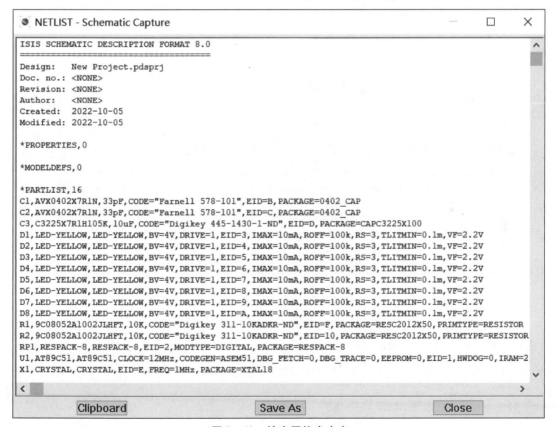

图 7 - 48　"Netlist Compiler" 对话框

NETLIST - Schematic Capture

```
ISIS SCHEMATIC DESCRIPTION FORMAT 8.0
=====================================
Design:    New Project.pdsprj
Doc. no.: <NONE>
Revision: <NONE>
Author:    <NONE>
Created:   2022-10-05
Modified: 2022-10-05

*PROPERTIES,0

*MODELDEFS,0

*PARTLIST,16
C1,AVX0402X7R1N,33pF,CODE="Farnell 578-101",EID=B,PACKAGE=0402_CAP
C2,AVX0402X7R1N,33pF,CODE="Farnell 578-101",EID=C,PACKAGE=0402_CAP
C3,C3225X7R1H105K,10uF,CODE="Digikey 445-1430-1-ND",EID=D,PACKAGE=CAPC3225X100
D1,LED-YELLOW,LED-YELLOW,BV=4V,DRIVE=1,EID=3,IMAX=10mA,ROFF=100k,RS=3,TLITMIN=0.1m,VF=2.2V
D2,LED-YELLOW,LED-YELLOW,BV=4V,DRIVE=1,EID=4,IMAX=10mA,ROFF=100k,RS=3,TLITMIN=0.1m,VF=2.2V
D3,LED-YELLOW,LED-YELLOW,BV=4V,DRIVE=1,EID=5,IMAX=10mA,ROFF=100k,RS=3,TLITMIN=0.1m,VF=2.2V
D4,LED-YELLOW,LED-YELLOW,BV=4V,DRIVE=1,EID=6,IMAX=10mA,ROFF=100k,RS=3,TLITMIN=0.1m,VF=2.2V
D5,LED-YELLOW,LED-YELLOW,BV=4V,DRIVE=1,EID=7,IMAX=10mA,ROFF=100k,RS=3,TLITMIN=0.1m,VF=2.2V
D6,LED-YELLOW,LED-YELLOW,BV=4V,DRIVE=1,EID=8,IMAX=10mA,ROFF=100k,RS=3,TLITMIN=0.1m,VF=2.2V
D7,LED-YELLOW,LED-YELLOW,BV=4V,DRIVE=1,EID=9,IMAX=10mA,ROFF=100k,RS=3,TLITMIN=0.1m,VF=2.2V
D8,LED-YELLOW,LED-YELLOW,BV=4V,DRIVE=1,EID=A,IMAX=10mA,ROFF=100k,RS=3,TLITMIN=0.1m,VF=2.2V
R1,9C08052A1002JLHFT,10K,CODE="Digikey 311-10KADKR-ND",EID=F,PACKAGE=RESC2012X50,PRIMTYPE=RESISTOR
R2,9C08052A1002JLHFT,10K,CODE="Digikey 311-10KADKR-ND",EID=10,PACKAGE=RESC2012X50,PRIMTYPE=RESISTOR
RP1,RESPACK-8,RESPACK-8,EID=2,MODTYPE=DIGITAL,PACKAGE=RESPACK-8
U1,AT89C51,AT89C51,CLOCK=12MHz,CODEGEN=ASEM51,DBG_FETCH=0,DBG_TRACE=0,EEPROM=0,EID=1,HWDOG=0,IRAM=2
X1,CRYSTAL,CRYSTAL,EID=E,FREQ=1MHz,PACKAGE=XTAL18
```

Clipboard　　　　　Save As　　　　　Close

图 7 - 49　输出网络表内容

9. 电气检测

绘制好电路图并生成网络表后，可以进行电气检测。执行菜单命令 "Tools" →
"Electrical Rule Check" 或单击按钮 ，弹出如图 7 - 50 所示的电气检测结果窗口。此窗口中，前面是一些文本信息，接着是电气检测结果，若有错，就会有详细的说明。从窗口内容中可看出，网络表已产生，并且无电气错误。

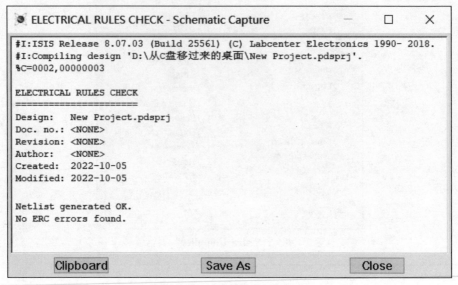

图 7-50　电气检测结果窗口

7.3　流水灯控制示例

1. 设计要求

使用单片机 P2 口实现 8 个 LED 的流水灯（D1～D8）控制。

2. 硬件设计

由单片机 P2 口的内部结构可知，作为输出端口驱动 LED 时，需外接限流电阻。限流电阻通常可取 470Ω。在桌面上双击图标，打开 Proteus 8 Professional 软件。新建一个 DE、FAULT 模板，添加表 7-3 所列的元器件，并完成图 7-51 所示的硬件电路图设计。

表 7-3　流水灯项目所用元器件

序号	名称	序号	名称
1	单片机 AT89C51	6	发光二极管 LED - GREEN
2	瓷片电容 CAP 30pF	7	发光二极管 LED - YELLOW
3	晶振 CRYSTAL 12MHz	8	电解电容 CAP - ELEC
4	发光二极管 LED - BULE	9	电阻 RES
5	发光二极管 LED - RED	10	按钮 BUTTON

3. 程序设计

流水灯又称跑马灯，可使用循环移位指令来实现。使用汇编语言编写源程序时，需要使用 RL A 指令，其程序流程图如图 7-52 所示。使用 C 语言编写程序时，需要使用 j=j<<1 指令，且将移位初值置为 0x01，移位后的数值需要取反再送给 P2 口。

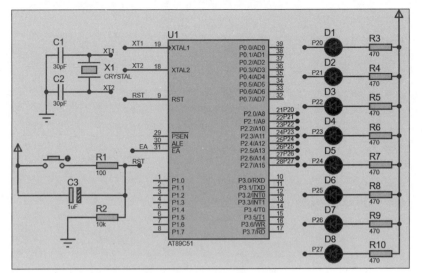

图 7-51 流水灯电路图

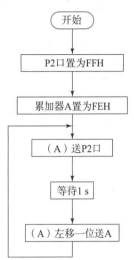

图 7-52 流水灯
程序流程图

1）汇编语言源程序

```
+       ORG     00H
        AJMP    MAIN
        ORG     0030H    ;从 RAM 内存地址 30 开始执行程序
MAIN:   MOV     PO,#OFFH  ;将 P0、P1、P2 口初始化为高电平
        MOV     P1,#0FFH
        MOV     P2,#OFFH
        MOV     A,#OFEH   ;OFEH 的二进制码为 11111110,置为 0 的引脚就会亮灯
MAIN2:  MOV     P2,A      ;(A)送 P2 口,使相应 LED 点亮
        ACALL   DELAY     ;调用延时子程序
        RL      A         ;累加器内容左移一位
        AJMP    MAIN2     ;跳转到主程序入口 MAIN2
DELAY:  MOV     R7,#10    ;延时 1 s
DE1:    MOV     R6,#200
DE2:    MOV     R5,#230
        DJNZ    R5,$
        DJNZ    R6,DE2
        DJNZ    R7,DE1
        RET
        END
```

2）C 语言源程序

```c
#include"reg51.h"
#define uint unsigned int
#define uchar unsigned char
void delay(void)
    {
        uint i,j,k;
        for(i=10;i>0;i--)
            {for(j=200;j>0;j--)
            {for(k=230;k>0;k--);}}
    }
void main(void)
    {
        uchar i,j;
        P2=0xFF;
        while(1)
            {
            j=0x01;
            for(i=0;i<8;i++)
                {
                P2=~j;
                delay();
                j=j<<1;
                }
            }
    }
```

4. 调试与仿真

打开 Keil C51 软件，创建"流水灯"项目，输入汇编语言（或 C 语言）源程序，并将该源程序文件添加到项目中。编译源程序，生成"流水灯.hex"文件。

在已绘制好的 Proteus 电路图中双击 AT89C51 单片机，添加在 Keil C51 中生成的"流水灯.hex"文件，实现 Keil C51 与 Proteus 的联机。

在 Proteus 电路图绘制软件的编辑窗口中单击按钮▶，可以看到，首先 D1 点亮，等待 1 s 后熄灭；同时 D2 点亮，同样等待 1 s 后熄灭；……，D8 点亮，等待 1 s 熄灭后；D1 点亮……如此循环，其运行结果如图 7-53 所示。

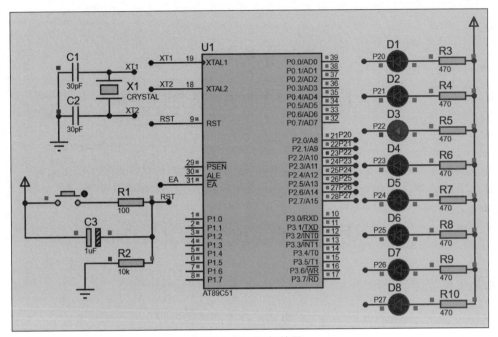

图 7-53　运行结果

第 8 章

单片机工程应用综合实例

本章列出了几种类型单片机的综合应用案例，这些案例具有一定的工程应用特点和创新性，技术上涵盖了目前较为流行的硬件模块，代表了单片机应用的前沿技术，供读者参考。

8.1　UWB室内定位系统设计与应用

8.1.1　实现功能

随着社会各个行业的发展以及无线电通信技术的进步，流水线生产越发常见，对高精度无线电定位需求日益增长，超宽带（Ultra Wide Band，UWB）技术作为当前室内定位精度最高的技术，可以进行三维坐标计算与获取，实现检测报警功能。UWB技术可以通过检测目标定位标签，准确计算出其坐标位置，判断流程进展是否存在操作不当、位置偏离等问题，在发现问题时及时触发报警。该系统可以被应用于实验室或化工机械台操作检测与危险警报，同时可以应用于电子围栏或目标追踪，从而限制相关目标的移动，防止越界。

UWB系统在功率谱密度很低的情况下，已经证实能够在户内提供超过480 Mb/s的可靠数据传输。与当前流行的短距离无线通信技术相比，UWB技术具有巨大的数据传输速率优势，可以提供高达1 000 Mb/s以上的传输速率。UWB技术在无线通信方面的创新性、效益性已引起了全球业界的关注。与蓝牙、802.11b、802.15等无线通信相比，UWB技术可以提供更快、更远、更宽的传输速率，越来越多的研究者投入UWB领域，有的单纯开发UWB技术，有的开发UWB应用，有的兼而有之。

UWB信号采用持续时间很短的窄脉冲，具有较强的时间和空间分辨率，系统的多径分辨率高，整个系统能够充分利用发射信号的能量。此外，UWB定位信号具有良好的抗多径性能，对于信道衰减不敏感，接收机通过分级便可以获得很强的抗衰减能力，在室内或者建筑物比较密集的场合可以获得良好的定位效果，同时在进行测距、定位、跟踪时也能达到更高的精度，可实现轨迹显示、定位报警、顺序报警等功能。

8.1.2　室内定位原理

室内定位技术目前主要分为WiFi定位技术、蓝牙定位技术、ZigBee技术、超宽带技术等。超宽带技术解决了困扰传统无线技术多年的有关传播方面的重大难题，它具有对信道衰落不敏感、发射信号功率谱密度低、截获能力低、系统复杂度低、能提供数厘米的定位精度等优点。它不需要使用传统通信体制中的载波，而是通过发送和接收具有纳秒或纳秒级以下的极窄脉冲来传输数据，从而具有GHz量级的带宽。与传统的窄带系统相比，UWB通信具有穿透力强、功耗低、抗多径效果好、安全性高、系统复杂度低、能提供精确定位精度等优点。UWB 技术在时域的高分辨率能力，为无线定位提供了一种极好的手段，其定位的基本机制包括基于到达角度、基于到达时间、基于到达时间差以及基于到达信号强度等。本项目采取的是基于到达时间定位。

实现利用 UWB 定位，一般需要布设 3 个基站，分别为 A、B、C，以及 1 个或者多个标签。基站固定不动，标签可移动，通过基站与标签的通信实现测距。测距方法主要有单侧双向测距、双边双向测距、三边双向测距等，各有优势。

1. 单侧双向测距

基于到达时间（TOA）定位方式的原理是利用目标节点向基站发送信标，信标到达基站时会产生传播时延，通过这个时延进而实现距离的测量。定位原理公式为

$$d = c \times \Delta t$$

式中，Δt 为电磁波从标签到基站的传播时间；c 为电磁波在空气中的传播速度；d 为两者之间的距离。此方案称为单侧双向测距。

单侧双向测距方案相对简单，但误差较大。

2. 双边双向测距

双边双向测距是在传统单侧双向测距算法基础上增加了一次传输，以达到更高的测距精度。即当标签收到来自基站的 Resp 消息后，再发送一条 Final 消息（其中 Resp 是由基站发给标签的 8 个字节消息，Final 是由 33 个字节组成），以此再完成一次测距。在 A 和 B 每一次发送数据和收到数据时，都要记录当前时间戳。这样，通过时间戳相减，就可以得到传输时间差：

$$T_{\text{prop}} = \frac{T_{\text{round1}} \times T_{\text{round2}} - T_{\text{reply1}} \times T_{\text{reply2}}}{T_{\text{round1}} + T_{\text{round2}} + T_{\text{reply1}} + T_{\text{reply2}}}$$

有了 T_{TOF}，再乘以光速 C，便可计算出两点间的距离 $D = C \times T_{\text{TOF}}$。

与上述传统单侧双向测距算法相比，该算法的优势是可以减少标签发送消息的数量，降低标签功耗。

由此可知，标签与每个基站之间进行测距时，标签需要发送 Poll 和 Final 两条消息，基站需要发送一条 Resp 消息。但这种测距方法运用在本系统中时，由于存在多个基站，若每次测距都需要定位标签分别向 3 个基站发送两条消息，过于耗电。故在此基础上使用 ADSTWR 算法的改进版本，图 8 – 1 为利用三次双边测距算法。

可得计算过程如下：

$$T_{\text{propA}} = \frac{T_{\text{round1A}} \times T_{\text{round2A}} - T_{\text{reply1A}} \times T_{\text{reply2A}}}{T_{\text{round1A}} + T_{\text{round2A}} + T_{\text{reply1A}} + T_{\text{reply2A}}}$$

$$T_{\text{propB}} = \frac{T_{\text{round1B}} \times T_{\text{round2B}} - T_{\text{reply1B}} \times T_{\text{reply2B}}}{T_{\text{round1B}} + T_{\text{round2B}} + T_{\text{reply1B}} + T_{\text{reply2B}}}$$

$$T_{\text{propC}} = \frac{T_{\text{round1C}} \times T_{\text{round2C}} - T_{\text{reply1C}} \times T_{\text{reply2C}}}{T_{\text{round1C}} + T_{\text{round2C}} + T_{\text{reply1C}} + T_{\text{reply2C}}}$$

使用如图 8 – 1 所示的方法进行测距。标签发送一条 Poll 消息，3 个基站依次回复 Resp 消息，标签在收到 3 个基站的 Resp 消息后再一起发送 Final 消息，以此为一个测距周期进行测距，则完成一次测距只需两次发送。该算法与上述传统 ADSTWR 算法相比的优势是可以

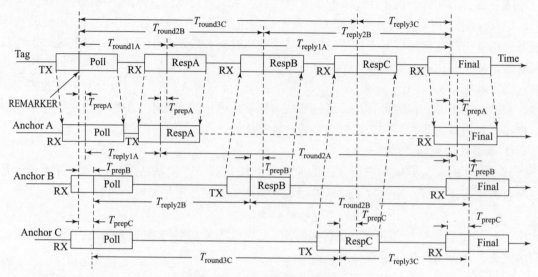

图 8 - 1　利用三次双边测距算法

减少标签发送消息的数量，降低标签功耗。

以基站 A 为例。计算 T_{propA} 需要 4 个参数：$T_{round1A}$、$T_{round2A}$、$T_{reply1A}$ 和 $T_{reply2A}$。

$$T_{propA} = \frac{T_{round1A} \times T_{round2A} - T_{reply1A} \times T_{reply2A}}{T_{round1A} + T_{round2A} + T_{reply1A} + T_{reply2A}}$$

T_{replyA} 是收到 Poll 到发送 RespA 之间的时间，自身测得；$T_{round2A}$ 是收到 RespA 到收到 Final 之间的时间，自身测得；$T_{reply2A}$ 和 $T_{round1A}$ 是标签测得的时间，通过 Final 消息发送给基站 A。基站 A 得到 4 个参数即可计算飞行时间 T_{propA}，及基站 A 到标签的距离。标签与基站 B、C、D 之间的测距方法同 A。

3. 三边双向测距

三边双向测距则是标签发送一条消息，3 个基站依次回复 Resp 消息，标签在收到 3 个基站的 Resp 消息后再一起发送 Final 消息，以此为一个测距周期进行测距，则完成一次测距只需两次发送。

三边定位算法的原理如图 8 - 2 所示。

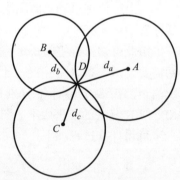

以三个节点 A、B、C 为圆心作圆，坐标分别为 (X_a, Y_a)，(X_b, Y_b)，(X_c, Y_c)，这三个圆周相交于一点 D，交点 D 即为移动节点，A、B、C 即为参考节点，A、B、C 与交点 D 的距离分别为 d_a，d_b，d_c。假设交点 D 的坐标为 (X, Y)。

图 8 - 2　三边定位算法的原理

可建立方程组：

$$\begin{cases} \sqrt{(X - X_a)^2 + (Y - Y_a)^2} = d_a \\ \sqrt{(X - X_b)^2 + (Y - Y_b)^2} = d_b \\ \sqrt{(X - X_c)^2 + (Y - Y_c)^2} = d_c \end{cases}$$

由上式可以得到交点 D 的坐标为

$$\begin{bmatrix} X \\ Y \end{bmatrix} = \begin{bmatrix} 2(X_a - X_c) & 2(Y_a - Y_c) \\ 2(X_b - X_c) & 2(Y_b - Y_c) \end{bmatrix}^{-1} \begin{bmatrix} X_a^2 - X_c^2 + Y_a^2 - Y_c^2 + d_c^2 - d_a^2 \\ X_a^2 - X_c^2 + Y_b^2 - Y_c^2 + d_c^2 - d_b^2 \end{bmatrix}$$

在空间中同理，已知空间中 3 点 A、B、C 的坐标，知道被测点 D 到 A、B、C 的距离，得出被测点 D 的坐标。通过三边双向测距方法，D 分别对 A、B、C 测距，即可得出自身坐标。

在程序中，利用三边定位算法计算基站的三维坐标核心函数 GetLocation( )。其调用格式为：

```
int GetLocation(vec3d * best_solution, int use4thAnchor, vec3d * anchorArray, int*distanceArray)
```

在四个参数中 "*best_solution" 参数指向的是最终坐标的地址，vec3d 是一个结构类型；"use4thAnchor" 参数定义为当使用 3 个基站进行定位时 use4thAnchor 等于 0，如果使用 4 个基站进行定位，use4thAnchor 等于 1；"anchoArray" 需要传入的是基站的坐标位置；"*distanceArray" 是基站到标签的距离。

GetLocation 函数计算三维坐标的基本原理为：如果只有三个基站，以三个基站为球心，不断增大三个球的半径，直至三个球的交点为标签所在位置，进而计算出标签坐标。如果有四个基站，会在使用前三个基站计算标签坐标的基础上，利用第四个基站的位置信息寻找出最优坐标，使得 GDOP（Geometric Dilution of Precision，几何精度衰减因子）尽量小。更小的 GDOP 意味着更高的交叉点精度。

在系统中，基于 GetLocation 函数设计了自适应三边定位算法，其基本原理为：在调用 GetLocation 函数计算标签三维坐标之前，利用冒泡排序算法，选出与标签距离最近的三个基站（即 A0，A1，A2，A3 中最小的三个值）。在调用 GetLocation 函数时，将参数 use4thAnchor 恒置为 0，参数 anchoArray 输入选出来的三个距离最近的基站的坐标。调用函数后可得到标签的三维坐标，并将坐标值保存在三维向量 report 中。

8.1.3　测试分析

1. 定位准确性测试

在定位系统准确性测试中，一共选取了基站构成的区域内的 21 个观测点，对每种方式进行分别重复 5 次测数据得到坐标数据，每种方式对应一组数据，表 8-1 为不同组别的基站定位设置。

表 8-1　不同组别的基站定位设置

组别	基站使用情况
1	利用 A1、A2、A3 基站进行三边定位
2	利用 A0、A2、A3 基站进行三边定位
3	利用 A0、A1、A3 基站进行三边定位
4	利用 A0、A1、A2 基站进行三边定位
5	自适应选取距离最近的三个基站进行三边定位
6	将组别 1、2、3、4 的结果取平均作为定位结果

其中，基站 A0 坐标为（0, 5.32, 0），基站 A1 坐标为（5.4, 5.32, 0），基站 A2 坐标为（0, 0, 0），基站 A3 坐标为（5.4, 0, 0）。选取 21 个观测点中的 10 个观测点数据进行分析，并对每个组别每个观测点重复测量的数据取平均值作为最终位置数据，计算其与实际位置的欧氏距离差可以得到 2D（不考虑 Z 方向）误差以及 3D 误差。由实验数据可以得到，2D 情况下的定位效果较优，对不同组别的 2D 欧氏距离误差折线图如图 8-3 所示。

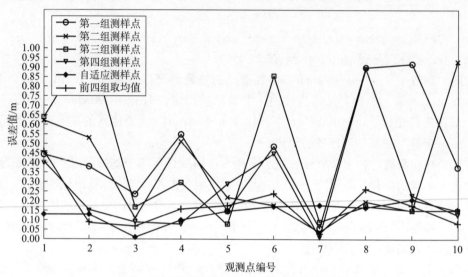

图 8-3　不同组别的 2D 欧氏距离误差折线图

如图 8-3 所示，可以分析当仅仅取固定的三个基站作为三边定位点时（对应前四组），总会存在观测点有着较大的 2D 误差，这是由于误差较大的观测点远离三基站造成的。使用取平均的方式使得三边算法的交叉区域扩大，可以明显地均衡较大误差，但是这显然不是最优解。

利用自适应定位算法，直接选择靠近观测点最近的三基站进行定位，可以绝对意义上避免因距离太远而带来的较大误差。以此算法得到的定位结果不会产生其他组别中不可避免的较大误差观测点，测得平均误差为 0.139 m，最大误差仅为 0.206 m，具有较好的定位精度。

针对每一组别的测量，系统测量精度会在每一次测量中发生变化。为了研究误差作为随机变量在每一组中以不同值产生的可能性，可以分析数据得到每组误差值的概率密度空间，并以此作为指标衡量不同定位方式的数据稳定性。

如图 8-4 所示，可以分析出自适应算法下误差概率密度函数有最为明显的峰值，表明该组数据的离散程度最小，且能以较大概率取得中心值，绝大多数的误差集中在 0~0.3。其次是均值组，也存在着尖峰，相对于 1~4 组更为精确，但与自适应算法组仍有差距。该图印证了自适应算法相对于固定基站以及平均算法的优越性。

对于每个组别，可以计算其正态总体参数均值 μ 的置信区间，当方差未知时，由抽样分布定理，有

$$T = \frac{\bar{X} - \mu}{S/\sqrt{n}} \sim t_{n-1}$$

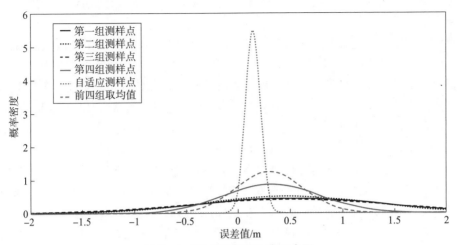

图 8 - 4　2D 坐标数据正态拟合图

可以得到估计偏差

$$\sigma = t_{n-1}\left(\frac{\alpha}{2}\right)\frac{S}{\sqrt{n}}$$

式中，S 为每组数据的标准差；n 为每组数据的样本数量，在本次数据分析中，取 $n = 50$；取 $P = 0.95$，即 $\alpha = 0.05$。分别对每组数据的 2D、3D 欧拉距离误差进行分析，其中分析的主要指标 σ 代表了数据的聚集程度。在实际定位中，定位的稳定性是一个重要的衡量标准。σ 越小，则置信区间越短，说明数据的聚集程度越高，定位的稳定性越好。具体分析结果如图 8 - 5 所示。

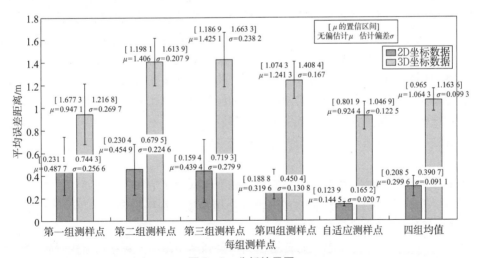

图 8 - 5　分析结果图

根据中心极限定理以及统计估计的计算，得出不同的情况下均值 μ 的置信区间（$P = 0.95$），并以柱状图的形式直观表现。由图 8 - 5 分析可得，自适应算法下，2D 误差有着最小的均值 μ 和置信区间；在 3D 情况下，也有着最小的均值 μ 和仅大于四组均值的置信区间。总体来说，自适应算法测得的数据同时具有"低误差"和"高稳定性"的特点。

2. 警报系统测试

在测试过程中，首先在程序中规定了四个半径为 0.25 m 的圆形工作区域，圆心的坐标分别为 (5，0，0)，(3，0，0)，(3，2，0)，(3，4，0)。然后启动所有装置，开始测试：

当标签远离第一个工作区超过 2 m 时，蜂鸣器响起，红灯点亮，完成远离工作区报警检测。当标签进入第一个工作区时，LED 灯 X1.0 亮起。按下按键 X1，LED 灯 X1.1 亮起，同时点阵显示前行的指示箭头。若此时未按下按键 X1，而按下其他三个按键，蜂鸣器响起，红灯点亮，完成操作顺序报警检测。只有在正确按下按键 X1 后，报警才会停止。

当标签进入第二个工作区时，LED 灯 X2.0 亮起。按下按键 X2，LED 灯 X2.1 亮起，同时点阵显示右转的指示箭头。若此时未按下按键 X2，而按下其他三个按键，蜂鸣器响起，红灯点亮，完成操作顺序报警检测。只有在正确按下按键 X2 后，报警才会停止。

当标签进入第三个工作区时，LED 灯 X3.0 亮起。按下按键 X3，LED 灯 X3.1 亮起，同时点阵显示前行的指示箭头。若此时未按下按键 X3，而按下其他三个按键，蜂鸣器响起，红灯点亮，完成操作顺序报警检测。只有在正确按下按键 X3 后，报警才会停止。

当标签进入第四个工作区时，LED 灯 X4.0 亮起。按下按键 X4，LED 灯 X4.1 亮起，同时点阵显示笑脸图案，表示所有工序均已完成。若此时未按下按键 X4，而按下其他三个按键，蜂鸣器响起，红灯点亮，完成操作顺序报警检测。只有在正确按下按键 X4 后，报警才会停止。

8.1.4 室内组网分类

基站系统由每 4 个基站一组自组网构成，其中负责与主控电脑相连接并向电脑传输数据的一个基站称为网关基站，其余 3 个为从基站，从基站与网关基站相连并向网关基站传输数据。在正常运行时，使用者可自行放置基站的位置并向计算机输入基站位置信息，当定位标签处于由 4 个基站包围形成的空间区域内时，主控计算机通过以太网/WiFi 与网关基站通信，定位标签不断地发射 UWB 信号，被周围的基站接收到后，基站获取周边位置及距离信息，在计算机中建立虚拟地图，通过多种不同的算法得到运算结果，可实时显示并读取标签位置信息。将网关基站和电脑的以太网配置为相同的网段，在网页中打开相应的网址。在页面中设定四个基站的位置，可实时查看定位标签的位置，并更改标签的发送数据的时间和唤醒时间等参数。另外可根据实际情况自定义区域形状，以应用于不同的环境。上位机部分需要配置环境和定位标签。

定位标签的坐标传输与获取的方法需要首先架起网关基站和 3 个从基站，同时测量 3 个从基站与网关基站间的距离，按照公司提供的使用视频，利用设定好的 IP 地址进行位置坐标设定，从而在空间中构建三维坐标系。

在此坐标系下，定位标签会实时传送位置信息到网关基站，频率可自由设定，经过多次试验，设定为 200 ms/5 Hz 的频率传送一次为宜。网关基站可通过网线与计算机相连，便可在计算机上实时获取定位标签的坐标。

选择使用 Linux 系统，在 Linux 系统下使用 C 语言，利用已有的并可从网络下载的 paho 库，以代码的形式实时获取到定位标签的坐标。代码可见附录对应内容。具体操作方式为，定位标签将自身位置信息通过网关基站传送到计算机上，通过 mqtt 协议和 paho 库，在 Linux

系统下利用 C 语言获取到该位置坐标，同时按照字符输出。C 语言中的代码可以进行监测和判断该位置坐标是否符合规范。该代码会通过"MQTTClient.h"库不断地获取定位标签最新的位置坐标，直到错误或者手动输入字符 q 才会停止。将每一次获取的位置坐标的 x、y、z 值分别存成 double 型数据，便于以后使用。该系统所包含元器件清单如表 8 - 2 所示。

表 8 - 2　元器件清单

序号	名称	标称值
1	单片机	STM32F103RCT6
2	蓝牙模块	HC - 05
3	开关	KCD112
4	驱动模块	L298N
5	稳压模块	MK204
6	锂电池组	12V
7	UWB 基站 A0	
8	UWB 基站 A1	
9	UWB 基站 A2	
10	标签	
11	直流编码器电机	
12	LED 灯	
13	蜂鸣器	
14	点阵	
15	电阻	

8.1.5　定位系统硬件设计

为了能够模拟真实的操作流程，实现流水线检测功能，并对操作员的操作顺序和位置信息进行报警处理，需要对流水线中各工作区的操作指示、具体操作动作、操作完成提示、错误警报等模块进行设计。在这里将操作面板设计为随操作员移动，每个工作区的操作动作简化为按下按键，操作指示简化为指示灯亮起，错误警报简化为蜂鸣器和警报灯同时亮起。

具体电路原理图设计分为芯片模块、通信模块、警报模块、指示灯模块、按键模块和行动指示等模块，如图 8 - 6 所示。

在该设计中，共有 4 个按键（从左至右命名为 SW1、SW2、SW3、SW4），由 PA/PE 系列管脚进行监控，初始化 PE8/10/12/14 管脚为输出高电位模式，PA 0/1/5/7 管脚为输入模式，以监控按键的连通状态，当 PA 管脚接收到高电位信息，即证明按键接通。4 个按键分

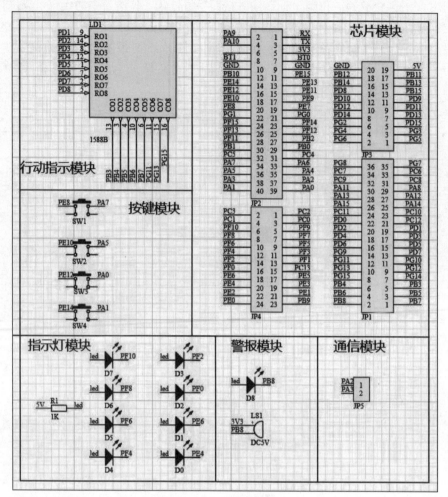

图 8 - 6   电路原理图

别模拟在流水线中 4 个不同的工作区需完成的 4 个操作动作。

8 个 LED 灯（D0，D1，D2，D3，D4，D5，D6，D7），2 个为一组（D0，D1 为一组，依次类推，共设计有 4 组 LED 灯，分别负责 4 个工作区域的工作指示），由 PE/PF 系列管脚和 5 V 电源、限流电阻进行控制，5 V 电源支路连接 8 个 LED 灯的正极管脚，初始化 PF0/2/4/6/8/10 和 PE4/6 管脚为输出高电位，当满足指示灯点亮条件时，相应的管脚输出低电位，激励 LED 灯亮起。以第一组的 LED 灯为例进行说明：当操作者进入相对应的工作区 1 后，D0 绿灯就会亮起，提示操作者可以进行相应的操作动作（即按下按键 SW1），当完成操作动作后，操作完成指示灯 D1 绿灯就会亮起。即说明操作者在此工作区的全部工作已经完成，可以移动到下一个工作区进行操作。

在此过程中，行动指示模块也会进行相应的配合，完成行动指示所需的 8 × 8 LED 点阵，由 STM32 的 PD、PB、PG 系列管脚进行控制，该点阵图采用共阳极封装，PD 1/2/3/4/5/6/7/8 控制点阵每行的使能，PB3/4/5/6/7 和 PG11/13/15 控制点阵每列的使能，LED 8 × 8 点阵使用的是共阳极封装，当对应的行高电位，对应的列低电位时，LED 灯才会亮起。初始化时将控制点阵所需的所有管脚设置为输出高电位，运用人眼滞留效应不断刷新点阵图案，从而得到需要的图案。每当操作者完成工作区的工作后，行动指示模块的 LED 点阵会以箭头的形式提供给操作者下一个工作区的相对位置方向，指示操作者继续移动。当全部操作完成后，行动指示点阵会显示笑脸以提示本次操作均已按规定顺序完成。

警报模块中的蜂鸣器 LS1 和 LED 灯 D8，由 STM32 PB8 管脚进行控制，PB8 管脚初始设置为输出高电位，当满足报警条件时（操作者超出安全工作区域或操作者操作顺序有误），PB8 输出低电位，激励 LS1 和 D8 进行报警。

通信模块连接的是串口通信所需要的 PA2/3 管脚，用 2.54 mm 的 1×2 排针进行信号输入，在使用时用跳线将 STM32 的管脚与标签的通信端口进行连接。将标签内收到的数据输入单片机中从而进行处理。

印制电路制作完成后，得到合格印制板之后，可进行清洗、去氧化（砂纸打磨）等预处理，即可进行焊装。

焊装过程一般应遵循以下基本原则：

①有贴片元器件时，应先进行表贴元器件焊装。

②要考虑各元器件空间位置关系，排定焊装顺序，一般"先低后高"。

③先焊装耐高温、无静电损伤的器件，比如一些无源器件，而一些小元器件不能长时间受热，应后焊装。

④手工焊装后处理包括元器件管脚剪裁、焊点质量目测、补焊和电连接测试。

电路各部分功能的测试和调整步骤如下：

①按键和绿色 LED 灯测试。使用万用表测试按键和 LED 灯焊接是否正常可靠。编写程序使主控板 STM32 的相应管脚输出高电平或低电平，测试按键按下时，相应指示灯能否亮起。

②蜂鸣器和红色 LED 灯测试。使用万用表测试按键和 LED 灯焊接是否正常可靠。编写测试程序使主控板 STM32 的相应管脚输出高电平或低电平，测试按键按下时，蜂鸣器能否正常报警，红色 LED 灯能否亮起。

③点阵测试。使用万用表测试点阵各管脚焊接是否正常可靠。编写测试程序使主控板 STM32 的相应管脚输出高电平或低电平，测试点阵的各行、各列能否正常点亮。

④通信端口测试。将 HR - RTLS1 套件中的标签的 RX/TX 管脚分别与通信端口的 TX/RX 管脚相连，开启主控板 STM32 的串口 2 中断，利用串口调试助手测试标签与主控板之间能否进行串口通信。

⑤ULM1 定位基站/标签一体化模块。实验所用硬件模块为高精度实时定位系统 HR - RTLS；该系统由 ULM1 标签/定位基站一体化模块（图 8 - 7）组成，具有定位精度高、设计资料全部开源、使用 STM32F103 作为主控 MCU、多标签支持等优点；系统集 UWB 通信、TWR 测距、三边测距算法三大核心技术于一体，套件稳定性高、可靠性高。其原理图如图 8 - 8 所示。

该模块符合 IEEE 802.15.4 - 2011 超宽带标准；支持从 3.5 GHz 到 6.5 GHz 的 4 个射频波段；发射端输出功率编程可控；完全相干接收机，最大限度使用距离，精确度高；其设计遵守 FCC（联邦通信委员会）& ETSI（欧洲电信标准协会）UWB 的频谱标准；数据传输率为 110 Kb/s，850 Kb/s，6.8 Mb/s 三种模式；最大数据包长度为 1 023 字节，满足高数据量

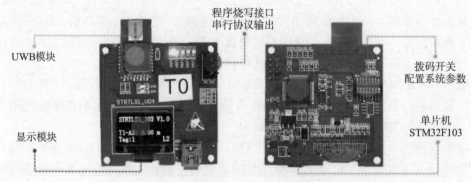

图 8-7　标签/基站一体化模块 ULM1

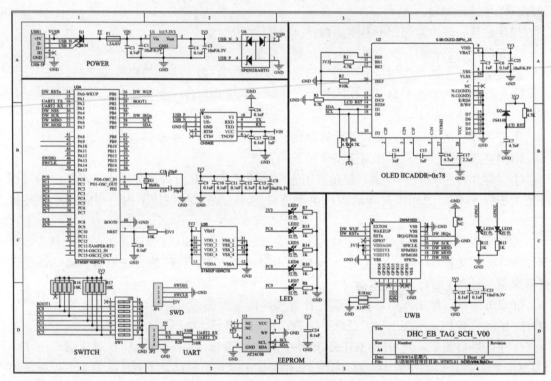

图 8-8　ULM1 标签/基站内部电路

交换的应用需求；集成 MAC 支持功能，支持双程测距和 TDOA 定位。图 8-9 为 IC 内部框图。

　　HR-RTLS 系统中的标签和基站之间相互传递定位信号时，定位帧的基本结构遵循 IEEE 802.15.4 协议。IEEE 802.15.4 描述了低速率无线个人局域网的物理层和媒体接入控制协议。IEEE 802.15.4 MAC 层帧结构的设计是以用最低复杂度实现在多噪声无线信道环境下的可靠数据传输为目标的。每个 MAC 子层的帧都包含帧头、负载和帧尾三部分。帧头部分由帧控制信息、帧序列号和地址信息组成。MAC 子层的负载部分长度可变，负载的具体内容由帧类型决定。帧尾部分是帧头和负载数据的 16 位 CRC（FCS）校验序列。在 MAC 子

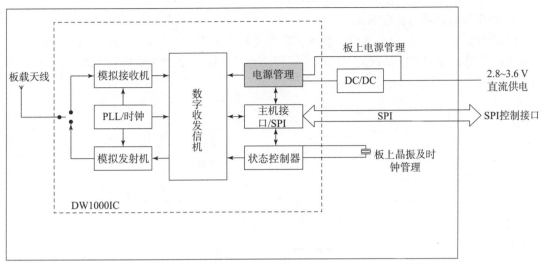

图 8－9　IC 内部框图

层中设备地址有两种格式：16 位（两个字节）的短地址和 64 位（8 个字节）的扩展地址。16 位短地址是设备与个域网协调器关联时，由协调器分配的个域网内局部地址；64 位扩展地址则是全球唯一地址，在设备进入网络之前就分配好了。16 位短地址只能保证在个域网内部是唯一的，所以在使用 16 位短地址通信时需要结合 16 位的个域网网络标识符才有意义。

HR－RTLS 系统采用双边双向飞行时间法进行测距。为了省电，标签发送一个广播 Poll，等待收到 3 个基站的 Resp 消息后，发送 Final，完成一次三边测距只需 2 次发送。以基站 A 为例，计算 T_{propA} 需要 4 个参数：$T_{round1A}$、$T_{round2A}$、$T_{reply1A}$ 和 $T_{reply2A}$。$T_{reply1A}$ 是收到 Poll 到发送 $Resp_A$ 之间的时间，自身测得；$T_{round2A}$ 是收到 $RespA$ 到收到 Final 之间的时间，自身测得；$T_{reply2A}$ 和 $T_{round1A}$ 是标签测得的时间，通过 Final 消息发送给基站 A。基站 A 得到 4 个参数即可计算飞行时间 T_{propA}，及基站 A 到标签的距离。基站 B、C、D 同理。

8.1.6　产品安装实现

1. 位置显示设计

每个标签和基站上的控制核心都为 STM32 单片机，该单片机主要用于数据处理、实时通信。单片机通过检测标签信号并进行处理和计算后，得到与各个基站之间的距离信息，然后通过一定的通信协议与各个基站进行通信，使得每个基站都能够知道当前标签到各个基站的距离。

基站或者标签模块的 STM32 单片机把距离数据传送给上位机，上位机通过一定的算法得到位置信息（标签的坐标），利用 mqtt 协议，通过订阅网段的方式将坐标传送至 python 中，利用 matplotlib 中的 FuncAnimation 方法实现实时二维和三维轨迹的绘制。

设计轨迹绘制方案时，综合考虑实时性和可实现性，提出了两种解决方案：第一种方案是在计算机的 Windows 系统中利用 matplotlib 中的 FuncAnimation 方法完成轨迹绘制。第二种方案是在 Ubuntu 中，将坐标输出到 TXT 文件中，再进行下一步的绘图。经过对比和分析，前者有更好的处理性能，技术上更容易实现。

2. 小车位置显示与报警系统

模拟大型工厂中通过 UWB 定位技术实现的物料配送车辆的实时追踪以及车辆位于危险区域时的报警系统，可以精确地得到车辆运行轨迹与当前位置。系统的工作流程如图 8 - 10 所示。

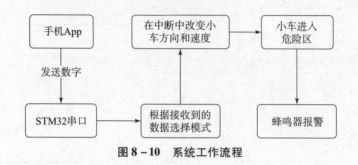

图 8 - 10　系统工作流程

1）小车控制和驱动代码

定时器中断每隔 10ms 控制一次速度，在调试过程中发现在同一个脉冲宽度调制（Pulse Width Modulation，PWM）波的控制下两个电机转速并不相同，因此增加了编码器的输入捕获模式。每隔 10ms 进行一次速度调节，根据设定的目标速度与实际转速比较完成速度的精确控制。额外增加了编码器的向上和向下计数模式，能够相应地完成正转和反转。图 8 - 11 显示了中断控制相关代码。

```
if(TIM_GetFlagStatus(TIM5,TIM_FLAG_Update)==SET)
{
//    Encoder_Init_TIM2();
 if(Target_velocity2>0)TIM_TimeBaseStructure.TIM_CounterMode = TIM_CounterMode_Up ;////TIM向上计数
  else TIM_TimeBaseStructure.TIM_CounterMode = TIM_CounterMode_Down ;////TIM向下计数
//    TIM_ClearITPendingBit(TIM3,TIM_IT_Update);    //===清除定时器1中断标志位
  Encoder=Read_Encoder(2);                //取定时器2计数器的值
  Led_Flash(100);                         //LED闪烁
  moto=Incremental_PI2(Encoder,Target_velocity2);    //===位置PID控制器
  Xianfu_Pwm();
  Set_PwmA(moto);
}

 if(TIM_GetFlagStatus(TIM5,TIM_FLAG_Update)==SET)
{
//    Encoder_Init_TIM2();
 if(Target_velocity4>0)TIM_TimeBaseStructure.TIM_CounterMode = TIM_CounterMode_Up ;////TIM向上计数
  else TIM_TimeBaseStructure.TIM_CounterMode = TIM_CounterMode_Down ;////TIM向下计数
TIM_ClearITPendingBit(TIM5,TIM_IT_Update);    //===清除定时器1中断标志位
  Encoder=Read_Encoder(4);                //取定时器4计数器的值
  Led_Flash(100);                         //LED闪烁
  moto=Incremental_PI4 (Encoder,Target_velocity4);    //===位置PID控制器
  Xianfu_Pwm();
  Set_PwmB(moto);
}
```

图 8 - 11　中断控制相关代码

直流编码器通过 L298N 驱动模块驱动电机。为保证两轮速度在行驶时稳定，采用增量 PI 控制器进行速度控制。函数中输入编码器测量值、目标速度和返回值。电机 PWM 采用 PID 算法快速调节两轮的转速，实现方向的精确控制。具体代码如图 8 - 12 所示。

其中增量式离散 PID 公式为：$pwm + = Kp[e(k) - e(k-1)] + Ki * e(k) + Kd[e(k) -$

$$2e(k-1)+e(k-2)]$$

```
203    int Incremental_PI2 (int Encoder,int Target)
204  {
205        float Kp=20,Ki=30;
206        static int Bias,Pwma,Last_bias;
207        Bias=Encoder-Target;                        //计算偏差
208        Pwma+=Kp*(Bias-Last_bias)+Ki*Bias;          //增量式PI控制器
209        Last_bias=Bias;                             //保存上一次偏差
210        return Pwma;                                //增量输出
211  }
212    int Incremental_PI4 (int Encoder,int Target)
213  {
214        float Kp=20,Ki=30;
215        static int Bias1,Pwmb,Last_bias1;
216        Bias1=Encoder-Target;                       //计算偏差
217        Pwmb+=Kp*(Bias1-Last_bias1)+Ki*Bias1;       //增量式PI控制器
218        Last_bias1=Bias1;                           //保存上一次偏差
219        return Pwmb;                                //增量输出
220  }
221
```

图 8 - 12　PID 算法相关代码

2）方向的改变与控制

采用蓝牙模块 HC - 05，利用串口发送数据，并在 STM32 的 USART1 串口中断中完成接收，在定时器中断 5 中改变小车的运动状态，如图 8 - 13 所示。

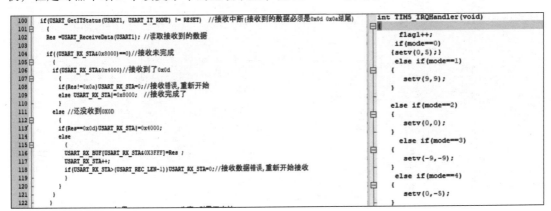

图 8 - 13　串口接收数据在中断中读取模式并改变速度实现方向的变化

3）直流电机的驱动

直流电机接线图如图 8 - 14 所示，图 8 - 15 为其电路原理图。

4）电路连接方法

图 8 - 16 展示了驱动电路的连接方法。

完成上面的接线之后，就可以开始控制电机了。图 8 - 16 中红色部分的 5 个引脚控制一路电机，蓝色部分的控制另外一路电机，这里只接其中的 A 路，B 路的使用是一样的。AO1 和 AO2 分别接到电机的 + 和 -。然后通过 PWMA、AIN2、AIN1 控制电机。其中 PWMA 接到单片机的 PWM 引脚，一般 10 kHz 的 PWM 即可，并通过改变占空比来调节电机的速度。表 8 - 3 为其电机控制逻辑。

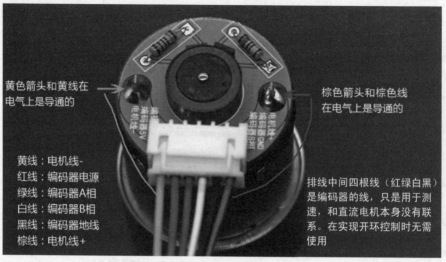

黄色箭头和黄线在
电气上是导通的

棕色箭头和棕色线
在电气上是导通的

黄线：电机线-
红线：编码器电源
绿线：编码器A相
白线：编码器B相
黑线：编码器地线
棕线：电机线+

排线中间四根线（红绿白黑）
是编码器的线，只是用于测
速，和直流电机本身没有联
系。在实现开环控制时无需
使用

图 8 – 14　直流电机接线图（附彩图）

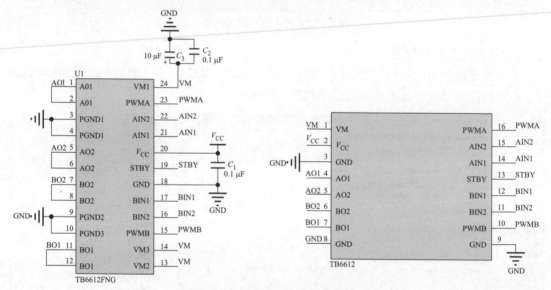

图 8 – 15　直流电机电路原理图

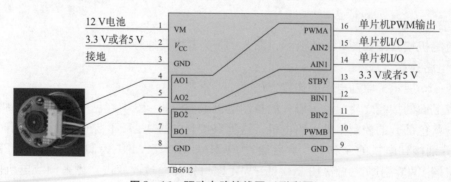

图 8 – 16　驱动电路接线图（附彩图）

表 8－3　电机控制逻辑

AIN1 控制端	0	1	0
AIN2 控制端	0	0	1
状态	停止	正转	反转

相关代码如图 8－17 所示（对寄存器进行了宏定义，便于调用）。

5）HC－05 蓝牙模块调试与使用

HC－05 蓝牙模块如图 8－18，具有两种工作模式：命令响应工作模式和自动连接工作模式。在自动连接工作模式下，模块又可分为主（Master）、从（Slave）和回环（Loopback）三种工作角色。当模块处于自动连接工作模式时，将自动根据事先设定的连接方式传输数据；当模块处于命令响应工作模式时能执行 AT 命令，用户可向模块发送各种AT 指令，为模块设定控制参数或发布控制命令。

```
#define AIN2    PBout(15)
#define AIN1    PBout(14)
#define BIN1    PBout(13)
#define BIN2    PBout(12)

#define CIN2    PBout(1)
#define CIN1    PBout(0)
#define DIN1    PBout(9)
#define DIN2    PBout(8)


#define PWMA    TIM1->CCR1    //a8
#define PWMB    TIM1->CCR4    //a11

#define PWMC    TIM1->CCR2    //a9
#define PWMD    TIM1->CCR3    //a10
```

图 8－17　宏定义代码　　　　　　　　图 8－18　HC－05 蓝牙模块

USB 转 TTL 模块与 HC－05 蓝牙模块接线时，两模块需要接通 VCC 和 GND；蓝牙模块的 RX 接转换模块的 TX，蓝牙模块的 TX 接转换模块的 RX，如图 8－18 所示。

在蓝牙模块上，指示灯快闪时，就是处于自动连接工作模式；指示灯慢闪时，就是处于命令响应工作模式。进入命令响应工作模式之后，就可以使用串口调试助手进行蓝牙调试。如图 8－19 所示是常用的 AT 指令。

给蓝牙模块上电后，在计算机操作系统的控制面板里搜索蓝牙设备并进行密码匹配，计算机与透传模块将建立起连接，如果以前没有安装过蓝牙串口设备，则系统将自动安装驱动并生成虚拟串口，设备管理器打开串口设置通信格式或者使用串口调试软件进行设置。打开这个端口时，蓝牙模块的 LED 会由快闪变为双闪，这时只需要把蓝牙模块当成计算机的固定波特率的串口一样使用即可。也可以利用手机打开蓝牙串口调试应用，用其来连接蓝牙模块。电路原理图如图 8－20 所示。

常用AT指令		
指令名	响应	含义
AT	OK	测试指令
AT+RESET	OK	模块复位
AT+VERSION?	+VERSION:<Param> OK	获得软件版本号
AT+ORGL	OK	恢复默认状态
AT+ADDR?	+ADDR:<Param> OK	获得蓝牙模块地址
AT+NAME=<Param>	OK	设置设备名称
AT+NAME?	+NAME:<Param> OK	获得设备名称
AT+PSWD=<Param>	OK	设置模块密码
AT+PSWD?	+PSWD:<Param> OK	获得模块密码
AT+UART=<Param1>,<Param2>,<Param3>	OK	设置串口参数
AT+UART?	+UART:<Param1>,<Param2>,<Param3> OK	获得串口参数

图 8-19　常用的 AT 指令

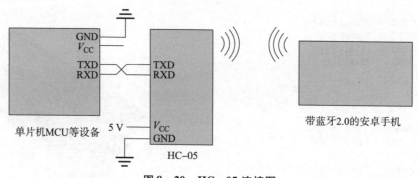

图 8-20　HC-05 连接图

3. 防误触开关报警系统

在化工设备实际应用过程中，在运行状态下，有某些开关不可触碰，如电源总开关、进料放料阀等。如何在操作员可能误触碰这些重要开关的时候发出报警，是化工领域在实际生产过程中亟须解决的问题。利用现有的设备，对定位算法进行优化后，通过 Linux 系统下的 C 语言及 Makefile 文件可解决上述问题。

在化工设备的四周摆放好前文提到的网关基站和 3 个从基站，利用这 4 个基站，在空间中建立一个三维坐标系 xyz。按照实际需求摆放好后，以网关基站作为坐标原点，测量每个从基站与网关基站间的距离，并对 4 个基站的位置坐标进行设定，以此确定整个空间中的坐标基准。

假设位置三处是设定的不能误触的开关，测量位置三距 4 个基站的距离，从而确定出该位置在所确定的坐标基准下的坐标。如果定位标签进入了位置 3 对应的坐标范围内，就认为此时操作员存在误触的可能，系统会进行报警示意。

获取每一时刻定位标签的位置坐标并存成 x、y、z 的 double 型数组后，将该位置坐标与位置 3 对应的坐标范围进行比较,如果在此坐标范围内,就使计算机蜂鸣器发声,意为报警;如不在,则程序正常运行,继续进行监测。

4. 顺序定位报警系统

在化工单位实际生产过程中,许多设备都有严格的操作流程,一旦操作顺序有误,造成的后果将不堪设想。如何在操作员操作时对其操作顺序进行实时监控并对可能存在的误操作情况及时进行提醒,同样是当前亟须解决的一个问题。

同样地,还是利用上述设备,在获得定位标签位置坐标的基础上完成相关设计,化工模拟设备及相关阀门标号如图 8 – 21 所示。

图 8 – 21 化工模拟设备

现在观察用于模拟实际情况的化工设备,正常的操作流程是先打开位置一处的阀门,随后旋转关闭,再打开位置二处的阀门。如果顺序操作有误,则会导致系统读数不准,所以,针对该化工设备,具体需要做的就是监测阀门的开关顺序。如果操作员先打开、关闭阀门一,再去打开阀门二,则系统正常工作,同时监测有无触碰到上文中的位置三;如果操作员在未打开阀门一的情况下,直接对阀门二进行操作,电脑蜂鸣器就会发出声音以示报警,同时该监测系统会停止操作,需要操作人员重新启动该程序。

软件设计的具体操作方式为:首先获取位置一、位置二距离网关基站和 3 个从基站的距离,以此确定位置一、位置二在由 4 个基站所确定的空间坐标基准下的空间坐标。

由于设定的标签唤醒频率为 200 ms/5 Hz,所以认为,如果标签连续 10 次的位置坐标没有大的变化,就可以认为该定位标签在此处有所停留,即操作员正在该区域操作设备的某一部分。

因此,每次收集到定位标签传来的坐标 x、y、z 时,会判断 x、y、z 是否分别属于位置一或位置二区域对应的坐标,同时分别建立三个存储容量为 10 的 double 型数组 x、y、z,对

应坐标 x、y、z。如果定位标签传来的坐标的 x、y、z 中有属于位置一对应区域的，就在数组的最后一位存入 1；如果有属于位置二对应区域的，就在数组的最后一位存入 -1,；如果都不属于则存入 0。每当定位标签传来一个新的坐标，就先将三个数组中存储的数据左移一位，再按照上述规则判断本次定位标签坐标的 x、y、z 对应存入数组中的数据。然后判断，如果 x、y、z 的数组各数据之和为 25，则证明定位标签处于位置一，令标志记录器 flag = 1，否则为 0；如果 x、y、z 的数组各数据之和为 -25，则证明定位标签处于位置二；如果既不是 25 也不是 -25，证明不在上述区域。

现在进行顺序定位系统的判断。如果出现 x、y、z 的数组各数据之和为 -25，证明此时操作员在位置二处进行操作，判断 flag 的值：如果 flag = 1，证明此时操作员已经在位置一操作过了，即操作符合流程，系统正常运行，报警系统正常工作，但之后的代码中，顺序定位报警系统部分的程序会被跳过，因为此时已经判断操作员操作无失误了；如果 flag = 0，证明操作员在操作位置二时，并没有先操作位置一，属于违反操作规范，故系统进行报警，报警结束后整个监控系统直接退出，需要重新启动才能正常操作，此处设置是为了使操作员通过重启系统冷静下来，重新学习操作规程并按规程完成下次操作。

5. 实验结果展示

1）危险设备错误操作报警系统

在图 8 - 22 中，假定阀门一为放气开关，阀门二为上水开关，阀门三为运行总开关，在报警方法步骤中，标签在 3 个阀门邻近区域内均会产生报警，在顺序定位报警系统中只有依次通过阀门一、二、三操作才正确，不产生报警。首先由操作者佩带标签触碰危险开关，可听到危险报警声；接着按正确顺序操作，未触发警报；最后按错误顺序操作触发警报并退出程序。

图 8 - 22　实验多用模拟化工设备

2）车辆位置显示与报警系统展示

首先将小车放置在布设好的区域内，如图 8 - 23 所示，然后进入危险区，如图 8 - 24 所示，可听到危险报警声，在驶离危险区后报警声停止；接着按正确顺序操作，未触发警报；最后按错误顺序操作触发警报并退出程序。

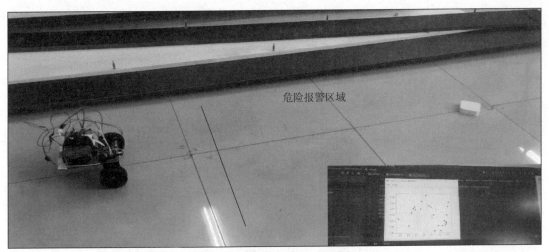

图 8 – 23　小车在布设好的区域

图 8 – 24　经过危险区域

3）UWB 基站组网

常见架构及本系统架构形式如图 8 – 25 所示。架构 1 每台基站均需连接以太网，该架构的缺点是对系统的整体布线和部署难度增大，且须选用多口交换机，增加硬件成本。架构 2 为全部基站自组网架构，通过一个基站连接交换机，该架构的缺点是其中一个基站失效后，组网将断开，造成整个系统瘫痪，不适用于工业和稳定场景应用。而本系统架构综合架构 1 和架构 2 的优点，4 个基站为一组组建自组网，每组一台主机连接以太网，有效避免了架构 1 和架构 2 的缺点，是较优的架构形式。

（1）定位精度高

系统以现有 UWB 定位为基础，结合双边测距和三边测距算法，使定位标签能够适配各种复杂的现场条件，并使定位精度达到 10 cm。本系统在模拟实验中，定位误差在 20 cm 以内，满足实际需求。

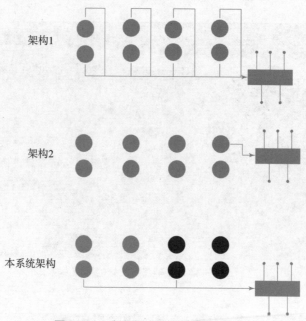

架构1

架构2

本系统架构

图 8 −25　常见架构及本系统架构形式

（2）易于扩展

基站采用组部署方式，每4个基站为一组，每组覆盖 25 m × 25 m 面积。后期可根据实际现场情况及需求，灵活按需扩展基站组数，扩大定位范围及提高定位精度。

（3）实时报警

根据定位算法判断出定位标签位置，并实时传送给计算机端，定位标签一旦进入特定区域内，将立刻产生报警。本系统理论上可实现实时数据传输、定位及报警。

（4）顺序定位报警

在某些实际应用中有顺序定位的需求，本系统通过更改原有定位算法，在实时报警功能的基础上，增添顺序定位报警功能，即定位标签需以一定的顺序或者规定的路线先后经过特定区域，反之将报警。

在调试过程中发现在同一个 PWM 波的控制下，两个电机转速并不相同，因此增加了编码器的输入捕获模式。每隔 10 ms 进行一次速度调节，根据设定的目标速度与实际转速比较完成速度的精确控制。

利用 mqtt 协议，通过订阅网段的方式将坐标传送至 python 中，利用 matplotlib 中的 FuncAnimation 方法实现实时二维和三维轨迹的绘制。

8.2　基于单片机的磁悬浮台灯设计

8.2.1　实现功能

本设计常见于各种特色创意制品及日常用品。利用下推式磁悬浮或上拉式磁悬浮，并利用电磁感应实现灯体的悬浮及内置 LED 灯的无线供电，以达到平常台灯无法达到的艺术效果。

在底部大环形磁铁的斥力作用下，小磁铁浮子悬浮至一水平高度，同时借助 STM32C8T6 单片机的调节，改变线圈板上两对串联线圈中电流的大小和方向，从而改变每对线圈顶部的极性，使浮子在该水平高度下维持悬浮并保持平衡。

8.2.2　系统工作原理

磁铁的成分是铁、钴、镍等金属，其内部原子结构比较特殊，本身就具有磁矩。磁铁能够产生磁场，具有吸引铁磁性物质如铁、镍、钴等金属的特性，磁铁与磁铁之间，同性磁极相排斥，异性磁极相吸引，当把一块磁铁放在桌子上，将另一块磁铁放在其上方且相互为同性磁极时，只要施加很小的力，上面的磁铁就能克服力悬浮在空中。

如图 8 - 26 所示，基于 Arduino 的磁悬浮台灯系统具体的工作原理如下：当打开电源开关，整个系统便开始进入待机状态。控制器进行初始化直至系统可以正常工作为止。此时负责检测是否有浮子的 Z 轴线圈开始工作，Arduino 读取串口信息缓存数据并进行解析，当检测到 Z 轴霍尔元件输出达到阈值时，表示浮子已经加载到装置上，整个电路开始工作。

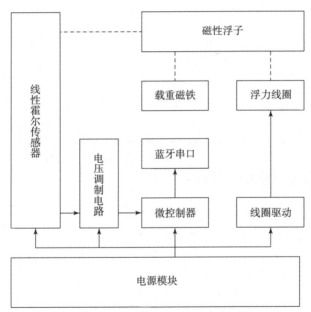

图 8 - 26　磁悬浮台灯系统工作原理图

首先在浮子下面放置一个大环形磁铁，这个磁铁产生的磁力提供 Z 轴的作用力并能够支撑起浮子，当两个磁铁极性相同时，浮子就能被托起来。单纯通过受力分析，浮子与磁铁之间就存在平衡点，不过这个平衡点抗干扰能力非常弱，一旦失去平衡就会被大磁铁的四周吸引过去。根据"恩绍定理"，单一稳定磁场无法维持一个稳定力学结构，即单纯依靠两块极性相同的磁铁是无法维持磁铁悬浮的。

接下来利用霍尔元件传感器测量磁场并输出模拟电压，利用运放放大电压信号，得出浮子偏移方向，利用 PID 调节线圈内电流的大小和方向使浮子平衡。两个串联的线圈控制 $X+$ 和 $X-$，两个串联的线圈控制 $Y+$ 和 $Y-$。每个轴上的两个线圈会在上端形成不同的极性，一推一拉,维持平衡。如当浮子往左偏时,左边线圈产生排斥力,右边线圈产生吸引力,这时浮子就能回到平衡点了,其他方向同理。调试过程中可以借助 OLED 显示霍尔元件参数,并通过 VOFA + 观察上位机波形,方便整定 PID 参数。所需元器件清单如表 8 – 4 所示。

表 8 – 4   元器件清单

序号	名称	标称值	序号	名称	标称值
1	单片机	STM32C8T6	13	贴片电阻	100 kΩ
2	环形磁铁	100 mm × 50 mm × 15 mm	14	贴片电阻	4.7 kΩ
3	钕铁硼磁铁	D20 mm × 3 mm	15	贴片电容	0.1 μF
4	电磁线圈	19 mm × 12 mm	16	滑动变阻器	10 kΩ
5	电机	TB6612	17	贴片电容	0.01 μF
6	线性霍尔元件	AH3503	18	贴片电感	10 μh
7	锂电池	12 V(3 500 mA · h)	19	肖特基二极管	SS34AT
8	集成运放	LM358	20	贴片电阻	3.24 kΩ
9	钽电容	220 μF	21	降压稳压芯片	TPS5430
10	电解电容	1 000 μF	22	贴片 LED	0603
11	无线转串口	—	23	OLED	0.96 英寸 (24.4 mm)
12	无线转 USB	—	24	波轮开关	—

8.2.3　磁悬浮控制系统软件设计

浮子的位置信息由霍尔元件提供,霍尔元件提供电压值,采用三路模数转换器(ADC)进行采集,采用 DMA 传输,CPU 不参加传送操作,因此就省去了 CPU 取指令、取数、送数等操作,不会占用 CPU。在无浮子状态下,调节 X 轴、Y 轴的滑动变阻器,使模数转换器(ADC)的值为 1 500,作为基准值。

本装置采用单环增量式 PD 控制。其中,P 为比例项,D 为微分项,magnetic_bias 为当前霍尔元件输出电压的 ADC 值与既定目标 ADC 值间的偏差;last_magnetic_bias 为霍尔元件输出电压的 ADC 值与既定目标 ADC 值间的上次偏差。其中,参数 P 决定了系统在发现电感值偏差后的修正力度,参数 D 决定了系统通过改变电流修正浮子状态的响应速度。

该 PID 模块维持 ADC 的值在 1 500 左右,计算结果作为 PWM。部分程序代码如图 8 – 27 所示。

其中驱动模块函数包括 PID 计算 PWM 和控制电流方向。以 X 轴为例,当浮子左偏,XIN1 = 0,XIN2 = 1,输出正向电流,摆正浮子;当浮子右偏,XIN1 = 1,XIN2 = 0,输出反向电流,摆正浮子。部分程序代码如图 8 – 28 所示。

```
int x_pid_calc(u16 magnetic)
{
  float magnetic_bias=0;
  static float last_magnetic_bias=0, magnetic_integral=0;
  float x_pid=0;

  magnetic_bias = magnetic - pid.x_target;

  x_pid = pid.x_kp * magnetic_bias + pid.x_kd * (magnetic_bias - last_magnetic_bias);

  last_magnetic_bias = magnetic_bias;

  return x_pid;
}
```

图 8-27　PID 代码

```
void set_PWM(int coil1,int coil2)
{
  if(coil1 > 0)
  {
    XIN1=0;
    XIN2=1;
  }
  else
  {
    XIN1=1;
    XIN2=0;
  }
  PWMX = myabs(coil1);
```

图 8-28　驱动模块代码

8.2.4　磁悬浮控制系统硬件设计

本磁悬浮装置的电路板分为单片机主板和线圈主板。其中线圈主板包括单片机模块、12 V 电源供电模块、12 V 降 5 V 模块、电机驱动模块、电压放大模块、蓝牙模块、OLED 模块、波轮模块等。线圈主板包括线圈模块、霍尔元件模块等。电路设计时，参考手册等进行电路设计，通过立创 EDA 和 AD 软件进行原理图设计和 PCB 设计，并通过 Multisim 软件进行电路仿真。系统结构如图 8-29 所示。

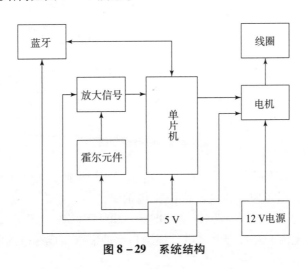

图 8-29　系统结构

本装置使用 STM32C8T6 单片机，它的主要优势在于封装体积小、价格相对较低，相比 8 位单片机性能更优、性价比较高，能够满足这个项目的所有需求。如图 8 - 30 所示为单片机模块。

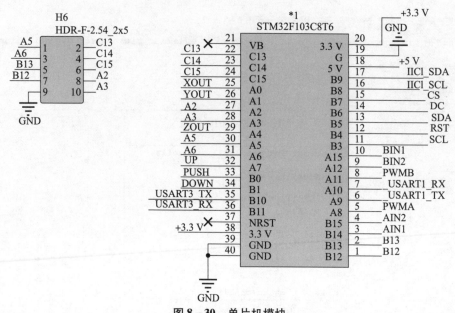

图 8 - 30　单片机模块

本装置采用 12 V 可充电锂电池供电。该电路中，SW4 为 3 脚 2 挡拨动开关，用于控制供电电路的通断；C30 为铝解电容，用于滤波，使输出电压更稳定；LED3 为 LED 灯，当开关关闭并有电源输入时，LED3 亮，说明由 12 V 电源供电。图 8 - 31 为供电原理图。

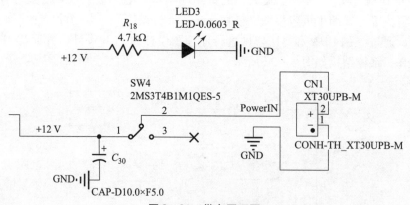

图 8 - 31　供电原理图

如图 8 - 32 所示，TPS5430 降压电路模块将 12 V 锂电池输入电压降为 5 V，来为单片机、蓝牙、电机模块、霍尔原件供电。该模块包括降压、滤波、整流、LED 灯显示模块等部分。具体设计步骤为：打开 TI 官网的 WEBENCH ® POWER DESIGNER，设置输入电压范围、输出电压、输出电流、环境温度之后，根据自己的需求生成相应的电路，再通过仿真软件的输入输出曲线，最后在电路焊接后测量输出电压，最终才能真正实现应用。

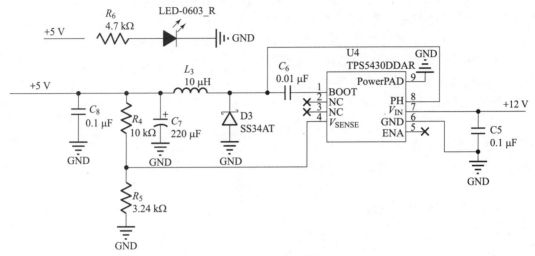

图 8 – 32　降压模块

蓝牙模块如图 8 – 33 所示，用于将磁悬浮装置的参数变化通过上位机在计算机上显示出来，方便调整参数时观察浮子和悬浮装置的参数状态。使用逐飞公司无线串口透传模块，最远传输距离为 100 m，远远超过蓝牙串口（10 m）的传输距离，符合需求。波轮开关模块如图 8 – 34 所示，方便调整参数数值，减少程序的下载次数。

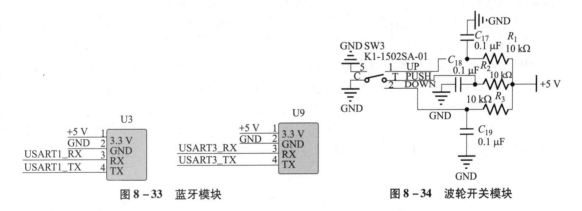

图 8 – 33　蓝牙模块　　　　　　　　　图 8 – 34　波轮开关模块

OLED 模块如图 8 – 35 所示，是为了显示参数，方便了解装置的参数状态。此处 SPI 通信协议和 I^2C 通信协议各准备了一个，实际使用时使用了 I^2C 通信议。I^2C 是一种简单、双向、二线制、同步串行总

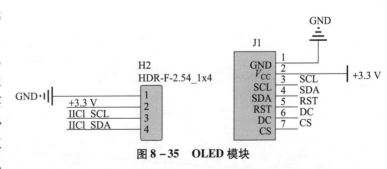

图 8 – 35　OLED 模块

线，多个芯片可以连接到同一总线结构下，同时每个芯片都可以作为实时数据传输的控制

源，简化了信号传输总线接口。SPI 是串行外设接口，是一种高速、全双工、同步的通信总线，并且在芯片的管脚上只占用四根线，节约了芯片的管脚，同时为 PCB 的布局上节省空间。SPI 数据传输速度总体来说比 I^2C 总线要快，速度可达到几 Mb/s。但是这并不要求很高的速度，更注重软件配置的便捷程度，所以选择了 I^2C 协议。

图 8 – 36 为驱动模块，本装置的电磁线圈需要较大的电流驱动，所以需要外加电机驱动控制，选择 TB6612 模块。TB6612 模块为双驱动，可驱动两个电机。将 STBY 引脚接 5 V，利用它的 H 桥特性，通过 AIN1、AIN2、BIN1、BIN2 来控制两路电流的方向，从而改变每对电磁线圈的顶部极性，从而控制浮子的平衡。

本装置采用 AH3503 线性霍尔电路，它由电压调整器、霍尔电压发生器、线性放大器和射极跟随器组成，其输入是磁感应强度，输出是和输入量成正比的电压。它的特点为线性好、功耗低、灵敏度高、输出电阻小、温度稳定性好、寿命长，符合要求。线圈板上共有 3

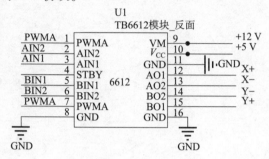

图 8 – 36　驱动模块

个霍尔元件，分别反映 x 轴、y 轴、z 轴上的磁场变化，并且 x 轴、y 轴的输出直接影响浮子的悬浮效果，故需经运算放大电路放大，而 z 轴作为线圈控制是否工作辅助霍尔元件，其输出不需要经过放大，直接给单片机进行 A/D 转换。在安装时，霍尔元件芯片部分的中心点需要安装在线圈高度的中点位置，中点位置线圈磁感线与霍尔元件相切，即线圈磁场不会影响霍尔元件的采集。

AH3503 线性霍尔元件静态输出电压为 2.5 V，灵敏度为 13.5 mV/mT，所以为了能体现出霍尔元件的细微变化，需要将霍尔元件输出电压通过放大电路进行放大。选择的运算放大器为 LM358，如图 8 – 37 所示，它是由两个独立的高增益运算放大器组成的，主要特点为可单电源或双电源工作，包含两个运算放大器、逻辑电路匹配、功耗小、频率范围宽，应用范围包括音频放大器、工业控制、DC 增益部件和所有常规运算放大电路，符合需求。

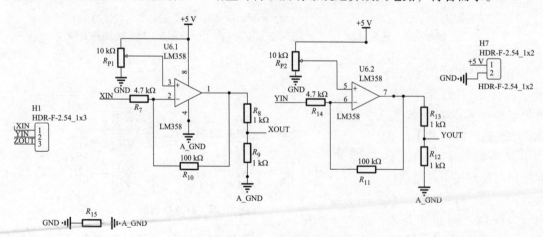

图 8 – 37　放大电路模块

本装置采用的线圈为两对串联的线圈，为的是保证 x 轴和 y 轴上的吸引力和排斥力相同，方便更好地控制浮子平衡。在线圈安装过程中，要保证每对线圈的上下两端的同名端相同，以保证每对线圈在工作时上方的极性相反。在线圈安装过程中，线圈的位置十分重要，要保证 4 个线圈的中心距线圈板的中心的距离相同。

图 8 - 38 为线圈主板原理图，图 8 - 39 为本项目单片机总体原理图。

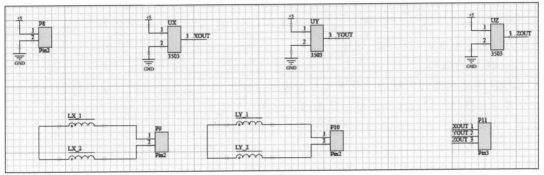

图 8 - 38　线圈主板原理图

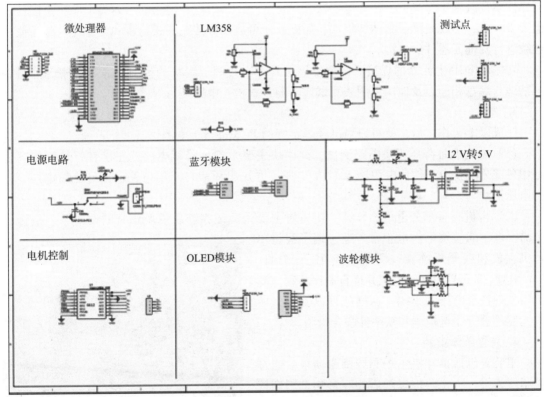

图 8 - 39　本项目单片机总体原理图

8.2.5　磁悬浮产品的装调

1. PCB 的制作

在产品制作过程中，首先要进行电路原理图绘制和电路仿真，确保电路原理图的正确性，避免后期调试一个错误的电路图。在 AD 软件中将电路原理图转化为 PCB 图，进行连线，在连接时要注意对线宽、线间距的设置需要进行加宽处理，布线尽可能紧凑，且要避免 90°的布线方式，要选取合适的放置元器件的方式，以及注意数字地需要与模拟地分离，元器件参数及类型要与自己所需购买元器件型号相一致。

为达到电路板面积最小化目的，采用贴片式封装的电阻、电容和运算放大器，其中，电阻电容封装为 0603。因此在元器件安装和焊接的技术上就有了更高的要求。

对于 PCB 的印制，设置 PCB 板厚度为 1.6 mm，孔径为 0.8 mm，板材为 FR – 4，阻焊颜色为绿色，双面，过孔盖油处理。

2. PCB 的焊接

由于 PCB 设计较为复杂，对焊接要求较高，通过对电路板空间分配进行仔细分析并且充分考虑元器件焊接难度的差异，对焊接顺序进行了规划，首先进行贴片元器件的焊装，再按照"先低后高"的原则和焊接方便程度的由难到易的顺序，进行剩余元器件的焊装。

在焊接过程中，要注意部分元器件的方向与封装要对应，防止由于器件装反导致的实验错误。对于一般小封装贴片式电阻电容，焊接需要一定的技巧，此类电子元器件一般具有两个焊点，熔少量锡于一个焊盘上，烙铁头始终置于焊盘之上，使锡保持熔化状态，用镊子将元器件整齐放置于焊盘上，松开电烙铁，对于另外一个焊点，使烙铁头刀尖、锡线头以及焊盘置于一点，形成光滑、亮洁的焊点。如此，便可成功焊接贴片式封装的元器件，此后便可继续进行其他元器件的焊接。

在完成 PCB 上元器的焊接后，需要检查是否有虚焊、漏焊的情况，通过观察焊点是否光洁地与焊盘相连以及使用万用表测试通断的方式检查电路是否焊接正确。

3. 调试

完成以上工作之后，就可以对已经焊接好的 PCB 进行上电测试。

（1）首先验证降压模块电路测试，此模块主要是验证降压电路的正确性，从而保证电路中各部分的供电。使用电源输入 12 V 电压，并用电压表在降压电路输出处测量电压，测得电压值约为 5 V，正确。

（2）再进行各部分电压的验证。此模块主要是验证在降压模块正常的情况下，是否所有需要电压的模块都供电正常。通过端子线将单片机主板和线圈板连接，测量各个 12 V 引脚、5 V 引脚、3.3 V 引脚的电压并进行对比验证。测量后发现各个电压都正确，这样就可以安装上所有元器件进行通电检测和软硬件联合检测。

4. 装置整体安装

本装置包括单片机主板和线圈驱动板，通过端子线连接，防止两板接触后相互影响，用螺柱将它们有距离地组合起来。为了防止浮子悬浮太高，线圈难以调节浮子的平衡，用磁铁底座将磁铁固定在线圈板下方。装置整体组装后的成品效果如图 8 – 40 所示。

图 8 – 40　成品图

5. 测试分析

1）软硬件联合检测

在基本供电系统完善的情况下，就可以插上单片机等元器件，并下载程序，验证各个模块的正确性。

（1）霍尔元件和运放放大电路。

此模块主要验证霍尔元件模块和 LM358 放大电路的正确性。进行学生电源供电和线路连接后，保证霍尔元件附近无磁场，发现 XIN 和 YIN 处电压均为 2.4 V 左右，符合霍尔元件的静态输出电压。紧接着改变滑动变阻器的阻值，并用电压表测量 XOUT 和 YOUT 处的电压，若观察到近似线性变化，则说明运放放大电路基本正确。

（2）电机驱动模块。

此模块主要验证电机驱动模块的输出方向、输出占空比大小是否正确、是否受 PWA 的正确控制。此模块借助软件进行检查验证，在程序中将 PWMA、PWMB 设为定值，并人为设置 AIN1、AIN2、BIN1、BIN2 的值，用示波器观测 AO1、AO2、BO1、BO2 的输出，若输出波形的相位差、占空比正确，则说明电机驱动模块和对应程序模块正确。

（3）OLED 模块。

此模块主要验证 OLED 模块是否正常运行。主要验证方法为下载程序，看能否在 OLED 上显示数字、字符等，若能正确显示，则说明 OLED 电路模块和对应程序模块正确。

（4）蓝牙模块

此模块主要验证蓝牙模块和上位机是否正常运行。主要验证方法为下载程序，看无线转串口和无线转 USB 是否正常连接、上位机是否正确显示参数数值，若均正确，则说明蓝牙电路模块、蓝牙配置程序、上位机程序正确。

2）PID 参数整定

①调参前准备。

PID 就是这个装置要调的主要的可变参数。将 pid. x_target 的值定为 1 500，所以要在无磁场干扰的条件下调节 x、y 轴上的滑动变阻器，使两路 ADC 的值为 1 500。在调参前，需要将 x 轴、y 轴上的 P、D 参数的数值和 x、y、z 三路霍尔元件输出值的 ADC 值显示在 OLED 屏上，方便观察和修改，并将 x、y、z 三路霍尔元件输出值显示在上位机上，以便观察线圈的稳定程度。另外，本产品需要调整的参数为两组 PD，实际上两个轴的参数差不多，所以直接将 x、y 轴参数设置为相同。

（2）P 参数和 D 参数的确定。

首先调 P，从 0.1 开始调，每次调整增大 0.1。会发现，P 为 0.1 时几乎没有作用力，继续增大，直至能在抖动情况下基本维持悬浮。但此时浮子是不稳定的，在悬浮后会发生抖动，并在不久后被大磁铁四周吸引。

D 的调整也是从小到大，直至消抖。调试观察波形如图 8-41 所示。

首先以 0.5 的大小为单位整定 D 的值，发现在 D＝1.5 时，x 轴霍尔元件输出值的 ADC 值在 1 500 上下波动较大；在 D＝3 时，可发现 x 轴霍尔元件输出值的 ADC 值波动值明显减小，但整体仍有较大的波动；在 D＝5 时，则发现 x 轴霍尔元件输出值的 ADC 值波动已接近理想情况，于是以 0.1 的大小为单位整定 D 的值，在 D＝5.5 时，找到了理想的波形，结合实际浮子的情况，均符合理想情况，于是确定了 P、D 参数的值。

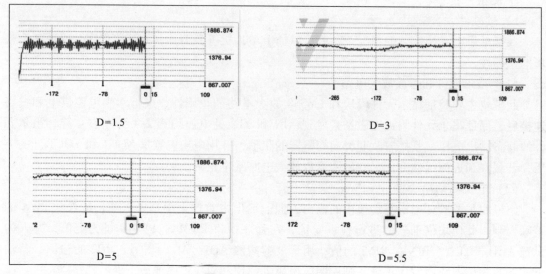

图 8 – 41　不同 D 值波形图

6. 结论

设计的基于 STM32 单片机的下推式磁悬浮装置，在设置好合适的 P、D 参数后，能够较好地完成磁悬浮操作，具体操作为：拨动拨码开关，因为此时线圈上方没有小磁铁浮子，线圈停止工作；将小磁铁浮子慢慢移动至线圈的上方，线圈检测到小磁铁浮子后开始工作，手可以明显感受到浮子的震动，慢慢松开手，可以发现浮子悬浮在线圈上方。

分析浮子的运动状态，可发现浮子的悬浮高度维持在线圈板上 2～3 cm 处；在电池电量充足的条件下，悬浮时间无限长；浮子在悬浮状态下的波动角度小于等于 5°，基本实现了悬浮功能，达到了预期的技术指标。

人为对浮子增加一些扰动后发现：装置对垂直扰动的抗干扰能力和自主调整能力较强，不会被大磁铁吸引，而是上下跳动并逐渐返回平衡点；装置对水平扰动的抗干扰能力和自主调整能力较弱，大概率会被大磁铁的四周吸引，而停止运行。而且在搭建悬浮装置时，注意点非常多，如果有安装或焊接不到位的地方，悬浮装置都将不能工作。综上所述，该装置在无外界干扰情况下的悬浮效果较好，但在受到水平干扰或因自身装置安装错误造成干扰后，将无法正常悬浮。

8.3　颜色分拣器

8.3.1　实现功能

本项目介绍了一个以 STM32 单片机为核心的小型颜色识别分拣系统。装置利用 256 × 256 × 256 的颜色识别传感器识别到物块颜色后，通过控制舵机旋转实现分拣作用，并在彩屏上动态显示目前识别、记忆到的物品信息。本装置符合当下智慧物流的发展方向，基于不同颜色的分拣，显著提升物流速度。

8.3.2 系统工作原理

本设计采用 TCS34725 颜色识别传感器，该模块是基于 TCS3472XFN 彩色光数字转换器为核心的颜色传感器，传感器提供红色、绿色、蓝色（RGB）和清晰光感应值的数字输出；集成红外阻挡滤光片可最大限度地减少入射光的红外光谱成分，并可精确地进行颜色测量。具有高灵敏度、宽动态范围和红外阻隔滤波器；具有最小化 IR 和 UV 光谱分量效应，以产生准确的颜色测量；带有环境光强检测和可屏蔽中断；通过 I2C 接口通信。系统整体结构如图 8 - 42 所示。

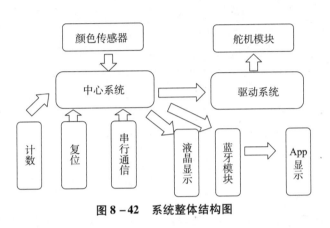

图 8 - 42　系统整体结构图

8.3.3 元器件清单

表 8 - 5 列出了颜色分拣器系统所需元器件清单，其中的颜色识别传感器采用TCS34725，系统基于 STM32F103C8T6 最小系统板控制，配合外围模块实现其功能。

表 8 - 5　颜色分拣器系统所需元器件清单

序号	名称	标准值
1	R1	39
2	R2	1 kΩ
3	R3	1 kΩ
4	C1	0.1 μF
5	C2	0.1 μF
6	C3	0.1 μF
7	C4	0.1 μF
8	C5	47 μF
9	C6	220 μF
10	C7	220 μF
11	C8	220 μF

序号	名称	标准值
12	稳压二极管	—
13	AMS1117 12 V 转 5 V 稳压电源芯片	—
14	AMS1117 5 V 转 3.3 V 稳压电源芯片	—
15	蜂鸣器	—
16	I^2C OLED	—
17	颜色识别传感器 TCS34725	—
18	四脚按钮开关两个	—
19	STM32F103C8T6 最小系统板	—

8.3.4 功能实现方式

TCS3472 光电转换器包含 1 个 3×4 光电二极管阵列、4 个集成光电二极管电流的模数转换器（ADC）、数据寄存器、1 个状态机和 1 个 I2C 接口。

3×4 光电二极管阵列由红光、绿光、蓝光和清晰（未滤光）光电二极管组成。此外，光电二极管还涂有红外阻挡滤光片。

4 个积分 ADC 同时将放大的光电二极管电流转换为 16 位数字值。转换周期完成后，结果被传输到数据寄存器，数据寄存器采用双缓冲方式，以确保数据的完整性。所有内部时序以及低功率等待状态都由状态机控制。

TCS3472 数据通信通过高达 400 kHz 的双线 I2C 快速串行总线完成。行业标准 I2C 总线方便了与微控制器和嵌入式处理器的轻松直接连接。除 I2C 总线外，TCS3472 还提供单独的中断信号输出。当中断使能且超过用户定义的阈值时，有效低电平中断将被置位，并保持置位状态，直到控制器将其清零。此中断功能无需轮询 TCS3472，从而简化并提高了系统软件的效率。用户可以定义中断阈值的上限和下限，并应用中断持续过滤器。中断持续过滤器允许用户定义在生成中断之前所需的连续超出阈值事件的数量。中断输出是开漏的，因此可以与其他器件进行布线，是基于 AMS 的 TCS3472XFN 彩色光数字转换器为核心的颜色传感器，传感器提供红色、绿色、蓝色（RGB）和清晰光感应值的数字输出。集成红外阻挡滤光片可最大限度地减少入射光的红外光谱成分，并可精确地进行颜色测量。具有高灵敏度、宽动态范围和红外阻隔滤波器。最小化 IR 和 UV 光谱分量效应，以产生准确的颜色测量。并且带有环境光强检测和可屏蔽中断。通过 I2C 接口通信。

8.3.5 软件设计

（1）主函数进入 while（1）循环前，首先通过高低电平设置，进行舵机、显示屏、蓝牙、开启按键的初始化，并通过 LCD_Clear（Color16_BLACK）；进行清 TFT 全屏。此外，预定义数组 savedata 用来临时颜色识别传感器识别到的 RGB 的值。

（2）进入 while（1）循环后，STM32 单片机反复刷新扫描颜色识别传感器接线处的电信号。首选可以通过按键一选择是 A 系统还是 B 系统记忆当前物体的颜色。系统选定后，若记录到的 RGB 值与初始记忆的 RGB 值相同，则对应颜色的 count 计数值 +1；若颜色不同，则 My_LEDBlink（PA6，1，2，50，1000）；控制蜂鸣器报警，说明识别到的物体相异。特别地，每次识别之后进行 50 ms 的延时，以防止重复数。

另外，当成功识别记忆，并且 count 数值更新之后，needWriteFlash 自动置数为 1，实现电信号的 flash 保存，以防掉电后数据丢失。

（3）按键说明。

第一个按键作为位选按键，按下奇数次可以选择 A 记忆模块，按下偶数次可以选择 B 记忆模块。

第二个按键作为记忆模块，按下奇数次为记忆，按下偶数次为识别。记忆模式里可以进行与之前的记忆内容是否重合的判定，不重合为报警，重合则对应模块计数值加 1。第三个按键为计数值清零。第四个按键为颜色识别复位。

（4）程序烧写。

CH340 为程序烧写模块，串口烧写模块引脚说明如下：

① +5 V：5 V 输出，因有 USB 电源线，故本开发板不接，不需要；

②V_{CC}：本开发板不接，不需要；

③3V3：3.3 V 输出，本开发板不接，不需要；

④TXD：接单片机的 RXD 引脚；

⑤RXD：接单片机的 TXD 引脚；

⑥GND：接 GND。

CH340 串口烧写模块与单片机的具体接线如表 8 – 6 所示。

表 8 – 6　CH340 串口烧写模块与单片机的具体接线

CH340 模块	单片机开发板
TXD	RXD（单片机引脚 PA10）
RXD	TXD（单片机引脚 PA9）
GND	GND

8.3.6　硬件实现

1. STM32 单片机

STM32 系列处理器是意法半导体 ST 公司生产的一种基于 ARM 7 架构的 32 位、支持实时仿真和跟踪的微控制器。选择此款控制芯片是因为本系统设计并非追求成本的最低或更小的功耗，而是在实现本设计功能的前提下能够提供更丰富的接口和功能以便于设计实验系统各实验项目所需的外围扩展电路。此款控制芯片在完成单片机课程的学习后上手较为容易，在医疗器械中应用广泛，具有很好的学习、实验研究价值。

2. TFT 触摸彩屏 1.44 寸模块

TFT（Thin Film Transistor）即薄膜场效应晶体管，属于有源矩阵液晶显示器中的一种。TFT – LCD 液晶显示屏是薄膜晶体管型液晶显示屏，也就是"真彩"（TFT）。TFT 液晶显示屏为每个像素都设有一个半导体开关，每个像素都可以通过点脉冲直接控制，因而每个节点都相对独立，并可以连续控制，不仅提高了显示屏的反应速度，同时可以精确控制显示色阶，所以 TFT 液晶显示屏的色彩更真。TFT 液晶显示屏的特点是亮度好、对比度高、层次感强、颜色鲜艳，但也存在着比较耗电和成本较高的不足。TFT 液晶技术加快了手机彩屏的发展。彩屏手机中基本上都支持 65 536 色，还有 26 万、130 万色显示，有的甚至支持 1 600 万色显示，这时 TFT 的高对比度、色彩丰富的优势就非常重要了。

本模块是一款通用的 TFT – LCD 模块，采用全新 LCD，该模块有如下特点：

（1）128 × 128 的分辨率，显示清晰。

（2）1.44 寸彩屏。

（3）驱动 IC：ST7735。

（4）色彩深度：16 位。

3. 按键电路设计

轻触按键是按键产品下属的一款分类产品，它其实相当于一种电子开关，只要轻轻地按下按键就可以接通开关，松开时开关就断开连接，实现原理主要是通过轻触按键内部的金属弹片受力弹动来实现接通和断开。在本系统中，按键作为系统的输入，起到了人机交互的枢纽作用。按键的单片机控制引脚默认为高电平，当按键按下后，单片机的相关引脚则变成低电平，进而实现对系统的手动输入。注意，按键个数可变。其电路原理如图 8 – 43 所示。

4. 蜂鸣器报警电路（高电平有效）设计

有源蜂鸣器是一种一体化结构的电子讯响器，采用直流电压供电，广泛应用于计算机、打印机、复印机、报警器、电子玩具、汽车电子设备、电话机、定时器等电子产品中作发声器件。本系统所采用的报警模块为 5 V 有源蜂鸣器模块，电路中采用三极管 9012 来驱动，只要单片机控制引脚为高电平，蜂鸣器就会发声报警，反之则不发声，可以通过控制单片机引脚方波输出形式控制蜂鸣器的鸣叫方式。电阻为限流电阻，起保护作用。其电路如图 8 – 44 所示。

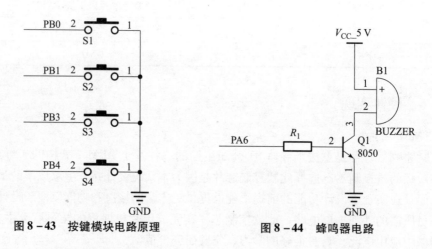

图 8 – 43 按键模块电路原理   图 8 – 44 蜂鸣器电路

5. SG90 舵机模块电路设计

舵机是一种位置（角度）伺服的驱动器，适用于那些需要角度不断变化并可以保持的控制系统。目前，舵机在高档遥控玩具，如飞机、潜艇模型、遥控机器人中已经得到了普遍应用。可以遥控航空、航天模型的动作和方向。不同类型的遥控模型所需的舵机种类也随之不同。舵机还适用于人形机器人的手臂和腿、车模和航模的方向控制。舵机的控制信号实际上是一个脉冲宽度调制信号（PWM 信号），该信号可由 FPGA 器件、模拟电路或单片机产生。

舵机主要是由外壳、电路板、电机、减速器与位置检测元件所构成的。其工作原理是由接收机发出信号给舵机，经由电路板上的 IC 驱动无核心电机开始转动，透过减速齿轮将动力传至摆臂，同时由位置检测器送回信号，判断是否已经到达定位。位置检测器其实就是可变电阻，当舵机转动时，电阻值也会随之改变，借由检测电阻值便可知转动的角度。一般的电机是将细铜线缠绕在三极转子上，当电流流经线圈时便会产生磁场，与转子外围的磁铁产生排斥作用，进而产生转动的作用力。依据物理学原理，物体的转动惯量与质量成正比，因此要转动质量愈大的物体，所需的作用力也愈大。舵机为求转速快、耗电小，于是将细铜线缠绕成极薄的中空圆柱体，形成一个重量极轻的无极中空转子，并将磁铁置于圆柱体内，这就是空心杯电机。

SG90 舵机模块接口原理图如图 8-45 所示。

6. TCS3472 颜色识别传感器模块电路设计

本模块是以 AMS 的 TCS3472XFN 彩色光数字转换器为核心的颜色传感器，提供红色、绿色、蓝色（RGB）和清晰光感应值的数字输出。集成红外阻挡滤光片可最大限度地减少入射光的红外光谱成分，并可精确地进行颜色测量；具有高灵敏度、宽动态范围和红外阻隔滤波器；最小化 IR 和 UV 光谱分量效应，以产生准确的颜色测量，并且带有环境光强检测和可屏蔽中断；通过 I2C 接口通信。模块接口原理如图 8-46 所示。

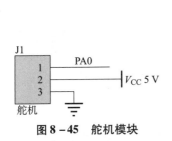

图 8-45 舵机模块

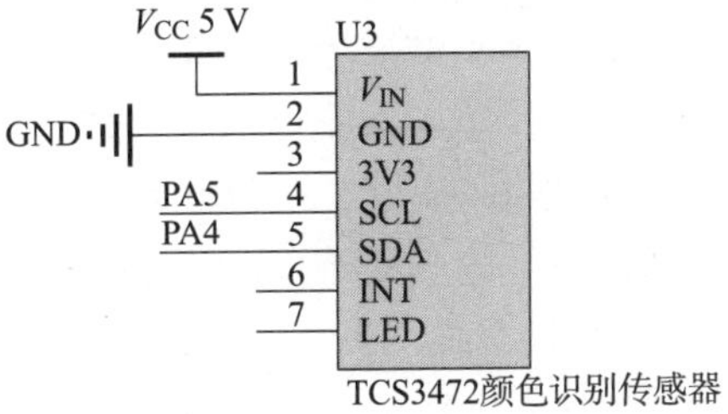

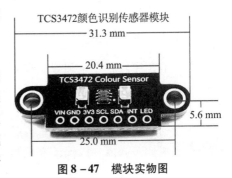

图 8-46 模块接口原理图

模块实物如图 8-47 所示，该传感器使用时需注意外形封装尺寸，规划好安装位置和方向。

7. JDY-31 蓝牙模块电路设计

蓝牙模块是指集成蓝牙功能的芯片基本电路集合，用于无线网络通信。本蓝牙模块就是为了进行无线数据传输而专门打造的，本模块支持串行接口，支持 SPP 蓝牙串口协议，可用于各种蓝牙设备，具有成本低、体积小、收发灵敏性高等特点，只需配备少许的外围元件就能实现大功能。

TCS3472颜色识别传感器模块

图 8-47 模块实物图

1）模块特点

（1）支持蓝牙 SPP 串口协议；

（2）内置 PCB 天线；

（3）支持 UART 接口；

（4）蓝牙 Class 2；

（5）数据传输比 BLE 蓝牙快，可达到 8 Kb/s 以上的速率；

（6）支持与 SPP 主蓝牙模块连接通信（JDY-31 为从 SPP 蓝牙模块）；

（7）支持与计算机 SPP 蓝牙通信；

（8）支持 Android 手机 SPP 通信。

2）模块接口说明

（1）RXD 串口输入，电平为 TTL 电平；

（2）TXD 串口输出，电平为 TTL 电平；

（3）GND 接 GND；

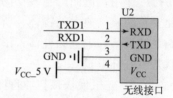

（4）V_{CC} 接 3.3 ~ 6 V。

蓝牙模块接口电路图如图 8-48 所示。

图 8-48　蓝牙模块接口电路图

8.3.7　产品的安装与调试

在实验中首先考虑到可能没有信号源能够提供单片机和各器件需要的电压，因此利用 AMS1117 分别设计了 12 V 转 5 V 电路和 5 V 转 3 V 电路用来给各模块供电，之后在实验要求的颜色识别传感器模块以外增加了蜂鸣器模块、OLED 模块、开关模块以及一个检测点模块（检测点模块由 3 个 5 V 和 3 个地的排母构成，一方面可以对电压进行检测，另一方面可以根据实际情况添加自己需要的一些小模块）。在原理图内搭建完电路之后用面包板进行简单的仿真，在确保实验结果无误后开始进行 PCB 的绘制。

产品操作较为简单，首先将 12 V 锂电池接到 12 V 转 5 V 电路的输入端，在此预留了接口，此时各模块供电均正常，可以开始使用，之后将想要识别的对象放到颜色识别传感器上方，按下开关之后，蜂鸣器响表示传感器开始识别，识别结果显示在 OLED 上，分别为 R、G、B 值和识别出的颜色。

8.4　智能车库监视及智能车载入库报警系统设计

8.4.1　实现功能

以智能车库隐私安全和智能车载驾驶入库安全为着眼点，完成智能车库监视及智能车载入库报警系统设计。车库可通过超声波和语音模块检测车的靠近并提示进行人脸识别控制闸门开关，超声波检测必须实时，人脸识别应该快速准确，以保证实现车库的智能监视化。手机和小车通过蓝牙通信控制小车行驶，在靠近车位时通过超声波测距和语音实时播报距离辅助小车完成倒车入库，以保证实现报警辅助小车入库的智能化。

8.4.2　系统工作原理

本项目中的小车以 Infineon TC264DA 单片机为主控芯片，通过语音模块、超声波模块、OLED 模块共同作用实现测距报警，辅助小车实现智能倒车入库功能。手机 App 通过车载蓝牙模块与小车进行通信，实现手机控制小车的运动状态及控制语音播报模块的开关。项目中的车库以 STM32 Mini 单片机为主控芯片，通过语音模块、超声波模块、OpenMV 模块、舵机 SG90 共同作用实现测距检测车辆靠近，触发基于 OpenMV 的人脸检测系统，OpenMV 与 STM32 串口通信，通过发送 PWM 信号控制舵机的旋转从而带动闸门的抬起和落下，实现智能车库监视功能。具体情境如下：

　　车库门口处安装超声波模块，车辆行驶靠近车库大约 30 cm 处，触发基于 OpenMV 的人脸检测系统，并由语音模块发出指示提醒驾驶员进行人脸检测。进行人脸检测时，OpenMV 上红色 LED 亮起，提醒驾驶员此时正在进行人脸检测。人脸检测完成后，LED 熄灭，并通过与 STM32 的串口通信实现车库闸门控制与语音播报人脸检测结果。人脸识别成功后，车库闸门打开，车辆通行，车辆驶过后，闸门关闭。闸门关闭由舵机实现。通过手机蓝牙与车载蓝牙通信，控制小车行驶状态，当小车行驶靠近车库时，发出语音提醒正在倒车入库，并由超声波模块开始检测车辆尾部距离车库墙壁的距离，通过语音播报模块向驾驶员报警提醒。其系统功能组成如图 8 - 49 所示。

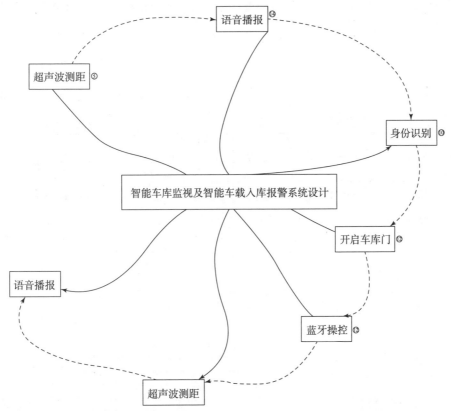

图 8 - 49　智能车库监视及智能车载入库报警系统功能组成

8.4.3　元器件清单

该系统所需要的元器件种类较多，所需元器件清单如表 8 - 7 所示。

表 8 -7　元器件清单

序号	名称	标准值	实测值	序号	名称	标准值	实测值
1	Infineon 单片机	TC264DA	正常	21	N 沟道 MOS 管	TPH1R403NL	正常
2	STM32 单片机	stm32f103rct6	正常	22	LED 驱动芯片	TLD2331 - 3EP	正常
3	蓝牙模块	HC - 05	正常	23	牛角座与排母接插件	2×5、2×4、2×15、1×4、1×5、1×8	正常
4	超声波模块	HC - SR04	正常	24	0603 电阻	1 kΩ	1.03 kΩ
5	语音模块	SYN6288	正常	25	0603 电阻	4.7 kΩ	4.66 kΩ
6	舵机	SG90	正常	26	0603 电阻	10 kΩ	9.81 kΩ
7	OpenMV 模块	H7Plus500	正常	27	0603 电阻	1.6 kΩ	1.66 kΩ
8	显示屏	OLED	正常	28	0603 电容	100 nF	100.1 nF
9	直流电机	RS380	正常	29	0603 电容	4.7 μF	4.70 μF
10	车轮	直径 650 mm	正常	30	0603 电容	10 μF	9.93 μF
11	编码器	正交编码器	正常	31	6032C 封装钽电容	100 μF	100.1 μF
12	主驱一体 PCB	102 mm × 76 mm	正常	32	功率电感	4.7 μH	4.68 μH
13	定制转接 PCB	45 mm × 40 mm	正常	33	0603 贴片 LED	红、蓝、白、绿色	正常
14	降压芯片	RT9013 - 33GB	正常	34	车模	140 mm × 180 mm	正常
15	降压芯片	AMS1117 - 3.3	正常	35	NPN 三极管	SI2302	正常
16	降压芯片	AMS1117 - 5.0	正常	36	旋转编码开关	EC11	正常
17	升压芯片	SX1308	正常	37	二极管	SS14	正常
18	晶振	20 MHz	正常	38	二极管	SS54	正常
19	驱动芯片	DRV8701E	正常	39	3.7 V 锂电池	3.7 V	4.2 V
20	N + P 沟道场效应管	BSL215C	正常	40	7.4 V 锂电池	7.4 V	8.2 V

8.4.4　硬件设计

1）原理图设计

整个系统主要分为小车部分和车库部分。

由于车库部分使用成型模块连接、通信并进行大量软件编程完成，其特性是摄像头、测距仪、门禁抬杆舵机、语音播报、OLED 显示屏等都不在一处，因此无法进行集成，故此部分采用分立连接式设计，如图 8 -50 所示。

在小车部分中，将 MCU 系统电路、电压转换电路、电流环驱动电路、LED 灯条、蜂鸣器、旋转编码器和波轮部分等进行了集成，并将蓝牙模块、超声波模块、语音播报模块、显示屏、正交编码器、摄像头、ADC 接口和下载器的接插母座集成在板上，便于应用控制方式的拓展，如图 8 - 50 所示。

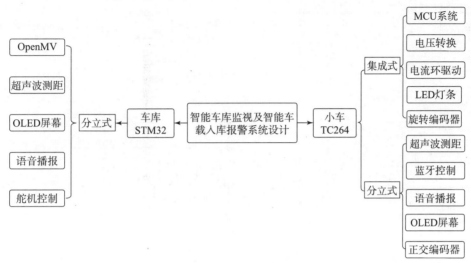

图 8 - 50　智能车库监视及智能车载入库报警系统硬件设计框图

由于车库部分采用充电宝给 STM32 单片机系统板以及各个模块供电，通信仅存在于系统内部，故在此仅讨论小车部分的硬件集成设计。

2）电源系统的设计

本项目采用锂电池作为主板电源供电，并采用 7.4 V 的锂电池为驱动电路输出端供电。对于前者，在充满电后，电池电压能达到 4.2 V，缺电时电压快速降到 1 V 以下，我们选用锂电池的原因是在短时间内电压变化不大，较为稳定，但由于长时间上电压仍具有不稳定性，必须采用变压模块对其进行电压控制。

首先运用升压模块 SX1308，将电池电压转接，生成 12 V 和 5 V 两个电压。其中，12 V 电压用于供给 LED 驱动芯片 TLD2331 - 3EP，以及集成电机驱动芯片 DRV8701ERGER，这是由芯片本身所要求的；而 5 V 电源用于主板中大部分外围器件及其通信的供电，包括蓝牙、编码器、超声波测距模块、语音模块、OLED 和陀螺仪，考虑到集成在主板上的电机驱动电路可能会出问题，为保险起见，单独设置了电机控制接口，其也是由 5 V 电源供电的。

为了保护单片机芯片 TC264DA 的正常使用，需要将 MCU 供电系统、外围电路供电系统和驱动电路供电系统进行隔离，由数个保险丝和 0 Ω 电阻进行过流保护。在单片机系统电路中使用更高性能且体积更小的降压模块 RT9013 -33GB 进行降压处理，降到 3.3 V 对单片机芯片进行更稳定的供电。单片机的供电电路十分重要，如果出现问题，可能会出现 MCU 烧毁或程序紊乱、频繁重启的问题。由于单片机同时还需要 1.3 V 电压，我们采用了 N + P 沟道 MOS 管 BSL215C 加电容的设计，将 3.3 V 降至 1.3 V。

在外围电路中，使用了降压芯片 AMS1117 - 3.3 对升压芯片 SX1308 中输出的 5 V 电流进行降压，降至 3.3 V。在这里采用 AMS1117 - 3.3 的主要原因是它便宜且电路简单，并且外围器件对电压要求不高。这个 3.3 V 电压用于给另一部分外围器件供电，包括旋转编码器、波轮、摄像头、蜂鸣器等。图 8-51 为 MCU 系统电路、外围电路和驱动电路供电系统及隔离系统电路原理图。

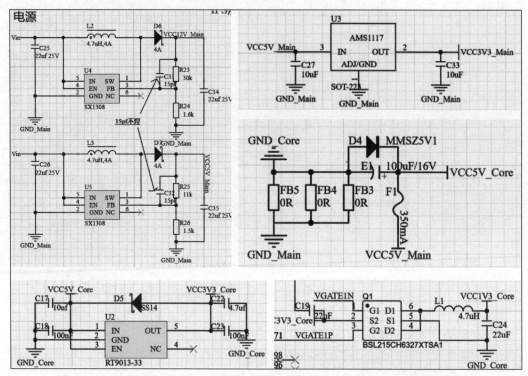

图 8-51　MCU 系统电路、外围电路和驱动电路供电系统及隔离系统电路原理图

　　为了保障电路的稳定性，我们在变压芯片两端设置了大量的滤波电容。全部变压芯片两端都部署了 10 μF 或 22 μF 的大电容，并在隔离系统布置了 100 μF 的大电容，旨在滤除低频噪声，得到标准、稳定的电压。此外，单独在 MCU 降压芯片靠近芯片一端设置了 100 nF 的小电容，以滤除高频噪声，进一步保障 MCU 供电的稳定性，进而保障程序的正常运行。

　　为了快速监测电路电源的状态，给每个电压设定了 LED 灯作为标识，并且每个灯的颜色都不相同，便于观测。一旦发生异常，即可立刻断开电源，减少更多器件的损坏。图 8-52 为 LED 电源指示模块电路原理图。

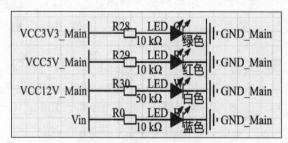

图 8-52　LED 电源指示模块电路原理图

8.4.5　印制电路图设计

在本系统的引脚定义后，就可以采用 Altium Designer（简称 AD）软件结合立创 EDA 进行 PCB 的设计，如果 AD 中没有想用的元器件封装图，比如一些芯片、MOS 管、波轮、旋转编码器等的封装图，就可以从立创 EDA 搜索相应的封装库，并导出到 AD。同时也可以自行设计、绘制元器件封装

接下来需要进行网络节点的绘制，通过设计对应的网络节点而导出 PCB 文件。首先按照在画原理图时的设计进行布局，将同一模块内的封装移动到一起，并将相同电源供电的各个模块放置在相邻位置，这样更有利于布线。再通过合理布局，完成整体的封装位置调整，尽量减小 PCB 尺寸，随后绘制机械层来设置版型。同时注意预留出模块的位置，注意 3D 状态下各个模块是否有物理冲突，注意项目实现与版型设计之间的联动，并注重人性化设计，将人机交互设备设计得更易于操作。比如，旋转编码器和转接小板在插上后是会占用板上方的一定空间的，应合理地布置它们的位置，防止冲突；转接小板的设计需要注重倒车测距需求，在布局时把超声波模块布置在车尾，插上就可以直接测距。

为了提高稳定性、减少布局难度、减小板子大小，采用四层印制电路板，将中间两层设定为 GND 和 VCC 层，VCC 层中各部分电压值与上下两层模块需求一致，且 VCC 和 GND 层中都要注意 MCU 电路供电系统、外围电路供电系统和驱动电路供电系统的隔离。此外，中间板层大面积以地铜铺制，这样可以有效地防止线的交叉，同时地铜会与外界进行隔离，能有效地防止静电击穿。上下两层应注意尽量减少过孔上下两面的同层的走线方向，尽量是一横一纵，其次就是电阻和电容不能分开在两面，在这里采用了同模块的阻容都在同面的方法，例如：在 MCU 电路中，顶层只安放了芯片、晶振和下载器排针；而相应的阻容感全部安放在了背面。

为了保证系统供电的稳定性，需要对电源线和地线进行加粗处理，特别是电池供电的地方，焊盘要尽可能大，线要尽可能粗，防止因为电流限制正常运行。同时，在丝印层标好每个电阻电容的位置和模块的位置，并且标好钽电容和电感的方向，这样可以方便操作人员焊接，减小出错概率。在固定孔上，设计了 M3 的螺丝，这样可以很好地与车模上的洞配合。

本系统中需要进行四层板的印制电路设计，四层板工艺相对较为复杂，且线宽和线距较细，需要规划好元器件的相关位置，图 8 - 53 为参考印制电路设计图。

8.4.6　软件设计

首先根据预先规划的任务完成目标，确定所需的模块，分模块分任务进行底层配置、功能实现、模块间联调。

1）OLED 模块

选择 4 针 OLED 模块，明确 OLED 通信方式为 I^2C 通信。先选择在 STM32 上测试底层代码：选择软件 I^2C 方式，选择 PC2 为 SCL 引脚，PC1 为 SDA 引脚，查找指令集，配置初始化代码。如图 8 - 54 为 OLED 初始化相关代码。

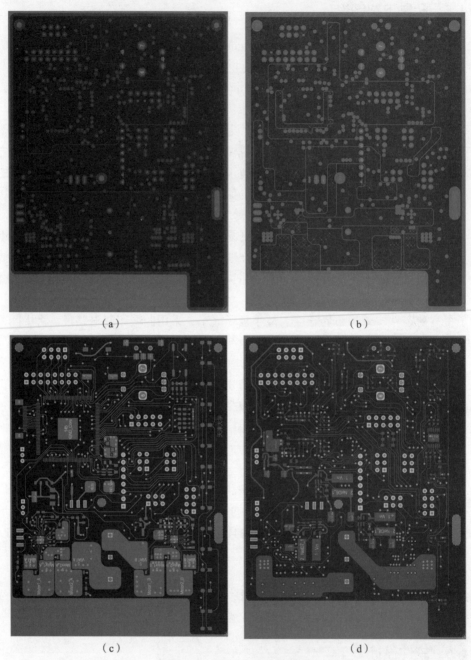

（a）   （b）

（c）   （d）

图 8 – 53   印制电路板板层图

（a）顶层；（b）底层；（c）第三层；（d）第四层

根据 OLED 时序图配置 OLED 写指令，图 8 – 55 为 OLED 写指令代码。

接下来利用 OLED 字模工具实现 OLED 字模集配置，如图 8 – 56 所示。

在屏幕上实现显示"hello"，配置完成，如图 8 – 57 所示。

```
//初始化SSD1306
void OLED_Init(void)
{
    GPIO_InitTypeDef  GPIO_InitStructure;
    RCC_APB2PeriphClockCmd(OLED_SCL_GPIO_CLK|OLED_SDA_GPIO_CLK, ENABLE);    //使能B端口时钟
    //GPIO_PinRemapConfig(GPIO_Remap_SWJ_JTAGDisable,ENABLE);
    GPIO_InitStructure.GPIO_Pin = OLED_SCL_PIN;
    GPIO_InitStructure.GPIO_Mode = GPIO_Mode_Out_PP;        //推挽输出
    GPIO_InitStructure.GPIO_Speed = GPIO_Speed_50MHz;//速度50MHz
    GPIO_Init(OLED_SCL_GPIO_PORT, &GPIO_InitStructure);     //初始化GPIOB8,9
    GPIO_SetBits(OLED_SCL_GPIO_PORT,OLED_SCL_PIN);

    GPIO_InitStructure.GPIO_Pin = OLED_SDA_PIN;
    GPIO_InitStructure.GPIO_Mode = GPIO_Mode_Out_PP;        //推挽输出
    GPIO_InitStructure.GPIO_Speed = GPIO_Speed_50MHz;//速度50MHz
    GPIO_Init(OLED_SDA_GPIO_PORT, &GPIO_InitStructure);     //初始化GPIOB8,9
    GPIO_SetBits(OLED_SDA_GPIO_PORT,OLED_SDA_PIN);

    delay_ms(800);
    OLED_WR_Byte(0xAE,OLED_CMD);//--display off
    OLED_WR_Byte(0x00,OLED_CMD);//--set low column address
    OLED_WR_Byte(0x10,OLED_CMD);//--set high column address
    OLED_WR_Byte(0x40,OLED_CMD);//--set start line address
    OLED_WR_Byte(0xB0,OLED_CMD);//--set page address
    OLED_WR_Byte(0x81,OLED_CMD); // contract control
    OLED_WR_Byte(0xFF,OLED_CMD);//--128
    OLED_WR_Byte(0xA1,OLED_CMD);//set segment remap
    OLED_WR_Byte(0xA6,OLED_CMD);//--normal / reverse
    OLED_WR_Byte(0xA8,OLED_CMD);//--set multiplex ratio(1 to 64)
    OLED_WR_Byte(0x3F,OLED_CMD);//--1/32 duty
    OLED_WR_Byte(0xC8,OLED_CMD);//Com scan direction
    OLED_WR_Byte(0xD3,OLED_CMD);//-set display offset
    OLED_WR_Byte(0x00,OLED_CMD);//

    OLED_WR_Byte(0xD5,OLED_CMD);//set osc division
    OLED_WR_Byte(0x80,OLED_CMD);//

    OLED_WR_Byte(0xD8,OLED_CMD);//set area color mode off
    OLED_WR_Byte(0x05,OLED_CMD);//

    OLED_WR_Byte(0xD9,OLED_CMD);//Set Pre-Charge Period
    OLED_WR_Byte(0xF1,OLED_CMD);//

    OLED_WR_Byte(0xDA,OLED_CMD);//set com pin configuartion
    OLED_WR_Byte(0x12,OLED_CMD);//

    OLED_WR_Byte(0xDB,OLED_CMD);//set Vcomh
    OLED_WR_Byte(0x30,OLED_CMD);//

    OLED_WR_Byte(0x8D,OLED_CMD);//set charge pump enable
    OLED_WR_Byte(0x14,OLED_CMD);//

    OLED_WR_Byte(0xAF,OLED_CMD);//--turn on oled panel
}
```

图 8-54　初始化代码

利用 STM32 单片机实现后，将所配置的底层迁移至 TC264DA，由于底层使用较多的引脚宏定义，所以移植较为方便，仅更改引脚配置即可。

2）超声波 SR04 模块

超声波测距原理相当于触发控制端，每当输出一个大于 10 μs 的高电平就会驱动传感器发出 8 个 40 kHz 的超声波，ECHO 接收端通过测量接收端高电平的持续时间 T_h 即可计算出离障碍物的距离。选择在 while 循环里读 ECHO 电平方式，以定时器的计数器功能为辅助，计时测距。

其中选用 STM32 单片机普通的 I/O 引脚 PC13 为 TRIG 输出引脚，PC12 为 ECHO 输入引

```
void OLED_Write_IIC_Byte(unsigned char IIC_Byte)
{
    unsigned char i;
    unsigned char m,da;
    da=IIC_Byte;
    OLED_SCLK_Clr();
    for(i=0;i<8;i++)
    {
        m=da;
        //    OLED_SCLK_Clr();
        m=m&0x80;
        if(m==0x80)
        {OLED_SDIN_Set();}
        else OLED_SDIN_Clr();
        da=da<<1;
        OLED_SCLK_Set();
        OLED_SCLK_Clr();
    }
}
/**********************************************
// IIC Write Command
**********************************************/
void OLED_Write_IIC_Command(unsigned char IIC_Command)
{
    OLED_IIC_Start();
    OLED_Write_IIC_Byte(0x78);              //Slave address,SA0=0
    OLED_IIC_Wait_Ack();
    OLED_Write_IIC_Byte(0x00);              //write command
    OLED_IIC_Wait_Ack();
    OLED_Write_IIC_Byte(IIC_Command);
    OLED_IIC_Wait_Ack();
    OLED_IIC_Stop();
}
/**********************************************
```

图 8-55 写指令代码

图 8-56 初始化代码

脚。并选用通用定时器 3 作为计数器，底层配置好后，利用声速公式得出距离，并在 OLED 上显示，检验测距是否准确。图 8-58 为测距初始化代码，图 8-59 为利用定时器配置端口代码。对于 TC264DA，选用底层自带的定时器计数器功能，利用普通 I/O 端口，方法与 STM32 相同。

图 8-57 屏幕显示

```
void SENSOR_Init(void)
{

 GPIO_InitTypeDef  GPIO_InitStructure;

 RCC_APB2PeriphClockCmd(RCC_APB2Periph_GPIOC, ENABLE);   //使能PA,PD端口时钟

 GPIO_InitStructure.GPIO_Pin = GPIO_Pin_13;                   //LED0-->PA.8 端口配置
 GPIO_InitStructure.GPIO_Mode = GPIO_Mode_Out_PP;            //推挽输出
 GPIO_InitStructure.GPIO_Speed = GPIO_Speed_50MHz;          //IO口速度为50MHz
 GPIO_Init(GPIOC, &GPIO_InitStructure);                      //根据设定参数初始化GPIOA.8


GPIO_InitStructure.GPIO_Pin = GPIO_Pin_12;
GPIO_InitStructure.GPIO_Mode = GPIO_Mode_IPD;//浮空输入
GPIO_Init(GPIOC, &GPIO_InitStructure);//初始化GPIO

}
```

图 8-58 测距初始化代码

```
void USART3_Init(u32 bound)
{
    //GPIO端口设置
    GPIO_InitTypeDef GPIO_InitStructure;
    USART_InitTypeDef USART_InitStructure;
    NVIC_InitTypeDef NVIC_InitStructure;

    RCC_APB2PeriphClockCmd(RCC_APB2Periph_GPIOB, ENABLE);   //使能USART3，GPIOC时钟
    RCC_APB1PeriphClockCmd(RCC_APB1Periph_USART3, ENABLE);
    //USART3_TX   GPIOC.10
    GPIO_InitStructure.GPIO_Pin = GPIO_Pin_10;
    GPIO_InitStructure.GPIO_Speed = GPIO_Speed_50MHz;
    GPIO_InitStructure.GPIO_Mode = GPIO_Mode_AF_PP;    //复用推挽输出
    GPIO_Init(GPIOB, &GPIO_InitStructure);//初始化GPIO

    //USART3_RX       GPIOC.11初始化
    GPIO_InitStructure.GPIO_Pin = GPIO_Pin_11;
    GPIO_InitStructure.GPIO_Mode = GPIO_Mode_IN_FLOATING;//浮空输入
    GPIO_Init(GPIOB, &GPIO_InitStructure);//初始化GPIO

    //USART3 NVIC 配置
    NVIC_InitStructure.NVIC_IRQChannel = USART3_IRQn;
    NVIC_InitStructure.NVIC_IRQChannelPreemptionPriority = 3 ;  //抢占优先级3
    NVIC_InitStructure.NVIC_IRQChannelSubPriority = 3;          //子优先级3
    NVIC_InitStructure.NVIC_IRQChannelCmd = ENABLE;            //IRQ通道使能
    NVIC_Init(&NVIC_InitStructure);       //根据指定的参数初始化VIC寄存器

    //USART 初始化设置

    USART_InitStructure.USART_BaudRate = bound;//串口波特率
    USART_InitStructure.USART_WordLength = USART_WordLength_8b;//字长为8位数据格式
    USART_InitStructure.USART_StopBits = USART_StopBits_1;//一个停止位
    USART_InitStructure.USART_Parity = USART_Parity_No;//无奇偶校验位
    USART_InitStructure.USART_HardwareFlowControl = USART_HardwareFlowControl_None;//无硬件数据流控制
    USART_InitStructure.USART_Mode = USART_Mode_Tx;  //收发模式

    USART_Init(USART3, &USART_InitStructure); //初始化串口1
    USART_ITConfig(USART3, USART_IT_RXNE, ENABLE);//开启串口接受中断
    USART_Cmd(USART3, ENABLE);                //使能串口1

    TIM3_Int_Init(99, 7199);     //10ms中断
    USART3_RX_STA = 0;        //清零
    TIM_Cmd(TIM3, DISABLE);            //关闭定时器7
```

图 8-59 利用定时器配置端口代码

8.4.7　蓝牙模块工作过程

由于系统中的蓝牙模块起到通信作用，所以必须明确蓝牙使用的串口通信，且蓝牙必须配置为从机模式。

首先使用上位机 AT 指令配置蓝牙模块，搜索蓝牙 AT 指令配备操作，按步骤配置。USB转 TTL 连接蓝牙模块，插入计算机，连接至上位机，上位机使用 AT 指令配备蓝牙模块的工作模式为从机模式，修改名字，方便手机 App 被正确搜索到。手机 App 搜索蓝牙模块，并与它配对。

配对完成后，用手机与其收发通信，并在上位机上显示，保证蓝牙模块工作正常。图 8 - 60 为手机 App 连接蓝牙模块界面。

选择 TC264DA 的串口 0，UART0_TX_P14_0 为发送引脚、UART0_RX_P14_1 为接收引脚，接收到数据后在 OLED 屏幕上显示，确认信息收发无误后再实现用手机控制电机驱动。

图 8 - 60　手机 App 连接蓝牙模块

8.4.8　语音模块工作过程

主控制器和 SYN6288 语音合成芯片之间通过 UART 接口连接，控制器可通过通信接口向 SYN6288 语音合成芯片发送控制命令和文本，SY6288 语音合成芯片把接收到的文本合成为语音信号输出，输出信号经功率放大器进行放大后连接喇叭播放。

配置具有串口功能的引脚，初始化串口通信。查询命令帧格式，编写通信协议，并发送简单语句，使其发音。首先在 STM32 上尝试，让其智能发音。

其后将程序移植到 TC264DA。由于小车需要语音实时播报，即播报较为频繁，总是出现语音未播报完成却被打断的情况，所以在 TC264DA 上添加 SYN6288 的空闲状态查询，以保证上一条语音发音完毕，才允许其进行下一条语音合成与发音，用标志位 SYN_STATUS 记录其状态，具体实现代码如图 8 - 61 所示。

```
IFX_INTERRUPT(uart3_rx_isr, 0, UART3_RX_INT_PRIO)
{
    enableInterrupts();//开启中断嵌套
    IfxAsclin_Asc_isrReceive(&uart3_handle);
    if(uart_query(UART_3, &syn_receive[syn_receive_num]))
    {
        if(syn_receive[0]==0x4F&&SYN_STATUS==0)
        {
            SYN_STATUS=1;
        }
    }
}
```

图 8 - 61　记录状态代码

8.4.9　舵机 SG90

用 STM32 的定时器 4 配置 1 000 kHz 时钟频率的定时器，配置 PWM 输出，用 PWM 设置一定宽度脉冲进入信号调制芯片，获得直流偏置电压。舵机内部有一个基准电路，产生周期为 20 ms，宽度为 1.5 ms 的基准信号，将获得的直流偏置电压与电位器的电压进行比较，获得电压差输出。最后，电压差的正负输出到电机驱动芯片，决定舵机的正反转及转动的角度。舵机控制代码如图 8 - 62 所示。

```
void TIM4_PWM_Init(u16 arr,u16 psc)
{
    GPIO_InitTypeDef GPIO_InitStructure;
    TIM_TimeBaseInitTypeDef  TIM_TimeBaseStructure;
    TIM_OCInitTypeDef   TIM_OCInitStructure;

    RCC_APB1PeriphClockCmd(RCC_APB1Periph_TIM4, ENABLE);// 使能定时器1
    RCC_APB2PeriphClockCmd(RCC_APB2Periph_GPIOB , ENABLE);  //使能GPIO外设时钟使能


    //设置该引脚为复用输出功能，输出TIM1 CH1的PWM脉冲波形
    GPIO_InitStructure.GPIO_Pin = GPIO_Pin_7; //TIM_CH1
    GPIO_InitStructure.GPIO_Mode = GPIO_Mode_AF_PP;  //复用推挽输出，因为把定时器输出,不是普通引脚,所以选择复用
    GPIO_InitStructure.GPIO_Speed = GPIO_Speed_50MHz;
    GPIO_Init(GPIOB, &GPIO_InitStructure);

    TIM_TimeBaseStructure.TIM_Period = arr; //设置在下一个更新事件装入活动的自动重装载寄存器周期的值    80K
    TIM_TimeBaseStructure.TIM_Prescaler =psc; //设置用来作为TIMx时钟频率除数的预分频值   不分频
    TIM_TimeBaseStructure.TIM_ClockDivision = 0; //设置时钟分割:TDTS = Tck_tim
    TIM_TimeBaseStructure.TIM_CounterMode = TIM_CounterMode_Up;  //TIM向上计数模式
    TIM_TimeBaseInit(TIM4, &TIM_TimeBaseStructure); //根据TIM_TimeBaseInitStruct中指定的参数初始化TIMx的时间基数单位

    TIM_OCInitStructure.TIM_OCMode = TIM_OCMode_PWM1; //选定定时器模式:TIM脉冲宽度调制模式2,CNT>CCR1为有效
    TIM_OCInitStructure.TIM_OutputState = TIM_OutputState_Enable; //比较输出使能
    TIM_OCInitStructure.TIM_Pulse = 0; //设置待装入捕获比较寄存器的脉冲值,设置CCRX
    TIM_OCInitStructure.TIM_OCPolarity = TIM_OCPolarity_High; //输出极性:TIM输出比较极性,高电平有效,low,低电平有
    TIM_OC2Init(TIM4, &TIM_OCInitStructure); //根据TIM_OCInitStruct中指定的参数初始化外设TIMx

    TIM_Ctr1PWMOutputs(TIM4,ENABLE);    //MOE 主输出使能

    TIM_OC2PreloadConfig(TIM4, TIM_OCPreload_Enable);  //CH2预装载使能,使能预装载寄存器

    TIM_ARRPreloadConfig(TIM4, ENABLE); //使能TIMx在ARR上的预装载寄存器

    TIM_Cmd(TIM4, ENABLE); //使能TIM1,使能定时器
```

图 8 - 62　舵机控制代码

使用 TC264DA 控制 DRV8701，TC264DA 输出一路 PWM 控制电机，用另一引脚 I/O 的高低来驱动 H 桥电路来控制电机的正反转。电机运动状态控制代码如图 8 - 63 所示。

```
void forward(void)
{
    Direction_Motor_R = Forward_Motor_R;
    gpio_set(P21_2,Direction_Motor_R);
    pwm_duty(ATOM0_CH1_P21_3,speed);

    Direction_Motor_L = Forward_Motor_L;
    gpio_set(P21_4,Direction_Motor_L);
    pwm_duty(ATOM0_CH3_P21_5,speed+50);
}
void backward(void)
{
    Direction_Motor_R = Back_Motor_R;
    gpio_set(P21_2,Direction_Motor_R);
    pwm_duty(ATOM0_CH1_P21_3,speed);

    Direction_Motor_L = Back_Motor_L;
    gpio_set(P21_4,Direction_Motor_L);
    pwm_duty(ATOM0_CH3_P21_5,speed+20);
}
void leftward(void)
{
    Direction_Motor_R = Forward_Motor_R;
    gpio_set(P21_2,Direction_Motor_R);
    pwm_duty(ATOM0_CH1_P21_3,speed);

    Direction_Motor_L = Back_Motor_L;
    gpio_set(P21_4,Direction_Motor_L);
    pwm_duty(ATOM0_CH3_P21_5,speed+50);
```

图 8 - 63　电机运动状态控制代码

8.4.10　人脸识别 AI 设计

1．OpenMV 模块测试

为了检测 OpenMV 识别的人脸是否准确，可以利用 OpenMV 串行终端进行调试。此外，为了检查 OpenMV 与 STM32mini 串行通信情况，在串口调试助手下进行仿真。

图 8-64 是在 OpenMV IDE 帧缓存窗口进行人脸识别尝试的结果，其中包括人脸特征库的建立、捕获人脸、特征点检测等。

图 8-64　人脸识别结果

在人脸充满窗口以及未充满窗口时，可以成功捕获人脸并画出矩形框，如图 8-65 所示。

成功提取拍摄的人脸特征，用于与已建立的人脸特征库进行特征匹配，输出特征差异度最小也即最匹配的人员编号。当与库内已有的人员人脸差异度均超过阈值时，判断为未知人员。人脸匹配效果如图 8-66 所示。

图 8-65　成功捕获人脸　　　　　　　　图 8-66　人脸匹配效果

OpenMV IDE 串行终端窗口示例如图 8-67 所示。

```
received-start  //OpenMv收到stm32通过串口3发送的开始识别指令（T）
                //dist-库内每位人员的多张人脸特征总差异度大小
Average dist for subject 1: 6723
Average dist for subject 2: 8239
Average dist for subject 3: 7756
The most similar person is: 1  //最匹配的人员编号
the person is YGY //库内编号1人员身份为ygy
```

图 8-67　串行终端窗口示例

STM32mini 与 OpenMV 串口通信指令如图 8-68 所示。

```
if uart.any():                    FH=bytearray([num,0x0d,0x0a])
    a=uart.read(1).decode()       uart.write(FH)
```

图 8-68　STM32mini 与 OpenMV 串口通信指令

2. 主要问题及解决

通过多次测试发现，OpenMV 的识别相对耗时长，在人脸拍摄距离较近或较远时可能出现识别失败、未检测到人脸以及识别身份错误的情况。根据实际情况，将 OpenMV 与人脸的距离设定在 60 cm 左右，此时识别比较准确，能够达到预期的要求。

建立人员脸部库：分辨不同人脸的实际效果受光线和背景影响很大——选择在整个系统搭建完成之后重新建立人员脸部特征库，提高识别精度，尽可能多地拍取不同表情状态的照片。

捕获人脸→特征点检测：仅当脸全部填满摄像头时才可分辨人脸——通过多次识别训练学习，寻找人脸识别准确度最高的合适距离，并利用哈尔特征（Haar）人脸模型捕获区域中的人脸局部放大截取出来，降低对被识别者的要求。

与 STM32 串口通信→配合超声波：检测小车控制舵机实现车库闸门的开关——当功能实现异常时，排查模块耗时且烦琐；利用 OpenMV 内置的 LED 有红、绿、蓝三种颜色来作为功能实现的标志，有利于较快锁定异常模块。

8.4.11 外观及系统搭建

车库智能门锁制作流程如下：将定制木制隔板用热熔胶进行固定，接着使用透明玻璃胶和双面胶对车库所需模块如超声波模块、语音模块、STM32mini、OpenMV 固定于木制隔板上。其中，在隔板外设计一个小的平台（离地面合适高度）将超声波模块置于其上，防止超声波检测车辆靠近出现异常。裁剪纸箱制作闸门抬杠，其上打孔用螺丝钉安装舵机模块，然后固定在车库门锁木制隔板上。将三块透明玻璃板用热熔胶进行固定，搭建车辆停车车位。至此车库系统制作完成，车载系统集成多个模块，整体效果如图 8 - 69 所示。

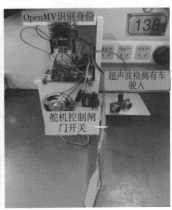

图 8 - 69 车库管理系统整体效果

8.4.12 系统测试及结果

1. 硬件部分

1）变压模块

先对变压模块进行焊接，完成焊接后直接用万用表对相应的引脚进行检测，读取万用表示数，与标称值进行比较。

2）MCU 系统电路

在焊接完成其他所有模块，再三确认变压模块没有问题后，对 MCU 系统电路进行焊接；

一定要确保 MCU 一圈引脚焊接正常，没有连锡。连接下载器进行下载，如果下载成功，则该电路没有问题；如果失败，可以先检查各个电压，然后可以着重检查 BSL215C，如果发烫，则表明 MCU 与 BSL215C 没有正常连接，或者已经烧穿。此电路较难焊接，需要有丰富的焊接经验。

3）板载电流环驱动电路

由于 DRV8701E 采用 VQFN - 24 封装，其极难焊接，调试时应先检查 4.8 V 和 3.8 V 输出正常与否，并需要观察两个报警 LED，一旦亮起，就意味着虚焊，需要重新用热风枪和焊刀焊接、补锡。观察电机能否正常驱动时，应把万用表或示波器接在 MOS 输出端，观察能否正常输出，如果不能，检测 MOS 信号输入端，如没有信号，则重焊 DRV8701E，反之重焊 MOS 管。注意电流环回馈接收管脚 VO 对 MCU 的信号输出，这条线路要重点关注。

如果尝试多遍后仍然无法正常工作，可以观察各个引脚有无短路，有则认定芯片烧坏；如果无，也可以认为芯片已经因多次焊接温度过高烧坏或焊盘掉落。此时换一个新的芯片或许是更好的选择。

2. 调试过程中的主要问题与解决方法

1）超声波 SR04 模块

问题 a：在 STM32 上实现时，定时器的 CNT 计数器值每次都是 0。

解决方法：

（1）尝试更换定时器，未解决。

（2）尝试在接收引脚变为高电平时，开启定时器，引脚变为低电平时，失能定时器，解决了问题，将测量误差控制在 ±0.2 cm。

问题 b：在 TC264DA 上出现严重失误，测量结果与实际值完全不成线性比例关系。

解决方法：

（1）用示波器测 ECHO 引脚电平，发现输入无误。

（2）将 ECHO 连接上 TC264DA 后，直接用示波器测 P15_1，引脚电平十分不稳定，检查程序发现，将 ECHO 引脚初始化为上拉输入了。经将引脚初始化方式改为下拉输入后，引脚电平输入变稳定了。但是测距误差还是很大，测量误差为 ±1 cm。

（3）怀疑是计数器计时未被及时读取，由于 TC264DA 的定时器没有输入捕获功能，这时利用 TC264DA 的双核优势，将定时器读取放至 1 核，将测量误差控制在了 ±0.2 cm。

2）语音模块

问题 a：一开始在 TC264DA 上没能实现其功能，怀疑是语音模块坏了，通过串口助手向其发送指令后顺利发音。后来通过排查程序发现，直接调用库函数 void uart_putstr（UARTN_enum uartn, const int8 * str），会因为构造数据区长度的高字节为 0x00，导致字符串发送到了第二个字符就中断，如图 8-70 所示。

```
void uart_putstr(UARTN_enum uartn, const int8 *str)
{
    while(*str)
    {
        uart_putchar(uartn, *str++);
    }
}
```

图 8-70 字符串发送问题

解决方法：

自行编写串口发送字符串函数，如图 8 - 71 所示。

```
for(i=0;i<5 + HZ_Length + 1;i++)
uart_putchar(UART_3,Frame_Info[i]);
```

图 8 - 71　正确字符串函数

问题 b：向 SYN6288 发送控制命令帧，查询芯片是否处于空闲状态，收不到 0x4F，导致程序不正常运行。

解决方法：

（1）查询手册得知，借助上位机向 SYN6288 发送命令，收到正确的命令帧会先返回 0x41 再返回 0x4F。

（2）启动串口中断接收信号，接收到正确信号后，改变信号接收标志位 SYN_SRATUS。

问题 c：开启了接收中断，语音模块总是不能正常运行，尝试将接收中断优先级调低于发送优先级之后。

解决方法：

推测是语音模块的 TX 引脚回传干扰发送，将接收中断优先级调低于发送中断后解决。

（3）蓝牙模块

问题 a：正确连接蓝牙与 USB 转 TTL，根据 HC - 05 指令集配置蓝牙模块，却得不到正确响应。

解决办法：

在 CSDN 论坛查找问题，得知某些指令得不到回应是正常的，所以尽量使用少数指令集，仅修改名字，波特率和配置为从机模式。

问题 b：所使用的手机 App 一直连接不了蓝牙，而且更换了多个 App 一直不成功。一度怀疑是不是漏了什么环节。

解决办法：更换 App 再尝试连接。

4）舵机模块

问题 a：初始按原理配置了 PWM 输出，连接 SG90 舵机完全无响应。

解决办法：

（1）初步猜测是舵机坏了，更换了 S - D5 舵机后仍没有响应。

（2）拿示波器观察引脚输出电平，发现该引脚并未输出方波。

（3）更换成引脚 PA8 配置 1 000 kHz 的定时器，用示波器观察波形后，确认得到了正确输出，但连接舵机后，舵机仍不响应。经查看原理图，发现 mini 版的 PA8 引脚连接着红色 LED，导通电流大概是 5 ~ 8 mA，导致舵机驱动电流远远不够，再次更换引脚。

（4）更换引脚，检查完毕后，接上 S - D5 舵机依旧没有正确响应，查了 S - D5 舵机驱动电流，空转电流大约是 180 mA，STM32 引脚推挽输出时，数据手册上最大电流是 25 mA，总电流也是 25 mA。实测可以达到 60 mA 以上，但还是不足以驱动舵机。更换了 SG90 舵机后成功驱动。

5）OpenMV 人脸检测系统

问题 a：建立人员脸部库，分辨不同人脸的实际效果受光线和背景影响很大。

解决方法：

选择在整个系统搭建完成之后重新建立人员脸部特征库，提高识别精度，尽可能多地拍取不同表情状态的照片。

问题 b：捕获人脸→特征点检测：仅当脸全部填满摄像头时才可分辨人脸。

解决方法：

通过多次识别训练学习，寻找人脸识别准确度最高的合适距离，并利用哈尔特征（Haar）人脸模型捕获区域中的人脸局部放大截取出来，降低对被识别者的要求。

问题 c：与 STM32 串口通信→配合超声波：检测小车控制舵机实现车库闸门的开关。

解决方法：

当功能实现异常时，排查模块耗时烦琐：利用 OpenMV 内置的 LED 有红、绿、蓝三种来作为功能实现的标志，利于较快锁定异常模块。

6）模块间协调调试

问题 a：用 USB 转 TTL 连接 OpenMV 至上位机，OpenMV 一直收不到正确响应。

解决方法：

查看程序，发现每次进入 while 都会重新初始化串口，导致串口接收缓冲区数据丢失，改为只在 while 前初始化串口后，成功解决问题。

问题 b：OpenMV 和 STM32 通信时，发现 OpenMV 使用串口接收 STM32 信号功能后，串口无法向外正常发送信号。

解决方法：接收到正确信号后，重新初始化串口，此问题得到解决。

问题 c：在实际中，需要实现车库系统处的超声波测量距离小于阈值再向 OpenMV 发送信号，但是在无物品遮挡的时候，超声波测距会紊乱，会在极大值和 0 之间随意跳动。

解决方法：对测量距离设置双阈值，规避超声波在无障碍时紊乱的现象。

问题 d：在实际中，需要实现人或车远离车库，车库系统处的超声波测量距离高于阈值时再向 OpenMV 发送信号，使其停止检测。但是由于 OpenMV 为了解决开启接收后无法发送信号问题，在发送信号前总是对串口初始化，所以存在信息接收丢失情况。

解决方法：在测距高于阈值时，若接收到 OpenMV 人脸识别结果，不做车库控制处理，反而向其发送停止检测标志位，这样实现动态开关人脸检测系统以降低功耗。

8.4.13 产品操作说明

控制小车模型行驶靠近车库大约 30 cm 处，STM32 向 OpenMV 发送开始识别指令"T"，触发基于 OpenMV 的人脸检测系统，并由语音模块 SYN6288 给出语音提示"请刷脸进入"，提醒驾驶员进行人脸检测。进行人脸检测时，OpenMV 上红色 LED 亮起，提醒驾驶员此时正在进行人脸检测（当小车远离闸门时，OpenMV 红色指示灯灭，STM32 向 OpenMV 发送开始识别指令"S"，绿色指示灯亮，表示停止识别）。当人脸身份识别失败时，语音模块 SYN6288 给出语音提示"识别失败，请重新识别"，OpenMV 红色指示灯一直亮；当人脸身份识别成功时，舵机控制闸门升起，语音模块 SYN6288 给出语音提示"×××请进入"，OpenMV 红色指示灯灭。语音模块 SYN6288 给出语音提示"闸门即将关闭，请尽快通行"，一定延时后，舵机控制闸门落下。通过手机蓝牙与车载蓝牙通信，可以操控小车以合适的速度 0.1～0.2 m/s 正常行驶；当手机 App 开启倒车入库提示功能时，语音模块 SYN6288 可以根据超声波测得的到墙壁的距离值给出语音提示"××点××厘米；当到墙的距离值小于 5 cm 时，语音模块 SYN6288 通过提高音量，并给出语音提示"××点××厘米，小心撞墙"作出报警提示，至此入库成功。

8.4.14　相关芯片介绍及典型应用图

1. Infineon 公司单片机芯片 TC264DA

TC264DA 是一个具有两个 CPU 核的 32 位高性能微控制器，它具有多个片上存储器，程序闪存高达 2.5 MB，可用于 EEPROM 仿真的数据闪存有 96 KB。它具有复杂的中断系统，且受 ECC 保护，同时具有高性能的片上总线结构。它具有 4 个 SPI 通道，速度极快，高达 50 Mb/s，具有一个通用定时器模块和 8 位备用控制器（两个 8 位定时器和一个 16 位计时器）。特别地，TC264DA 具有 4 个独立 ADC 内核集群，具有 50 个独立 ADC 管脚，十分有利于测量模拟量。TC264DA 典型应用图如图 8 – 72 所示。

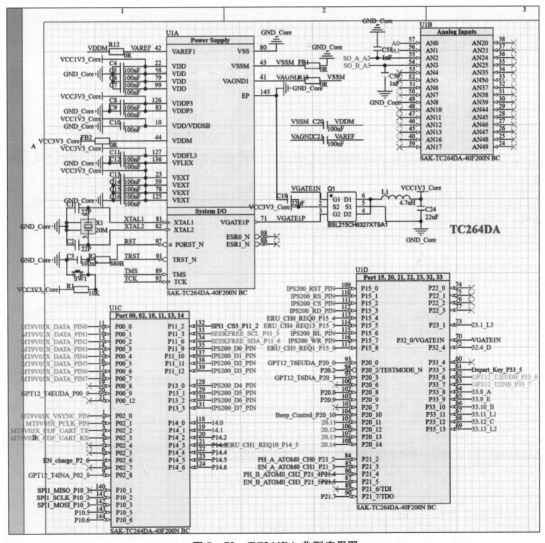

图 8 – 72　TC264DA 典型应用图

2. LED 驱动芯片 TLD2331 – 3EP

TLD2331 – 3EP 是一款具有集成输出级的三通道高边驱动器 IC。它设计用于控制电流高达 80 mA 的 LED。在典型的汽车应用中，如果不受整体系统热特性的限制，该器件能够以高达 60 mA 甚至更高的电流驱动每链 3 个红色 LED（总共 9 个 LED）。实际上，输出电流由一个外部电阻器或基准电压源控制，而不受负载和电源电压变化的影响。其工作电压支持 5.5 ~ 40 V，在汽车电子中具有很强的适用性，其典型应用图如图 8 – 73 所示。

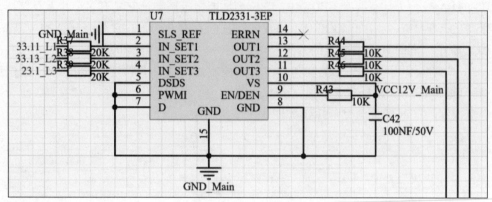

图 8 – 73　TLD2331 – 3EP 典型应用图

3. 升压芯片 SX1308

SX1308 是一款恒定频率、6 引脚 SOT23 电流模式升压转换器，适用于小型、低功耗应用。输入电压 2 ~ 24 V，输出电压最高可达 28 V，具有内部 4 A 开关电流限制。SX1308 的开关频率为 1.2 MHz，允许使用纤巧、低成本的电容器和高度不超过 2 mm 的电感器。内部软启动可实现小浪涌电流，并延长电池寿命。SX1308 在轻负载下具有自动切换到脉冲频率调制模式的功能。SX1308 具有欠压锁定、限流和热过载保护功能，可防止输出过载时损坏。其典型应用图如图 8 – 74 所示。

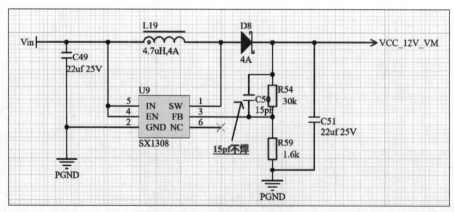

图 8 – 74　SX1308 典型应用图

4. 降压芯片 AMS1117

AMS1117 系列可调和固定稳压器设计用于提供 800 mA 的输出电流，并在低至 1 V 的输入至输出差分条件下工作。在最大输出电流下，器件的压差保证最大为 1.3 V，在较低的负载电流下，减速器得到缓解。片内微调可将基准电压调节至 1%。电流限制也经过调整，从而最大限度地降低了稳压器和电源电路在过载条件下的应力。AMS1117 器件与其他三端子 SCSI 稳压器引脚兼容，采用薄型表面贴装 SOT 223 封装和 TO 252（DPAK）塑料封装。通常我们使用固定稳压器 AMS1117 - 3.3 和 AMS1117 - 5.0，其典型应用图如图 8 - 75 所示。

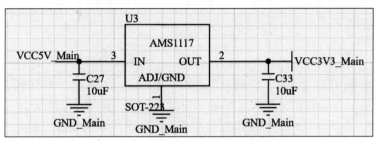

图 8 - 75　AMS1117 - 3.3 典型应用图

附录　STC89C52 实验箱应用

为了促进读者更好地学习 STC89C52 单片机的工程应用，本课题组设计了一种 STC89C52 单片机综合实验箱，并开发了基于实验箱的 28 个实验，包括 19 个基础实验和 9 个综合应用实验。该 STC89C52 实验箱包含丰富的硬件模块，其硬件组成上高集成度的特点便于学习者使用。该实验箱采用的单片机接口类型为 STC89C52 微处理器，并可以兼容其他类型单片机。开发板各硬件模块组成上相对独立，I/O 端口连接完全开放，不仅适用于初学者入门学习，而且还非常适合开发人员进行二次开发。每个实验都以本教材为理论基础。附录图 1 所示为实验箱结构组成。

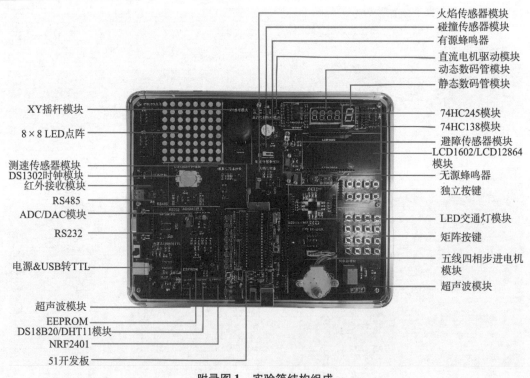

火焰传感器模块
碰撞传感器模块
有源蜂鸣器
直流电机驱动模块
动态数码管模块
静态数码管模块

74HC245模块
74HC138模块
避障传感器模块
LCD1602/LCD12864
模块
无源蜂鸣器
独立按键

LED交通灯模块
矩阵按键
五线四相步进电机
模块
超声波模块

XY摇杆模块
8×8 LED点阵

测速传感器模块
DS1302时钟模块
红外接收模块
RS485
ADC/DAC模块
RS232
电源&USB转TTL

超声波模块
EEPROM
DS18B20/DHT11模块
NRF2401
51开发板

附录图 1　实验箱结构组成

本附录主要有两大部分：

第一部分基础应用实验。基础实验主要包括基于 STC89C52 硬件设计的 19 个实验，针对 STC89C52 的各个硬件模块。通过这些实验学生可以掌握 STC89C52 的硬件结构、硬件模块、工作原理和简单的编程方法。

第二部分进阶应用实验。一共设计了 9 个实验，从只包含简单的几个模块的实验到复杂的实现一个完整功能的实验均有涉及，比如交通灯、超声波等，目的是让学生从整体上掌握利用 STC89C52 单片机进行开发设计的过程，并学会 STC89C52 单片机比较复杂的编程方法。

基于实验箱的实验由浅入深，由部分到整体，读者可按照实验顺序实现从基本的编程到复杂的编程，一方面可以很好地学习和掌握单片机的基本知识，另一方面可以很容易地应用单片机进行设计，为以后的课程设计、毕业设计或者工作中的开发设计奠定良好的基础。

本书涉及的全部范例代码在 IDE 软件的安装路径下都可以找到。读者在实验过程中可以参考。

第一部分　STC89C52 单片机实验箱基础应用实验

实验一　熟悉 STC89C52 单片机开发环境并控制蜂鸣器

【实验目的】

1. 熟悉 STC89C52 单片机开发环境；
2. 掌握 STC89C52 单片机 I/O 端口输出并控制蜂鸣器；
3. 掌握 STC89C52 单片机 C 语言的编程方法。

【实验设备】

1. 集成多类型模块开发的实验箱一个。

2. 本实验用到的实验箱硬件模块为：STC89C52 核心及周边电路模块和有源蜂鸣器模块。

【实验要求】

1. 编程要求：编写一个 C 语言程序。

2. 实现功能：使有源蜂鸣器以 500 ms 为周期发出声音。

3. 实验现象：实验过程中，有源蜂鸣器发出声音后，等待 500 ms 再次发出声音。

【实验原理】

有源蜂鸣器属于电磁式蜂鸣器类型。这里的有源并不是指电源的意思，而是指蜂鸣器内部含有振荡电路，只需提供电源即可发声。

如果给有源蜂鸣器加一个 1.5 ~ 5 kHz 的脉冲信号，其同样也会发声，而且改变这个频率，就可以调节蜂鸣器音调，产生各种不同音色、音调的声音。如果改变输出电平的高低电平占空比，则可以改变蜂鸣器的声音大小。

【硬件连接】

实验目的是利用 I/O 端口控制蜂鸣器，让蜂鸣器发出声音。因此需使用一根杜邦线将单片机的管脚与 P27 端子连接。蜂鸣器模块电路是独立的，所以使用任意单片机管脚都可以，为了与例程程序配套，这里使用 P2.5 管脚。

【程序流程】

初始化管脚 P2.5 为有源蜂鸣器控制管脚。程序的主循环里，有源蜂鸣器的控制管脚 P2.5 先置为高电平，延时等待 500 ms 后改变电平状态。循环执行此操作以实现有源蜂鸣器发出声音与停止发声的实验现象。

本实验程序流程图如附录图 2 所示。

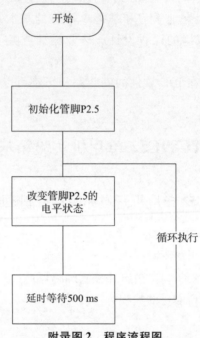

附录图 2　程序流程图

【实验步骤】

鉴于本实验为基于实验平台的基础实验，所以在此介绍一些有关 MDK5 与 STC‑ISP 操作的步骤；在之后的实验中，将不再重述。

1. 安装 MDK5：双击安装软件如附录图 3 所示图标，开始安装 MDK5 集成开发环境。

ARM.CMSIS.5.7.0.pack	110.85 MB	108.49 MB	uVision Software…
c51v960a.EXE	93.89 MB	91.96 MB	应用程序
Keil.STM32F1xx_DFP.1.0.4.pa…	48.31 MB	48.05 MB	uVision Software…
Keil.STM32F2xx_DFP.2.9.0.pa…	66.39 MB	65.03 MB	uVision Software…
Keil.STM32F3xx_DFP.2.1.0.pa…	92.76 MB	91.85 MB	uVision Software…
Keil.STM32F4xx_DFP.2.13.0.p…	234.78 MB	233.05 MB	uVision Software…
keygen-2032.exe	497.63 KB	22.82 KB	应用程序
MDK531.EXE	875.95 MB	870.44 MB	应用程序

附录图 3　安装开发环境

2. 安装界面如附录图 4 所示，单击【Next】，在新弹出的界面中勾选【I agree to all the terms of the preceding License Agreement】，然后单击【Next】，如附录图 5 所示。

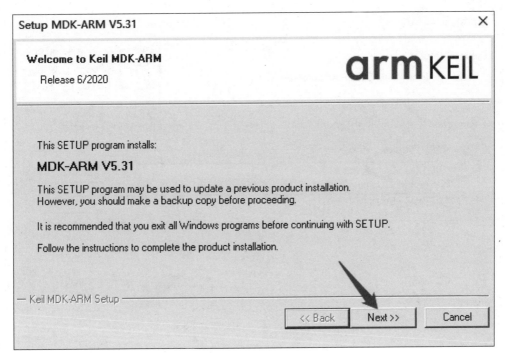

附录图 4　安装界面

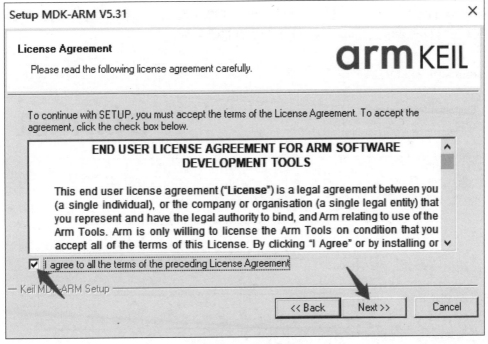

附录图 5　确定安装

3. 单击【Browse...】选择合适的安装目录后单击【Next】。需要注意的是该软件对中文的兼容性差，文件需要安装在以英文命名的文件夹路径下。附录图 6 为安装路径命名界面。

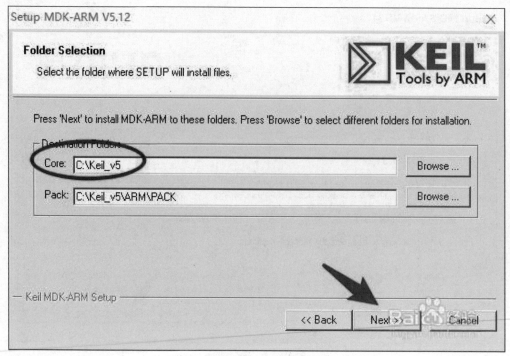

附录图 6　安装路径命名界面

4. 填写【First Name】与【E – mail】（可以随意填写），然后单击【Next】，开始安装。附录图 7 为填写安装信息界面，附录图 8 为安装进度界面。

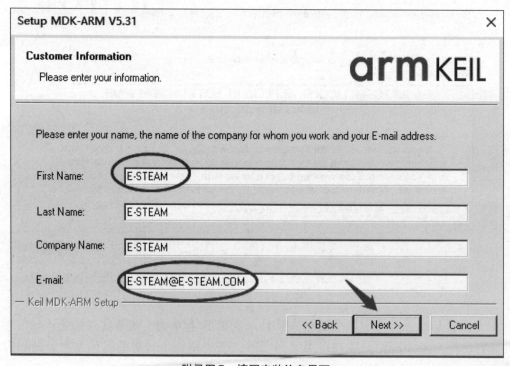

附录图 7　填写安装信息界面

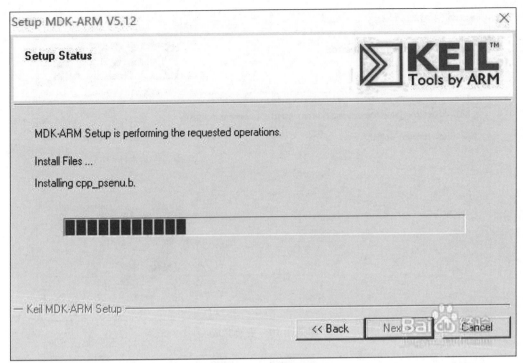

附录图 8　安装进度界面

5. 安装过程中，会自动弹出对话框询问是否安装通用串行总线控制驱动，如附录图 9 所示。选择【安装】。

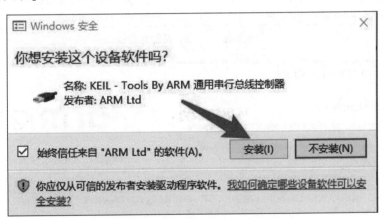

附录图 9　通用串行总线控制驱动安装

6. 如附录图 10 所示，安装完成后单击【Finish】，弹出 "Pack Install"，单击【OK】即可，安装完成。

7. 接下来需要安装 C51 编译环境，双击如附录图 11 所示 C51 安装文件。

8. 在弹出的窗口中选择【Next】，勾选【I agree to all the terms of the preceding License Agreement】同意安装协议，如附图 12 所示，然后再单击【Next】，进行下一步操作。接下来需要定义程序安装路径，定义安装文件夹名称和路径后单击【Next】进行接下来的操作，如附录图 13 所示。

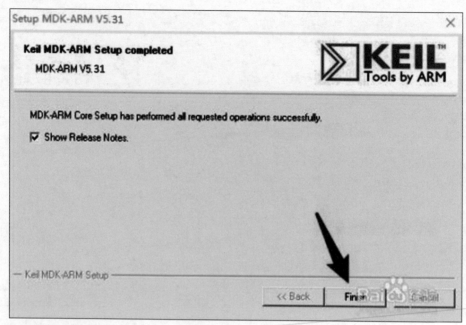

附录图 10 安装完成

ARM.CMSIS.5.7.0.pack	110.85 MB	108.49 MB	uVision Software...	2
c51v960a.EXE	93.89 MB	91.96 MB	应用程序	2
Keil.STM32F1xx_DFP.1.0.4.pa...	48.31 MB	48.05 MB	uVision Software...	2
Keil.STM32F2xx_DFP.2.9.0.pa...	66.39 MB	65.03 MB	uVision Software...	2
Keil.STM32F3xx_DFP.2.1.0.pa...	92.76 MB	91.85 MB	uVision Software...	2
Keil.STM32F4xx_DFP.2.13.0.p...	234.78 MB	233.05 MB	uVision Software...	2

附录图 11 C51 安装文件

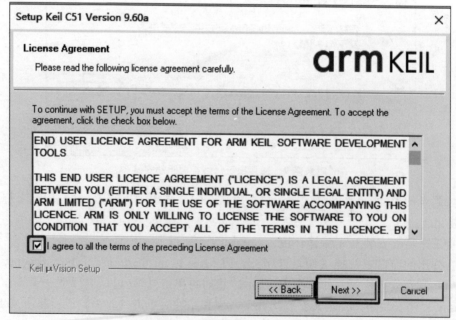

附录图 12 同意安装并进行下一步

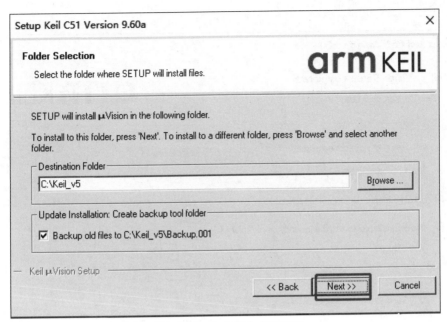

附录图 13　定义程序安装路径

9. 下一步需要填写【First Name】与【E－mail】等安装信息（可以随意填写），然后单击【Next】，开始安装，如附录图 14 所示。

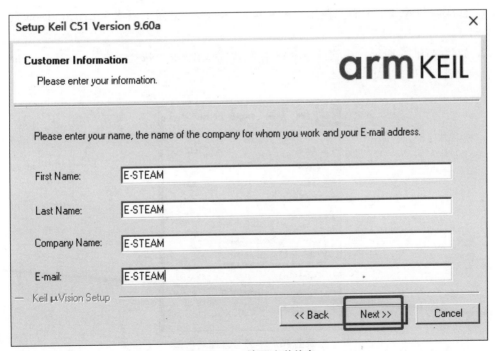

附录图 14　填写安装信息

10. 安装过程中会显示安装进度，完成后出现安装完成界面，全部勾选选项后单击

【Finish】关闭即可，如附录图 15 所示。

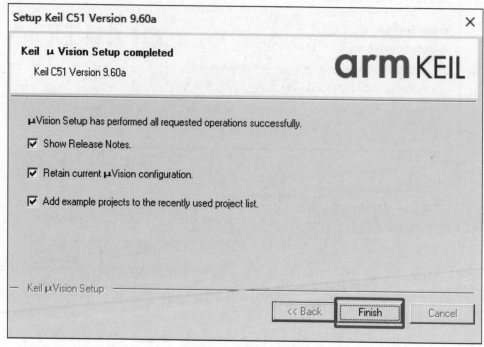

附录图 15 安装完成界面

11. 首次启动 Keil C51 需要使用授权码激活 MDK5，桌面上双击"Keil μVision5"图标打开软件。

12. 如附录图 16 所示，在软件左上角主菜单栏单击 File，选择【License Management…】选项，打开序列号管理对话框。

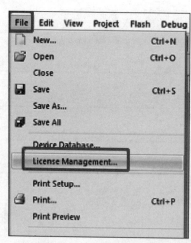

附录图 16 序列号管理对话框

13. 在打开的序列号管理窗口中填入所取得的授权序列号，附录图 17 中显示了该序列号所需要填入的位置。

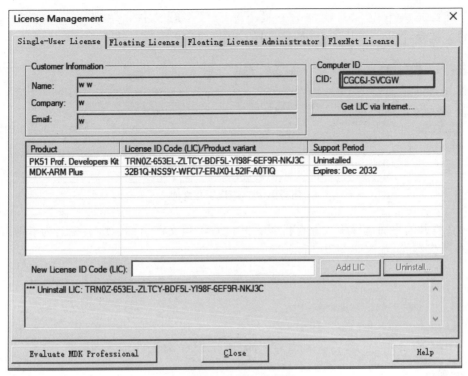

附录图 17　填入序列号

14. 填入序列号后，在附录图 18 所示位置单击【Add LIC】完成激活软件。

附录图 18　完成激活软件操作

15. 安装完成 Keil C51 软件后，接下来新建工程文件，单击主菜单栏的左上角【Project】，选择【New μVision Project...】，如附录图 19 所示。

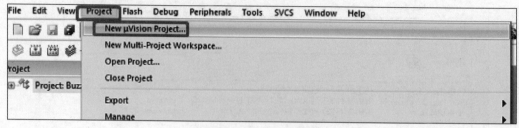

附录图 19　新建工程文件

16. 在打开的界面选择工程保存位置，并设置工程文件名称，这里命名为有源蜂鸣器，然后单击【保存】，如附录图 20 所示。

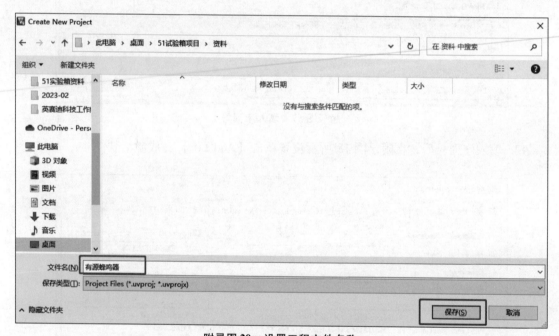

附录图 20　设置工程文件名称

17. 新建工程文件完成后，需要设置所使用的微处理器类型，在弹出的界面中，选择【STC MCU Database】，如附录图 21 所示，之后在下方的芯片列表中找到【STC89C52RC Series】选项，单击【OK】，完成单片机型号选择，如附录图 22 所示。

18. 新建工程结束后会弹出如附录图 23 所示弹窗，这里选择【是】，自动为工程添加STARTUP. A51 的启动文件；选择【否】则不会自动添加。

19. 接下来需要在工程文件中新建程序文件，在左上角单击 图标，新建一个 Text1 文件，这里选择先保存，如附录图 24 所示。

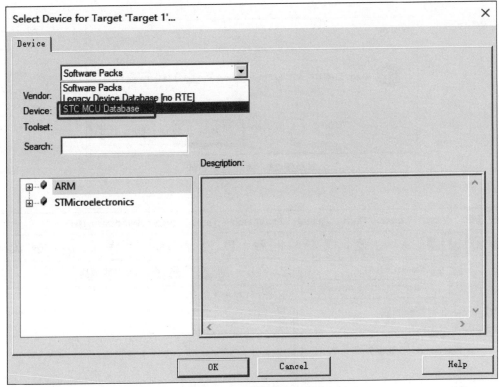

附录图 21　选择微处理器类型

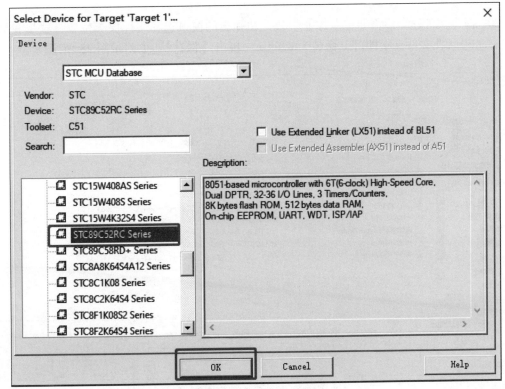

附录图 22　选择单片机型号

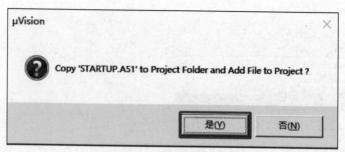

附录图 23　添加启动文件

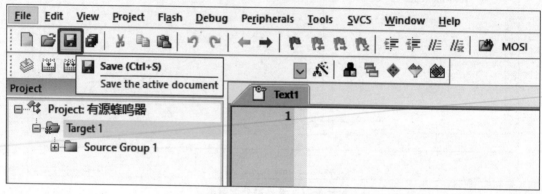

附录图 24　新建程序文件

20. 程序文件建立后需要保存才能生效，在弹出的窗口选择文件保存位置，这里我们直接放在工程所在文件夹下即可，命名为 main.c，单击【保存】，如附录图 25 所示。

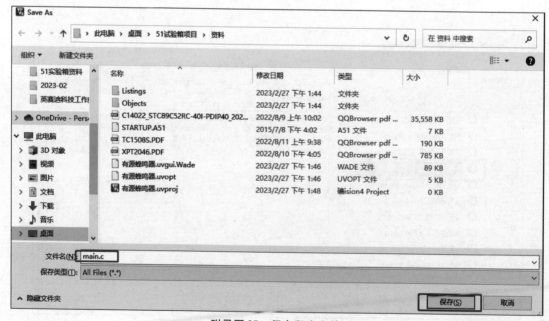

附录图 25　保存程序文件

21. 如附录图 26 所示，在 Project 栏中，展开工程文件夹 Source Group 1，会发现这里只有新建工程时自动添加的 STARTUP. A51 文件。右键单击 Source Group 1 文件夹，在弹出的窗口中选择【Add Existing Files to Group 'Source Group 1'...】选项，在打开的界面中，选择新建的 main. c 程序文件，单击【Add】进行添加，添加完成后关闭窗口即可。

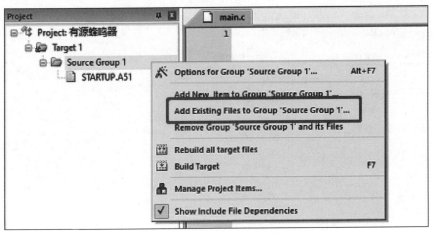

附录图 26　添加程序文件

22. 在生成工程文件后，还需要配置编译输出的 HEX 类型文件，该类型文件可以烧写到单片机中，通常用于传输将被存于 ROM 或 EEPROM 中的程序和数据，是由文本所构成的 ASCII 文本文件。单击如附录图 27 所示工具栏中框选的图标，在弹出的窗口中选择 Output 界面，选中【Create HEX File】选项，单击【OK】完成配置，如附录图 28 所示，此时程序会生成 HEX 文件。

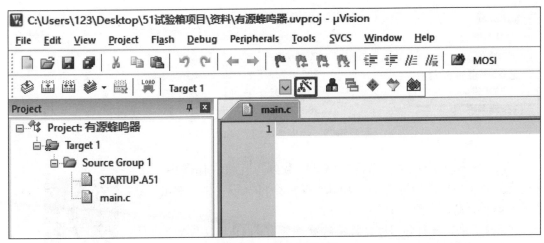

附录图 27　创建 HEX file

23. 在 main. c 文件中编写 C 语言程序，编译通过后，即可在工程文件夹下的 Objects 文件夹中找到格式为 ".hex" 的文件，如附录图 29 所示。

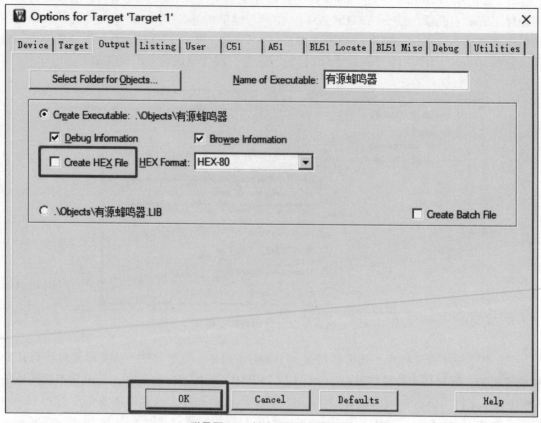

附录图 28　创建 HEX 文件选项

main.obj	2023/2/27 下午 2:16	3D Object	1 KB
STARTUP.obj	2023/2/27 下午 2:16	3D Object	1 KB
有源蜂鸣器	2023/2/27 下午 2:16	文件	2 KB
有源蜂鸣器.build_log.htm	2023/2/27 下午 2:16	HTM 文件	2 KB
有源蜂鸣器.hex	2023/2/27 下午 2:16	HEX 文件	1 KB
有源蜂鸣器.lnp	2023/2/27 下午 2:16	LNP 文件	1 KB

附录图 29　编译生成的 ".hex" 文件

24. 生成 HEX 类型文件后需要将其下载到单片机存储器中，这里选择 "stc – isp" 下载软件。该软件是一个可执行文件，单击图标后即可启动，如附录图 30 所示。

25. 接下来选择打开程序文件，选择编译好的 HEX 文件后连接实验箱与计算机，选择对应的芯片型号与串口，单击【下载/编程】，等待下载成功即可。附录图 31 为其软件界面。

附录图 30　软件图标

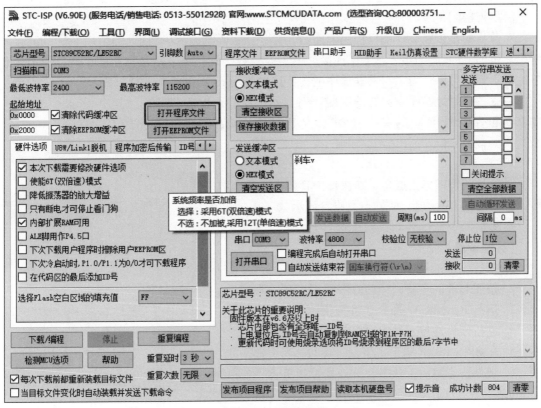

附录图 31　软件界面

实验二　静态数码管实验

【实验目的】

1. 熟悉 STC89C52 单片机开发环境；

2. 掌握 STC89C52 单片机多路 I/O 端口输出并控制数码管的方法；

3. 掌握 STC89C52 单片机 C 语言的编程方法。

【实验设备】

1. 集成多类型模块开发的实验箱一个。

2. 本实验用到的实验箱硬件模块为：STC89C52 核心及周边电路模块和静态数码管模块。

【实验要求】

1. 编程要求：编写一个 C 语言程序。

2. 实现功能：操控静态数码管显示数字。

3. 实验现象：静态数码管显示数字 0，保持不变。

【实验原理】

静态数码管显示的特点是每个数码管的段选必须接一个 8 位数据线来保持显示的字形码。当送入一次字形码后，显示字形可一直保持，直到送入新字形码为止。这种方法的优点是占用 CPU 时间少、显示便于监测和控制。缺点是硬件电路比较复杂、成本较高。

【硬件连接】

实验目的是多路 I/O 端口控制静态数码管，让数码管显示 0。因此需使用 1 根 8Pin 排线将单片机的 P3 管脚与 J22 端子相连接。由于静态数码管模块电路是独立的，所以使用任意单片机管脚都可以，为了与例程程序配套，这里使用 P3 组的 8 个 I/O 管脚。

注意：要想让前面段码在静态数码管显示，就必须保证 P3 口的 P30 和 A 段到 P3 口的 P37 与 DP 段依次顺序连接，不能交叉，否则数据就会错位。

【程序流程】

通过每个管脚单独点亮，确认每个管脚点亮静态数码管的哪个段，最后通过 P3 输出，使静态数码管显示数字 0。

本实验程序流程图如附录图 32 所示。

附录图 32　程序流程图

【实验步骤】

1. 新建一个工程，命名为静态数码管。

2. 按照与前面实验同样的方法编写 C 语言程序。

3. 运行 Rebuild All 命令，进行整体编译。

4. 进行硬件连接、跳线设置和开关选择。

5. 在 SPI – ISP 环境下，下载、运行。

6. 观察静态数码管状态，分析是否和实验要求相同。

【练习】

尝试控制静态数码管显示数字 0 ~ F。

实验三　动态数码管实验

【实验目的】

1. 熟悉 STC89C52 单片机开发环境；

2. 掌握 STC89C52 单片机控制动态数码管的方法；

3. 掌握 STC89C52 单片机 C 语言的编程方法。

【实验设备】

1. 集成多类型模块开发的实验箱一个。

2. 本实验用到的实验箱硬件模块为：STC89C52 核心及周边电路模块和动态数码管模块。

【实验要求】

1. 编程要求：编写一个 C 语言程序。

2. 实现功能：操控动态数码管显示数字。

3. 实验现象：动态数码管显示数字 0 ~ F，动态显示，数字清晰。

【实验原理】

动态数码管特点是将所有数码管的段选线并联在一起，由位选线控制哪一位数码管有效。选亮数码管采用动态扫描显示。所谓动态扫描显示即轮流向各位数码管送出字形码和相应的位选，利用发光管的余辉和人眼视觉暂留作用，使人感觉好像各位数码管同时都在显示。动态显示的亮度比静态显示要差一些，所以选择的限流电阻应略小于静态显示电路中的。

【硬件连接】

实验目的是控制动态数码管，让数码管依次显示 0 ~ F。因此需使用 1 根 8Pin 排线将单片机的 P1 管脚与 J4 端子相连接，用 3 根杜邦线将单片机的 P2.2、P2.3、P2.4 管脚与 P10 端子的 A、B、C 相连接，74HC138 芯片输出的 Y0、Y1、Y2、Y4 使用杜邦线连接到 J3 端子。由于动态数码管模块电路是独立的，所以使用任意单片机管脚都可以，为了与例程程序配套，这里使用 P3 组的 8 个 I/O 管脚。

注意：要想让前面段码在动态数码管显示，就必须保证 P1 口的 P10 和 A 段到 P1 口的 P17 与 DP 段依次顺序连接，不能交叉，否则数据就会错位。

【程序流程】

根据硬件连接说明连线，定义驱动 74HC138 模块管脚，定义数组保存数字 0 ~ F 的 ASCII 码，根据硬件连接说明连线，通过 74HC138 芯片与 74HC245 芯片互相配合，实现动态数码管显示数字 0 ~ F，动态显示，数字清晰。本实验程序流程图如附录图 33 所示。

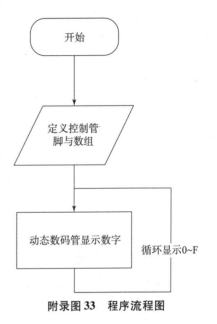

附录图 33　程序流程图

【实验步骤】

1. 新建一个工程，命名为动态数码管。

2. 按照与前面实验同样的方法编写 C 语言程序。

3. 运行 Rebuild All 命令，进行整体编译。

4. 进行硬件连接、跳线设置和开关选择。

5. 在 SPI – ISP 环境下，下载、运行。

6. 观察动态数码管状态，分析是否和实验要求相同。

【练习】

尝试使用 74HC138 芯片控制动态数码管显示数字 0 ~ F。

实验四　避障传感器实验

【实验目的】

1. 熟悉 STC89C52 单片机开发环境；

2. 掌握 STC89C52 单片机检测 I/O 端口输入的方法；

3. 掌握 STC89C52 单片机 C 语言的编程方法。

【实验设备】

1. 集成多类型模块开发的实验箱一个。

2. 本实验用到的实验箱硬件模块为：STC89C52 核心及周边电路模块和避障传感器模块。

【实验要求】

1. 编程要求：编写一个 C 语言程序。

2. 实现功能：避障传感器模块控制有源蜂鸣器。

3. 实验现象：避障传感器模块被触发时，有源蜂鸣器发出声音。

【实验原理】

避障模块对环境光线适应能力强，其具有一对红外线发射与接收管，发射管发射出一定频率的红外线，当检测方向遇到障碍物（反射面）时，红外线反射回来被接收管接收，经过比较器电路处理之后，绿色指示灯会亮起，同时信号输出接口输出数字信号（一个低电平信号）。可通过电位器旋钮调节检测距离。

【硬件连接】

实验目的是单片机检测 I/O 端口输入。因此需使用一根杜邦线将单片机的 P32 管脚与 J26 端子连接，单片机的 P37 与 P27 端子连接。由于避障传感器模块电路是独立的，所以使用任意单片机管脚都可以。

【程序流程】

根据硬件连接说明连线，初始化单片机外部中断0，定义有源蜂鸣器控制管脚，通过外部中断 0 识别避障传感器模块状态，改变有源蜂鸣器对应控制管脚实现实验现象。

本实验程序流程图如附录图 34 所示。

【实验步骤】

1. 新建一个工程，命名为避障传感器。

2. 按照与前面实验同样的方法编写 C 语言程序。

3. 运行 Rebuild All 命令，进行整体编译。

4. 进行硬件连接、跳线设置和开关选择。

5. 在 SPI – ISP 环境下，下载、运行。

6. 观察避障传感器状态与有源蜂鸣器状态，分析是否和实验要求相同。

【练习】

尝试将避障传感器作为开关，切换有源蜂鸣器的状态。

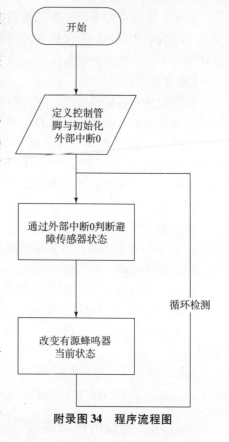

附录图 34　程序流程图

实验五　独立按键实验

【实验目的】

1. 熟悉 STC89C52 单片机开发环境；

2. 掌握 STC89C52 单片机检测按键状态的方法；

3. 掌握 STC89C52 单片机 C 语言的编程方法。

【实验设备】

1. 集成多类型模块开发的实验箱一个。

2. 本实验用到的实验箱硬件模块为：STC89C52 核心及周边电路模块和独立按键模块。

【实验要求】

1. 编程要求：编写一个 C 语言程序。

2. 实现功能：操控独立按键控制有源蜂鸣器。

3. 实验现象：按下独立按键，有源蜂鸣器发出声音，再次按下独立按键，有源蜂鸣器停止发声。

【实验原理】

单片机的 I/O 端口既可作为输出也可作为输入使用，当检测按键时用的是它的输入功能，独立按键的一端接地，另一端与单片机的某个 I/O 端口相连，开始时先给该 I/O 端口赋一高电平，然后让单片机不断地检测该 I/O 端口是否变为低电平，当按键闭合时，即相当于该 I/O 端口通过按键与地相连，变成低电平，程序一旦检测到 I/O 端口变为低电平则说明按键被按下，然后执行相应的指令。

【硬件连接】

实验目的是用单片机检测按键状态。因此需使用一根杜邦线将单片机的 P32 管脚与 J0 端子相连接，单片机的 P37 与 P27 端子相连接。由于独立按键模块电路是独立的，所以使用任意单片机管脚都可以。

【程序流程】

根据硬件连接说明连线，初始化独立按键与有源蜂鸣器的控制管脚，轮询检测独立按键状态，当检测到独立按键按下时，切换有源蜂鸣器的状态。

本实验程序流程图如附录图 35 所示。

【实验步骤】

1. 新建一个工程，命名为独立按键。

2. 按照与前面实验同样的方法编写 C 语言程序。

3. 运行 Rebuild All 命令，进行整体编译。

4. 进行硬件连接、跳线设置和开关选择。

5. 在 SPI – ISP 环境下，下载、运行。

6. 观察独立按键与有源蜂鸣器状态，分析是否和实验要求相同。

【练习】

尝试用外部中断的方式检测独立按键状态。

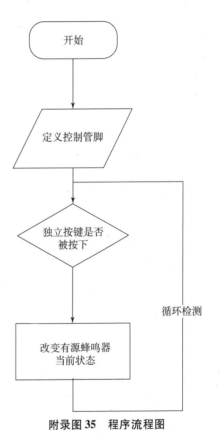

附录图 35　程序流程图

实验六　矩阵按键实验

【实验目的】

1. 熟悉 STC89C52 单片机开发环境；

2. 掌握 STC89C52 单片机进行按键扫描的方法；

3. 掌握 STC89C52 单片机 C 语言的编程方法。

【实验设备】

1. 集成多类型模块开发的实验箱一个。

2. 本实验用到的实验箱硬件模块为：STC89C52 核心及周边电路模块和矩阵按键模块。

【实验要求】

1. 编程要求：编写一个 C 语言程序。

2. 实现功能：通过 4×4 矩阵键盘控制静态数码管显示数字。

3. 实验现象：按下 4×4 矩阵键盘中的不同按键，静态数码管显示数字 0~F。

【实验原理】

上一个实验介绍了独立按键的原理，本次实验以 4×4 矩阵键盘为例讲解矩阵键盘工作原理。4×4 矩阵键盘将 16 个按键排成 4 行 4 列，第一行将每个按键的一端连接在一起构成行线，第一列将每个按键的另一端连接在一起构成列线，这样便一共有 4 行 4 列共 8 根线，将这 8 根线连接到单片机的 8 个 I/O 端口上，通过程序扫描键盘就可检测 16 个键。用这种方法也可实现 3 行 3 列 9 个键、5 行 5 列 25 个键、6 行 6 列 36 个键甚至更多。

【硬件连接】

实验目的是单片机进行按键扫描。因此需使用一根 8Pin 排线将单片机的 P2 管脚与 J1 端子相连接，再使用 1 根 8Pin 排线将单片机的 P3 管脚与 J22 端子相连接。由于矩阵按键模块电路是独立的，所以使用任意单片机管脚都可以，为了与例程程序配套，这里使用 P2 组的 8 个 I/O 管脚。

注意：要想让前面段码在动态数码管显示，就必须保证 P2 口的 P10 和 H1 段到 P2 口的 P27 与 L4 段依次顺序连接，不能交叉，否则数据就会错位。

【程序流程】

根据硬件连接说明连线，初始化 4×4 矩阵键盘和静态数码管控制管脚，通过行列扫描法获取 4×4 矩阵键盘被触发的按键，控制静态数码管显示数字 0~F。

本实验程序流程图如附录图 36 所示。

【实验步骤】

1. 新建一个工程，命名为 4×4 矩阵按键。

2. 按照与前面实验同样的方法编写 C 语言程序。

3. 运行 Rebuild All 命令，进行整体编译。

4. 进行硬件连接、跳线设置和开关选择。

5. 在 SPI – ISP 环境下，下载、运行。

6. 观察 4×4 矩阵按键与静态数码管状态，分析是否和实验要求相同。

【练习】

通过 4×4 矩阵按键控制动态数码管。

实验七　8×8 LED 点阵实验

【实验目的】

1. 熟悉 STC89C52 单片机开发环境；

2. 掌握 STC89C52 单片机利用 74HC595 控制 8×8 LED 点阵的方法；

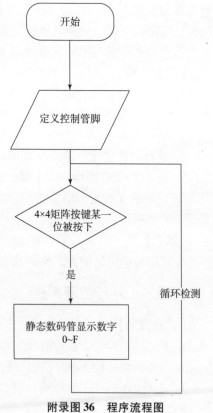

附录图 36　程序流程图

3. 掌握 STC89C52 单片机 C 语言的编程方法。

【实验设备】

1. 集成多类型模块开发的实验箱一个。

2. 本实验用到的实验箱硬件模块为：STC89C52 核心及周边电路模块和 8×8 LED 点阵模块。

【实验要求】

1. 编程要求：编写一个 C 语言程序。

2. 实现功能：操控 8×8 LED 点阵闪烁。

3. 实验现象：8×8 LED 点阵点亮，1 s 后熄灭，间隔 1 s 再次点亮。

【实验原理】

LED 点阵是由发光二极管排列组成的显示器件，在日常电器中随处可见，通常应用较多的是 8×8 LED 点阵，然后使用多个 8×8 LED 点阵可组成不同分辨率的 LED 点阵显示屏，比如 16×16 LED 点阵可以由 4 个 8×8 LED 点阵构成。8×8 LED 点阵由 64 个发光二极管组成，且每个发光二极管是放置在行线和列线的交叉点上，当对应的某一行置 1 电平，某一列置 0 电平，则相应的二极管就亮。

【硬件连接】

实验目的是单片机利用 74HC595 控制 8×8 LED 点阵。因此需使用 3 根杜邦线将单片机的 P2.4、P2.5、P2.6 管脚与 P11 端子 SER、SRCLK、RCLK 相连接，再使用 2 根 8Pin 排线分别将 P9 端子连接 J12 端子，P12 端子连接 J14 端子。由于 8×8 LED 点阵模块电路是独立的，所以使用任意单片机管脚都可以，为了与例程程序配套，这里使用 P2 组的 3 个 I/O 管脚。

注意：要想让前面段码在动态数码管显示，就必须保证 P12 端子和 P9 端子的 1 脚与 J12 端子和 J14 端口的 1 脚依顺序连接，不能交叉，否则数据就会错位。

【程序流程】

根据硬件连接说明连线，初始化控制 8×8 LED 点阵管脚，拉高 SRCLK、RCLK，对 SER 写入一位数据（从最高位开始写入），拉低 SRCLK，间隔 8 μs 后，拉高 SRCLK，循环 8 次，拉低 RCLK，延时 8 μs 后，拉高 RCLK，完成一位数据写入，写入两位数据，即可控制 8×8 LED 点阵点亮、熄灭。

本实验程序流程图如附录图 37 所示。

【实验步骤】

1. 新建一个工程，命名为 8×8 LED 点阵。

2. 按照与前面实验同样的方法编写 C 语言程序。

3. 运行 Rebuild All 命令，进行整体编译。

4. 进行硬件连接、跳线设置和开关选择。

5. 在 SPI – ISP 环境下，下载、运行。

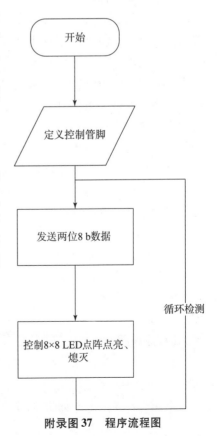

附录图 37　程序流程图

6. 观察静态数码管状态，分析是否和实验要求相同。

【练习】

改变 LED 点阵显示方式，实现多路显示。

实验八　继电器实验

【实验目的】

1. 熟悉 STC89C52 单片机开发环境；

2. 掌握继电器的工作原理；

3. 掌握 STC89C52 单片机 C 语言的编程方法。

【实验设备】

1. 集成多类型模块开发的实验箱一个。

2. 本实验用到的实验箱硬件模块为：STC89C52 核心及周边电路模块。

【实验要求】

1. 编程要求：编写一个 C 语言程序。

2. 实现功能：控制继电器切换。

3. 实验现象：继电器每秒切换一次，指示灯随节奏闪烁。

【实验原理】

继电器是一种电控制器件，具有控制系统（又称输入回路）和被控制系统（又称输出回路）。电磁式继电器一般由铁芯、线圈、衔铁、触点簧片等组成。只要在线圈两端加上一定的电压，线圈中就会流过一定的电流，从而产生电磁效应，衔铁就会在电磁力的作用下克服返回弹簧的拉力吸向铁芯，从而带动衔铁的动触点与静触点（常开触点）吸合。当线圈断电后，电磁的吸力也随之消失，衔铁就会在弹簧的反作用力下返回原来的位置，使动触点与原来的静触点（常闭触点）吸合。这样吸合、释放，从而实现电路的导通、切断。继电器线圈未通电时，处于断开状态的静触点，称为"常开触点"；处于接通状态的静触点称为"常闭触点"。

【硬件连接】

本次实验目的是对继电器进行测试，由于继电器模块是一个独立的模块，因此只需要用杜邦线将 J6 与单片机的 I/O 端口进行连接即可。为了与例程程序配套，这里使用 P3.7 管脚。

【程序流程】

根据硬件连接说明连线，初始化控制管脚，以 1 s 的延时切换继电器状态。

本实验程序流程图如附录图 38 所示。

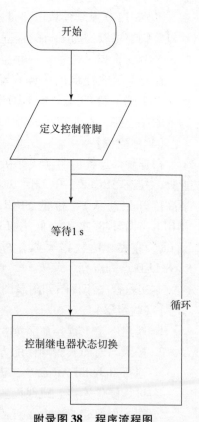

附录图 38　程序流程图

【实验步骤】

1. 新建一个工程，命名为继电器。

2. 按照与前面实验同样的方法编写 C 语言程序。

3. 运行 Rebuild All 命令，进行整体编译。

4. 进行硬件连接、跳线设置和开关选择。

5. 在 SPI – ISP 环境下，下载、运行。

6. 观察继电器状态，分析是否和实验要求相同。

【练习】

尝试通过独立按键切换继电器状态。

实验九　测速传感器实验

【实验目的】

1. 熟悉 STC89C52 单片机开发环境；

2. 掌握 STC89C52 单片机 I/O 端口输出并控制蜂鸣器的方法；

3. 掌握 STC89C52 单片机 C 语言的编程方法。

【实验设备】

1. 集成多类型模块开发的实验箱一个。

2. 本实验用到的实验箱硬件模块为：STC89C52 核心及周边电路模块和有源蜂鸣器模块。

【实验要求】

1. 编程要求：编写一个 C 语言程序。

2. 实现功能：使测速传感器模块中断来让有源蜂鸣器发出声响，不触发则不响。

3. 实验现象：有源蜂鸣器发出声响。

【实验原理】

测速传感器采用槽型对射光电传感器，它由 1 个红外发光二极管和 1 个 NPN 光电三极管组成，槽宽度为 5.9 mm。只要非透明物体通过槽型即可触发输出 TTL 低电平。采用施密特触发器去抖动脉冲，非常稳定。

【硬件连接】

本实验的目的是当测速传感器被触发时蜂鸣器发出提示音，因此用到测速传感器和有源蜂鸣器。测速传感器是一个独立的模块，因此我们只需要利用杜邦线将 P23 端口连接到单片机上即可，为了与例程程序配套，这里使用 P3.2 管脚；有源蜂鸣器同样是一个独立的模块，因此用杜邦线将有源蜂鸣器连接到测速传感器的摄像端口，为了与例程程序配套，这里使用 P3.7 管脚，触发测速传感器则蜂鸣器响，不触发则不响。

【程序流程】

根据硬件连接说明连线，初始化外部中断 0，如果测速传感器被触发，则有源蜂鸣器播放声音；如果测速传感器停止被触发，有源蜂鸣器停止播放声音。

本实验程序流程图如附录图 39 所示。

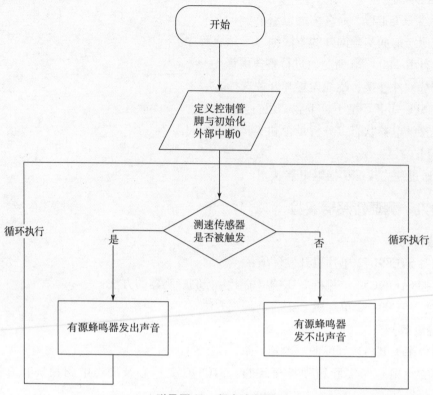

附录图 39　程序流程图

【实验步骤】

1. 新建一个工程，命名为测速传感器。

2. 按照与前面实验同样的方法编写 C 语言程序。

3. 运行 Rebuild All 命令，进行整体编译。

4. 进行硬件连接、跳线设置和开关选择。

5. 在 SPI – ISP 环境下，下载、运行。

6. 观察测速传感器与有源蜂鸣器，分析是否和实验要求相同。

【练习】

尝试使用测速传感器控制交通灯区域。

实验十　直流电机驱动实验

【实验目的】

1. 熟悉 STC89C52 单片机开发环境；

2. 掌握直流电机的工作原理；

3. 掌握 STC89C52 单片机 C 语言的编程方法。

【实验设备】

1. 集成多类型模块开发的实验箱一个。

2. 本实验用到的实验箱硬件模块为：STC89C52 核心及周边电路模块。

【实验要求】

1. 编程要求：编写一个 C 语言程序。

2. 实现功能：操作直流电机进行正转与反转。

3. 实验现象：直流电机反复正转与反转。

【实验原理】

　　直流电机是指能将直流电能转换成机械能（直流电动机）或将机械能转换成直流电能（直流发电机）的旋转电机。它是能实现直流电能和机械能互相转换的电机。当它作电动机运行时是直流电动机，将电能转换为机械能；作发电机运行时是直流发电机，将机械能转换为电能。

【硬件连接】

　　本次实验目的是让直流电机进行正反转，因此我们用到电机模块，而电机模块是一个独立的模块，因此可以用杜邦线将直流电机 P28 端口与单片机的任意 I/O 端口进行连接，为了与例程程序配套，这里使用 P2.2 和 P2.3 管脚。

【程序流程】

　　根据硬件连接说明连线，定义直流电机端口，设置中断初始化，100 μs 中断一次，进入循环，占空比挡位从 10% ~100%，电机反转；占空比挡位从 10% ~ 100% ，电机正转。

　　本实验程序流程图如附录图 40 所示。

【实验步骤】

1. 新建一个工程，命名为直流电机驱动。

2. 按照与前面实验同样的方法编写 C 语言程序。

3. 运行 Rebuild All 命令，进行整体编译。

4. 进行硬件连接、跳线设置和开关选择。

5. 在 SPI – ISP 环境下，下载、运行。

6. 观察直流电机，分析是否和实验要求相同。

【练习】

尝试操作直流电机旋转约 5 s 后停止。

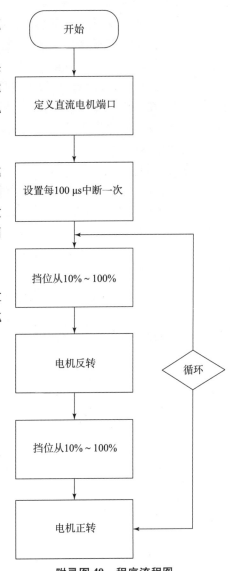

附录图 40　程序流程图

实验十一　火焰传感器实验

【实验目的】

1. 熟悉 STC89C52 单片机开发环境；

2. 掌握火焰传感器模块的工作原理；

3. 掌握 STC89C52 单片机 C 语言的编程方法。

【实验设备】

1. 集成多类型模块开发的实验箱一个。

2. 本实验用到的实验箱硬件模块为：STC89C52 核心及周边电路模块和有源蜂鸣器模块。

【实验要求】

1. 编程要求：编写一个 C 语言程序。

2. 实现功能：火焰传感器模块控制有源蜂鸣器。

3. 实验现象：火焰传感器模块被触发时，有源蜂鸣器发出声音。

【实验原理】

火焰传感器能够探测到波长在 700～1 000 nm 范围内的红外光，探测角度为 60°，其中红外光波长在 880 nm 附近时灵敏度达到最大。远红外火焰探头将外界红外光的强弱变化转化为电流的变化，通过 A/D 转换器反映为 0～255 范围内数值的变化。外界红外光越强，数值越小；反之则越大。

【硬件连接】

本次实验目的是用火焰传感器对火焰进行检测，当检测到火焰时 LED 灯亮，因此需要用杜邦线将其与 LED 灯进行连接，为了与例程程序配套，这里使用 P3.7 管脚。由于火焰传感器是一个独立的模块，因此只需要用杜邦线将 P24 端口与单片机的任意 I/O 端口相连，为了与例程程序配套，这里使用 P3.2 管脚。

【程序流程】

根据硬件连接说明连线，初始化外部中断 0，定义有源蜂鸣器控制管脚，通过外部中断 0 识别火焰传感器模块状态，改变有源蜂鸣器对应控制管脚实现实验现象。

本实验程序流程图如附录图 41 所示。

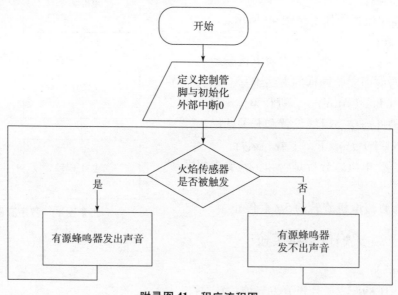

附录图 41　程序流程图

【实验步骤】

1. 新建一个工程，命名为火焰传感器。

2. 按照与前面实验同样的方法编写 C 语言程序。

3. 运行 Rebuild All 命令，进行整体编译。

4. 进行硬件连接、跳线设置和开关选择。

5. 在 SPI – ISP 环境下，下载、运行。

6. 观察火焰传感器与有源蜂鸣器状态，分析是否和实验要求相同。

【练习】

尝试使用火焰传感器控制继电器模块。

实验十二　无源蜂鸣器实验

【实验目的】

1. 熟悉 STC89C52 单片机开发环境；

2. 掌握 STC89C52 单片机 I/O 端口输出并控制蜂鸣器的方法；

3. 掌握 STC89C52 单片机 C 语言的编程方法。

【实验设备】

1. 集成多类型模块开发的实验箱一个。

2. 本实验用到的实验箱硬件模块为：STC89C52 核心及周边电路模块。

【实验要求】

1. 编程要求：编写一个 C 语言程序。

2. 实现功能：使无源蜂鸣器以 500 ms 为周期发出声音。

3. 实验现象：无源蜂鸣器发出声音后，等待 500 ms 再次发出声音。

【实验原理】

在之前的实验中，讲解过有源蜂鸣器属于电磁式蜂鸣器类型，有源蜂鸣器内部自带振荡电路，只需提供电源即可发声。而无源蜂鸣器内部不带振荡源，所以如果用直流信号无法令其鸣叫。必须用 1.5 ~ 5 kHz 的方波去驱动它。

无源蜂鸣器的优点是：便宜、声音频率可控，可以做出"哆来咪发索拉西"的效果，在一些特例中，可以和 LED 复用一个控制口。

【硬件连接】

实验目的是 I/O 端口控制蜂鸣器，让无源蜂鸣器发出声音。因此需使用一根杜邦线将单片机的管脚与 J2 相连接。无源蜂模块电路是独立的，所以使用任意单片机管脚都可以，为了与例程程序配套，这里使用 P2.5 管脚。

【程序流程】

根据硬件连接说明连线，初始化控制管脚，使用软件延时方式控制无源蜂鸣器发出声音。

本实验程序流程图如附录图 42 所示。

【实验步骤】

1. 新建一个工程，命名为无源蜂鸣器。

2. 按照与前面实验同样的方法编写 C 语言程序。

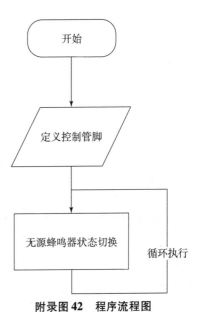

附录图 42　程序流程图

3. 运行 Rebuild All 命令，进行整体编译。

4. 进行硬件连接、跳线设置和开关选择。

5. 在 SPI – ISP 环境下，下载、运行。

6. 观察无源蜂鸣器，分析是否和实验要求相同。

【练习】

尝试通过定时器输出 PWM 波控制无源蜂鸣器制作音乐。

实验十三　五线四相步进电机实验

【实验目的】

1. 熟悉 STC89C52 单片机开发环境；

2. 掌握五线四相步进电机的驱动原理；

3. 掌握 STC89C52 单片机 C 语言的编程方法。

【实验设备】

1. 集成多类型模块开发的实验箱一个。

2. 本实验用到的实验箱硬件模块为：STC89C52 核心及周边电路模块。

【实验要求】

1. 编程要求：编写一个 C 语言程序。

2. 实现功能：操作五线四相步进电机模块输出步进电机。

3. 实验现象：步进电机开始进行旋转。

【实验原理】

步进电机是将电脉冲信号转变为角位移或线位移的开环控制元件。在非超载的情况下，电机的转速、停止的位置只取决于脉冲信号的频率和脉冲数，而不受负载变化的影响，即给电机加一个脉冲信号，电机则转过一个步距角。这一线性关系的存在，加上步进电机只有周期性的误差而无累积误差等特点，使得在速度、位置等控制领域用步进电机来控制变得非常简单。

步进电机必须加驱动才可以运转，驱动信号必须为脉冲信号。没有脉冲信号时，步进电机静止；如果加入适当的脉冲信号，步进电机就会以一定的角度（称为步角）转动，转动的速度和脉冲的频率成正比。步进电机具有瞬间启动和急速停止的优越特性。改变脉冲的顺序，即可方便地改变转动的方向。

【硬件连接】

本次实验目的是驱动五线四相步进电机。由于步进电机是一个独立的模块，我们只需要用杜邦线将实验箱上的 J7 连接任意单片机上的 4 个 I/O 端口即可。为了与例程程序配套，这里使用 P0.0、P0.1、P0.2、P0.3 管脚。

【程序流程】

根据硬件连接说明连线，定义步进电机控制端口，定义对应数组保存步进电机导通相序的 ASCII 码，在步进电机控制端口输出步进电机导通相序并增加延时，以达成控制转速的目的。

本实验程序流程图如附录图 43 所示。

【实验步骤】

1. 新建一个工程，命名为 ULN2003D。

2. 按照与前面实验同样的方法编写 C 语言程序。

3. 运行 Rebuild All 命令，进行整体编译。

4. 进行硬件连接、跳线设置和开关选择。

5. 在 SPI – ISP 环境下，下载、运行。

6. 观察步进电机是否进行旋转。

【练习】

尝试通过独立按键控制步进电机运转。

实验十四　EEPROM – I²C 应用实验

【实验目的】

1. 熟悉 STC89C52 单片机开发环境；

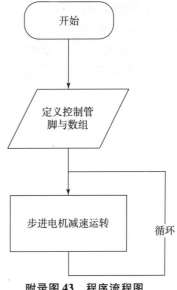

附录图 43　程序流程图

2. 掌握 I²C 的通信方式和 EEOROM 的存储数据的功能；

3. 掌握 STC89C52 单片机 C 语言的编程方法。

【实验设备】

1. 集成多类型模块开发的实验箱一个。

2. 本实验用到的实验箱硬件模块为：STC89C52 核心及周边电路模块。

【实验要求】

1. 编程要求：编写一个 C 语言程序。

2. 实现功能：操作 EEPROM 模块在数码管上显示数字。

3. 实验现象：数码管后四位显示 0，按下按键 1 保存数据，按下按键 2 读取上次保存数据，按下按键 3 显示数据加 1，按下按键 4 数据清零，最大写入数据为 255。

【实验原理】

存储器 AT24C01 有一个 8 字节页写缓冲器，AT24C02/04/08/16 有一个 16 字节页写缓冲器。AT24C01 通过 I²C 总线接口进行操作，它有一个专门的写保护功能。实验用开发板上使用的是 AT24C02（EEPROM）芯片，此芯片具有 I²C 通信接口，芯片内保存的数据在掉电情况下都不丢失，所以通常用于存放一些比较重要的数据。

I²C 总线只有两根双向信号线。一根是数据线 SDA，另一根是时钟线 SCL。由于其具有管脚少、硬件实现简单、可扩展性强等特点，因此被广泛地应用在各大集成芯片内。

【硬件连接】

实验目的是通过按键对动态数码管进行加操作、清空操作、存储操作以及取出数据操作。由于需要用到动态数码管，所以将单片机的 P2.2、P2.3、P2.4 管脚与 J9 进行连接。P1 的 I/O 端口连接数码管的 D0 ~ D7；此实验用到 EEPROM 模块，所以将单片机 P2.0、P2.1 管脚与 EEPROM 模块 P8 口的 SDA、SCL 管脚进行连接；同时，还用到独立按键模块，由于独立按键模块是独立的，因此可选出任意 4 个 I/O 端口用杜邦线连接独立按键。

【程序流程】

根据硬件连接说明连线，定义数码管端口、按键端口，对按下的按键进行判断，来进行相应的输出，进行数据转换，最后数码管显示数据。

本实验程序流程图如附录图 44 所示。

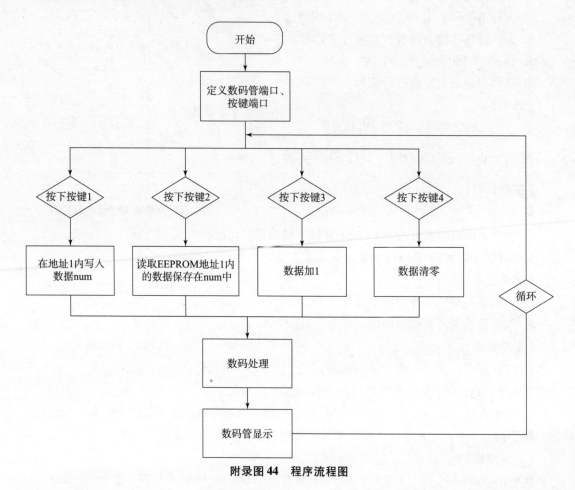

附录图 44　程序流程图

【实验步骤】

1. 新建一个工程，命名为 EEPROM – I^2C。

2. 按照与前面实验同样的方法编写 C 语言程序。

3. 运行 Rebuild All 命令，进行整体编译。

4. 进行硬件连接、跳线设置和开关选择。

5. 在 SPI – ISP 环境下，下载、运行。

6. 观察数码管显示界面，分析是否和实验要求相同。

【练习】

为 EEPROM 写入数据，断电后重新上电，观察 EEPROM 内部数据是否发生变化。

实验十五　DS18B20 温度显示实验

【实验目的】

1. 熟悉 STC89C52 单片机开发环境；

2. 掌握 DS18B20 工作原理；

3. 掌握 STC89C52 单片机 C 语言的编程方法。

【实验设备】

1. 集成多类型模块开发的实验箱一个。

2. 本实验用到的实验箱硬件模块为：STC89C52 核心及周边电路模块。

【实验要求】

1. 编程要求：编写一个 C 语言程序。

2. 实现功能：操作 DS18B20 模块在数码管上显示数字。

3. 实验现象：数码管上显示检测到的温度数值。

【实验原理】

DS18B20 是常用的数字温度传感器，其输出的是数字信号，具有体积小、硬件开销低、抗干扰能力强、精度高的特点。DS18B20 数字温度传感器接线方便，封装形式多样，如管道式、螺纹式、磁铁吸附式、不锈钢封装式，型号有 LTM8877、LTM8874 等。封装后的 DS18B20 可用于电缆沟测温、高炉水循环测温、锅炉测温、机房测温、农业大棚测温、洁净室测温、弹药库测温等各种非极限温度场合。由于其具有耐磨耐碰、体积小、使用方便、封装形式多样等特点，适用于各种狭小空间设备数字测温和控制领域。

【硬件连接】

实验目的是通过动态数码管进行温度的显示。DS18B20 模块是一个独立的模块，因此需要用杜邦线将单片机的任意 I/O 端口与 J10 进行连接，为了与例程程序配套，这里使用 P3.7。由于需要用到动态数码管进行显示，因此需使用 1 根 8Pin 排线将单片机的 P1 管脚与 J4 端子相连接，用 3 根杜邦线将单片机的 P2.2、P2.3、P2.4 管脚与 P10 端子的 A、B、C 相连接，74HC138 芯片输出的 Y0、Y1、Y2、Y4 使用杜邦线连接到 J3 端子。由于动态数码管模块电路是独立的，所以使用任意单片机管脚都可以，为了与例程程序配套，这里使用 P1 组的 8 个 I/O 管脚。

【程序流程】

根据硬件连接说明连线，初始化控制管脚，根据 DS18B20 芯片特性读取数据，将数据在动态数码管上显示出来。

本实验程序流程图如附录图 45 所示。

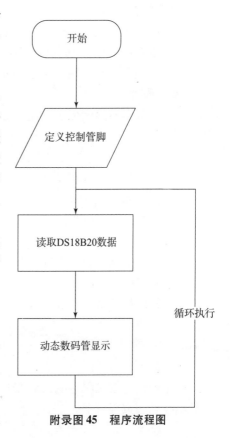

附录图 45　程序流程图

【实验步骤】

1. 新建一个工程，命名为 DS18B20。
2. 按照与前面实验同样的方法编写 C 语言程序。
3. 运行 Rebuild All 命令，进行整体编译。
4. 进行硬件连接、跳线设置和开关选择。
5. 在 SPI – ISP 环境下，下载、运行。
6. 观察数码管显示界面，分析是否和实验要求相同。

【练习】

尝试通过独立按键控制 DS18B20 读取数据。

实验十六　DHT11 温湿度显示实验

【实验目的】

1. 熟悉 STC89C52 单片机开发环境；
2. 掌握 DHT11 工作原理；
3. 掌握 STC89C52 单片机 C 语言的编程方法。

【实验设备】

1. 集成多类型模块开发的实验箱一个。
2. 本实验用到的实验箱硬件模块为：STC89C52 核心及周边电路模块和 DHT11 模块。

【实验要求】

1. 编程要求：编写一个 C 语言程序。
2. 实现功能：操作 DHT11 模块在动态数码管上显示数字。
3. 实验现象：动态数码管上显示检测到的温湿度数值。

【实验原理】

DHT11 数字温湿度传感器是一款含有已校准数字信号输出的温湿度复合传感器，它采用专用的数字模块采集技术和温湿度传感技术，确保产品具有极高的可靠性和卓越的长期稳定性。传感器包括一个电阻式感湿元件和一个 NTC 测温元件，并与一个高性能 8 位单片机相连接。因此该产品具有品质卓越、超快响应、抗干扰能力强、性价比极高等优点。每个 DHT11 传感器都在极为精确的湿度校验室中进行校准。校准系数以程序的形式存在 OTP 内存中，传感器内部在检测信号的处理过程中要调用这些校准系数。单线制串行接口，使系统集成变得简易快捷。超小的体积、极低的功耗，使其成为在苛刻应用场合中的最佳选择。产品为 4 针单排引脚封装，连接方便。

【硬件连接】

实验目的是通过动态数码管进行温湿度的显示。DHT11 模块是一个独立的模块，因此需要用杜邦线将单片机的任意 I/O 端口与 J10 进行连接，为了与例程程序配套，这里使用 P3.7。

【程序流程】

根据硬件连接说明连线，初始化控制管脚与动态数码管，获取 DHT11 温湿度数据、实时显示在动态数码管上。

本实验程序流程图如附录图 46 所示。

【实验步骤】

1. 新建一个工程，命名为 DHT11。

2. 按照与前面实验同样的方法编写 C 语言程序。

3. 运行 Rebuild All 命令，进行整体编译。

4. 进行硬件连接、跳线设置和开关选择。

5. 在 SPI – ISP 环境下，下载、运行。

6. 观察数码管显示界面，分析是否和实验要求相同。

【练习】

设计一个温度状态灯，在 60℃ 为绿灯，40℃ 为黄灯，20℃ 为红灯。

实验十七　　DS1302 时钟模块时间显示实验

【实验目的】

1. 熟悉 STC89C52 单片机开发环境；

2. 掌握 DS1302 时钟模块的工作原理；

3. 掌握 STC89C52 单片机 C 语言的编程方法。

【实验设备】

1. 集成多类型模块开发的实验箱一个。

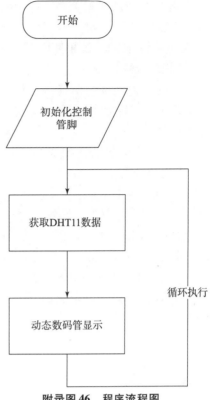

附录图 46　程序流程图

2. 本实验用到的实验箱硬件模块为：STC89C52 核心及周边电路模块。

【实验要求】

1. 编程要求：编写一个 C 语言程序。

2. 实现功能：操作 DS1302 模块在数码管上显示电子时钟。

3. 实验现象：数码管上的电子时钟格式为时 – 分 – 秒。

【实验原理】

DS1302 是 DALLAS 公司推出的涓流充电时钟芯片，内含有一个实时时钟/日历和 31 字节静态 RAM，通过简单的串行接口与单片机进行通信。实时时钟/日历电路提供秒、分、时、日、周、月、年的信息，每月的天数和闰年的天数可自动调整。时钟操作可通过 AM/PM 指示决定采用 24 或 12 小时格式。DS1302 与单片机之间能简单地采用同步串行的方式进行通信，仅需用到三根通信线：RES 复位、I/O 数据线、SCLK 串行时钟。时钟/RAM 的读/写数据以一个字节或多达 31 个字节的字符组方式通信。DS1302 工作时功耗很低，保持数据和时钟信息时功率小于 1 MW。

【硬件连接】

实验目的是通过数码管进行时和分的显示。DS1302 模块是一个独立的模块，因此需要用杜邦线将单片机任意四个 I/O 端口与 DS1302 模块的 CLK、DIO、CE 管脚进行连接，为了与例程程序配套，这里使用 P0. 4、P0. 5、P0. 6 管脚；由于需要用到动态数码管进行显示，因此需使用 1 根 8Pin 排线将单片机的 P1 管脚与 J4 端子相连接，用 3 根杜邦线将单片机的 P2. 2、P2. 3、P2. 4 管脚与 P10 端子的 A、B、C 相连接，74HC138 芯片输出的 Y0、Y1、Y2、

Y4 使用杜邦线连接到 J3 端子。由于动态数码管模块电路是独立的，所以使用任意单片机管脚都可以，为了与例程程序配套，这里使用 P1 组的 8 个 I/O 管脚。

【程序流程】

根据硬件连接说明连线，初始化控制管脚，读取 DS1302 时钟数据，在动态数码管显示分钟和秒数。

本实验程序流程图如附录图 47 所示。

【实验步骤】

1. 新建一个工程，命名为 DS1302 时钟。

2. 按照与前面实验同样的方法编写 C 语言程序。

3. 运行 Rebuild All 命令，进行整体编译。

4. 进行硬件连接、跳线设置和开关选择。

5. 在 SPI – ISP 环境下，下载、运行。

6. 观察数码管显示界面，分析是否和实验要求相同。

【练习】

设计一个定时器，在规定时间到来时触发蜂鸣器。

附录图 47　程序流程图

实验十八　RS232 通信实验

【实验目的】

1. 熟悉 STC89C52 单片机开发环境；

2. 掌握 RS232 串口通信工作原理；

3. 掌握 STC89C52 单片机 C 语言的编程方法。

【实验设备】

1. 集成多类型模块开发的实验箱一个。

2. 本实验用到的实验箱硬件模块为：STC89C52 核心及周边电路模块。

【实验要求】

1. 编程要求：编写一个 C 语言程序。

2. 实现功能：使用 RS232 模块进行串口初始化。

3. 实验现象：使用串口调试助手设置波特率为 4 800，选择发送的数据显示到串口助手。

【实验原理】

RS232 其实是 RS232C 的改进，原理是相同的。这里就以 RS232C 接口进行讲解，RS232C 是 EIA（美国电子工业协会）1969 年修订的标准。RS232C 定义了数据终端设备（DTE）与数据通信设备（DCE）之间的物理接口标准。

RS232C 接口规定使用 25 针连接器，简称 DB25。连接器的尺寸及每个插针的排列位置都有明确的定义，RS232C 还有一种 9 针的非标准连接器接口，简称 DB9。串口通信使用的大多都是 DB9 接口。

RS232C 是用正负电压来表示逻辑状态，与晶体管 – 晶体管逻辑集成电路（TTL）以高低电平表示逻辑状态的规定正好相反。而我们 51 单片机使用的就是 TTL 电平，所以要实现 51 单片机与计算机的串口通信，需要进行 TTL 与 RS – 232C 电平转换，通常使用的电平转换芯片是 MAX232。

在串口通信中，通常只使用 2、3、5 三个管脚，即 TXD、RXD、SGND。

【程序流程】

根据硬件连接说明连线，初始化串口波特率为 4 800，编写串口收发程序，使从串口接收的数据直接从串口打印。

本实验程序流程图如附录图 48 所示。

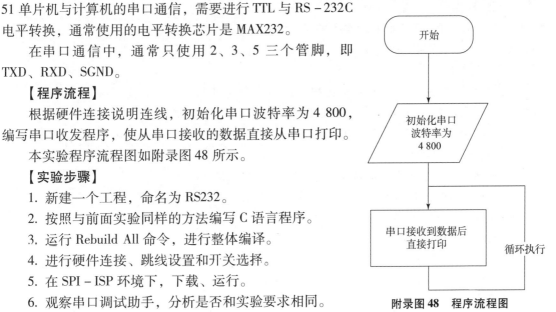

附录图 48　程序流程图

【实验步骤】

1. 新建一个工程，命名为 RS232。

2. 按照与前面实验同样的方法编写 C 语言程序。

3. 运行 Rebuild All 命令，进行整体编译。

4. 进行硬件连接、跳线设置和开关选择。

5. 在 SPI – ISP 环境下，下载、运行。

6. 观察串口调试助手，分析是否和实验要求相同。

【练习】

尝试更改不同的串口波特率。

实验十九　RS485 通信实验

【实验目的】

1. 熟悉 STC89C52 单片机开发环境；

2. 掌握 RS485 串口通信工作原理；

3. 掌握 STC89C52 单片机 C 语言的编程方法。

【实验设备】

1. 集成多类型模块开发的实验箱一个。

2. 本实验用到的实验箱硬件模块为：STC89C52 核心及周边电路模块。

【实验要求】

1. 编程要求：编写一个 C 语言程序。

2. 实现功能：使用 RS485 模块进行串口初始化。

3. 实验现象：使用串口调试助手设置波特率为 4 800，选择发送的数据显示到串口助手。

【实验原理】

RS485 用于半双工通信。RS485 是一种多发送器标准，在通信线路上最多可以使用 32 对差分驱动器/接收器。如果在一个网络中连接的设备超过 32 个，还可以使用中继器。

RS485 的信号传输采用两线间的电压来表示逻辑 1 和逻辑 0。由于发送方需要两根传输线，接收方也需要两根传输线。传输线采用差动信道，所以它的干扰抑制性极好，又因为它的阻抗低，无接地问题，所以传输距离可达 1 200 m，传输速率可达 1 Mb/s。

【硬件连接】

实验目的是利用 RS485 进行数据的收发，因此需要用两根杜邦线连接单片机的 P3.0（RX）和 P3.1（TX）（注意单片机的 RX 功能端口连接 RS485 的 TX 功能端口，单片机的 TX 功能端口连接 RS485 的 RX 功能端口）。

【程序流程】

根据硬件连接说明连线，初始化串口波特率为 4 800，编写串口收发程序，使从串口接收的数据直接从串口打印。

本实验程序流程图如附录图 49 所示。

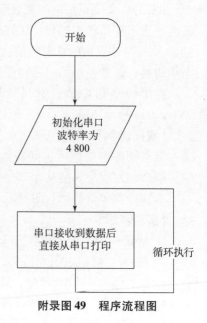

附录图 49　程序流程图

【实验步骤】

1. 新建一个工程，命名为 RS485。
2. 按照与前面实验同样的方法编写 C 语言程序。
3. 运行 Rebuild All 命令，进行整体编译。
4. 进行硬件连接、跳线设置和开关选择。
5. 在 SPI – ISP 环境下，下载、运行。
6. 观察串口调试助手界面，分析是否和实验要求相同。

【练习】

尝试编写程序，使串口接收到特定指令后打开继电器。

第二部分　STC89C52 单片机实验箱进阶应用实验

实验一　LED 交通灯模块应用实验

【实验目的】

1. 熟悉 STC89C52 单片机开发环境；
2. 掌握交通灯的原理；
3. 掌握 STC89C52 单片机 C 语言的编程方法。

【实验设备】

1. 集成多类型模块开发的实验箱一个。
2. 本实验用到的实验箱硬件模块为：STC89C52 核心及周边电路模块和 LED 交通灯模块。

【实验要求】

1. 编程要求：编写一个 C 语言程序。
2. 实现功能：操作交通灯区域与静态数码管模拟交通灯。
3. 实验现象：模拟十字路口的红、绿、黄灯变化，红绿灯切换时黄灯闪烁。

【实验原理】

在实验箱上标有上北下南左西右东方位。假设初始点亮能够南北通行，则需要南北的人行道和车道亮绿灯，即西北方向和正北亮绿灯；与此同时东西方向和东南必须亮红灯。在这种信号灯亮一段时间以后，需要改为全黄灯，即 4 个方向都应该亮起黄灯，但是人行道没有黄灯，因此人行道应该亮红灯。在维持黄灯信号一段短时间以后，改变亮灯方向，在东西方向和东南方向亮绿灯；与此同时，在南北方向和西北方应该亮起红灯。一段时间以后，再全部亮起黄灯，人行道亮起红灯。在维持黄灯信号一段短时间以后，改变亮灯方向，在南北方向和西北方向亮绿灯；与此同时，在东西方向和东南方应该亮起红灯。从此进入循环亮灯。

　　整个过程其实可以简单看作控制 LED：在点亮一种灯以后，用定时器延时一段时间，时间一到，点亮另外一种灯；用定时器延时一段时间，时间一到，再点亮另外一种灯，如此反复。可以看到，这里用到的有 LED 和定时器，另外，为了显示各种灯亮的时间，还会用到静态数码管。

　　【硬件连接】

　　本次实验的目的是设计一个交通灯，用到了 LED 灯以及静态数码管模块，一共用到 16 个 LED 灯，所以需要 16 个 I/O 端口与 LED 灯相连，为了与例程程序配套，这里使用 P0、P1 管脚；

　　【程序流程】

　　根据硬件连接说明连线，初始化静态数码管控制管脚，交通灯区域控制管脚，设置定时器 0 计数周期为 1 s，自定义状态切换时间，模拟实际交通灯变换规则。

　　本实验程序流程图如附录图 50 所示。

　　【实验步骤】

　　1. 新建一个工程，命名为交通灯。

　　2. 按照与前面实验同样的方法编写 C 语言程序。

　　3. 运行 Rebuild All 命令，进行整体编译。

　　4. 进行硬件连接、跳线设置和开关选择。

　　5. 在 SPI – ISP 环境下，下载、运行。

　　6. 观察交通灯区域与静态数码管，分析是否和实验要求相同。

　　【练习】

尝试模拟交通灯，实现以下状态：

状态 1：东西方向绿灯亮 4 s，南北方向红灯亮 4 s；

状态 2：东西方向绿灯闪烁 2 s，南北方向红灯继续亮 2 s；

状态 3：东西方向绿灯灭，黄灯亮 2 s，南北方向红灯继续亮 2 s。

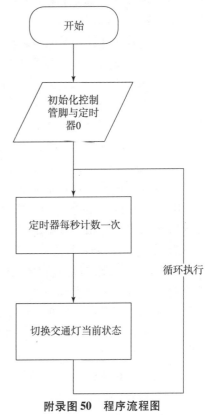

附录图 50　程序流程图

实验二　红外接收模块应用实验

【实验目的】

1. 熟悉 STC89C52 单片机开发环境；

2. 掌握红外接收模块的工作原理；

3. 掌握 STC89C52 单片机 C 语言的编程方法。

【实验设备】

1. 集成多类型模块开发的实验箱一个。

2. 本实验用到的实验箱硬件模块为：STC89C52 核心及周边电路模块和红外接收模块。

【实验要求】

1. 编程要求：编写一个 C 语言程序。

2. 实现功能：操作红外线遥控器，动态数码管接收数据。

3. 实验现象：动态数码管显示红外线遥控器键值数据。

【实验原理】

红外线遥控是一种无线、非接触控制技术，具有抗干扰能力强、信息传输可靠、功耗低、成本低、易实现等显著优点，被诸多电子设备特别是家用电器广泛采用，并越来越多地应用到计算机系统中。

由于红外线遥控不具有像无线电遥控那样穿过障碍物去控制被控对象的能力，所以，在设计红外线遥控器时，不必要像无线电遥控器那样，每套（发射器和接收器）要有不同的遥控频率或编码（否则，就会隔墙控制或干扰邻居的家用电器），所以同类产品的红外线遥控器，可以有相同的遥控频率或编码，而不会出现遥控信号"串门"的情况。这对于大批量生产以及在家用电器上普及红外线遥控提供了极大的方便。由于红外线为不可见光，因此对环境影响很小，再由红外光波的波长远小于无线电波的波长，所以红外线遥控既不会影响其他家用电器，也不会影响邻近的无线电设备。

红外发射装置，也就是通常所说的红外线遥控器是由键盘电路、红外编码电路、电源电路和红外发射电路组成的。红外发射电路的主要元件为红外发光二极管。它实际上是一只特殊的发光二极管；由于其内部材料不同于普通发光二极管，因而在其两端施加一定电压时，它发出的是红外线而不是可见光。目前大量使用的红外发光二极管发出的红外线波长为 940 nm 左右，外形与普通发光二极管相同。红外发光二极管有透明的，也有不透明的，在红外线遥控器上可以看到红外发光二极管。

红外接收设备是由红外接收电路、红外解码、电源和应用电路组成的。红外线遥控接收器的主要作用是将遥控发射器发来的红外光信号转换成电信号，再放大、限幅、检波、整形，形成遥控指令脉冲，输出至遥控微处理器。由于红外接收头在没有脉冲时为高电平，收到脉冲时为低电平，所以可以通过外部中断的下降沿触发中断，在中断内通过计算高电平时间来判断接收到的数据是 0 还是 1。

【硬件连接】

本次实验目的是用动态数码管显示红外线遥控器所发送的数据，用到了红外线遥控器，因此需要用杜邦线将红外接收模块的 J15 与单片机连接起来，为了与例程程序配套，这里使用 P3.2 管脚；由于需要用动态数码管进行显示，因此需使用 1 根 8Pin 排线将单片机的 P3 管脚与 J4 端子相连接，用 3 根杜邦线将单片机的 P2.2、P2.3、P2.4 管脚与 P10 端子的 A、B、C 相连接，74HC138 芯片输出的 Y0、Y1、Y2、Y4 使用杜邦线连接到 J3 端子。由于动态数码管模块电路是独立的，所以使用任意单片机管脚都可以，为了与例程程序配套，这里使用 P1 组的 8 个 I/O 管脚。

【程序流程】

根据硬件连接说明连线，定义红外线遥控器和数码管引脚，初始化红外接收模块，进入循环，当读取到红外数值，进行红外模块数值信号转换，到数码管显示。

本实验程序流程图如附录图 51 所示。

【实验步骤】

1. 新建一个工程，命名为红外接收模块。

2. 按照与前面实验同样的方法编写 C 语言程序。

3. 运行 Rebuild All 命令，进行整体编译。

4. 进行硬件连接、跳线设置和开关选择。

5. 在 SPI – ISP 环境下，下载、运行。

6. 观察动态数码管，分析是否和实验要求相同。

【练习】

使用红外线遥控器控制继电器打开。

实验三　ADC 模块应用实验

【实验目的】

1. 熟悉 STC89C52 单片机开发环境；

2. 掌握 ADC 模块的工作原理；

3. 掌握 STC89C52 单片机 C 语言的编程方法。

【实验设备】

1. 集成多类型模块开发的实验箱一个。

2. 本实验用到的实验箱硬件模块为：STC89C52 核心及周边电路模块和 ADC 模块。

附录图 51　程序流程图

【实验要求】

1. 编程要求：编写一个 C 语言程序。

2. 实现功能：通过 ADC 模块采集电压值，通过数码管显示。

3. 实验现象：数码管前 4 位显示外部输入 AIN1 通道检测的 AD 值，模拟信号电压范围在 0 ~ 5 V。

【实验原理】

ADC（Analog to Digital Converter）也称为模数转换器，将模拟信号转变为数字信号。单片机在采集模拟信号时，通常都需要在前端加上 A/D 芯片。

ADC 的主要技术指标如下：

● 分辨率

ADC 的分辨率是指对于允许范围内的模拟信号，它能输出离散数字信号值的个数。这些信号值通常用二进制数来存储，因此分辨率经常用比特作为单位，且这些离散值的个数是 2 的幂指数。

例如：12 位 ADC 的分辨率就是 12 位，或者说分辨率为满刻度的 $1/2^{12}$。一个 10 V 满刻度的 12 位 ADC 能分辨输入电压变化最小值是 $10 \text{ V} \times 1/2^{12} = 2.4 \text{ mV}$。

● 转换误差

转换误差通常是以输出误差的最大值形式给出。它表示 A/D 转换器实际输出的数字量和理论上的输出数字量之间的差别。常用最低有效位的倍数表示。例如给出相对误

差 ≤ ±LSB/2，这就表明实际输出的数字量和理论上应得到的输出数字量之间的误差小于最低位的半个字。

● 转换速率

ADC 的转换速率是能够重复进行数据转换的速度，即每秒转换的次数。而完成一次 A/D 转换所需的时间（包括稳定时间），则是转换速率的倒数。

在 ADC 中，因为输入的模拟信号在时间上是连续的，而输出的数字信号代码是离散的，所以 ADC 在进行转换时，必须在一系列选定的瞬间（时间坐标轴上的一些规定点上）对输入的模拟信号采样，然后再把这些采样值转换为数字量。因此，一般的 A/D 转换过程是通过采样保持、量化和编码这 3 个步骤完成的，即首先对输入的模拟电压信号采样，采样结束后进入保持时间，在这段时间内将采样的电压量转化为数字量，并按一定的编码形式给出转换结果，然后开始下一次采样。

【硬件连接】

本次实验目的是通过动态数码管显示外部输入 AIN1 通道检测的 AD 值，用到实验箱上的动态数码管和 ADC 模块，由于 ADC 模块是一个独立的模块，所以用杜邦线将 ADC 模块的 CLK、CS、DOUT、DIN 与单片机连接起来，为了与例程程序配套，这里使用 P0.7、P0.6、P0.5、P0.4 管脚；由于需要用到动态数码管进行显示，因此需使用 1 根 8Pin 排线将单片机的 P3 管脚与 J4 端子相连接，用 3 根杜邦线将单片机的 P2.2、P2.3、P2.4 管脚与 P10 端子的 A、B、C 相连接，74HC138 芯片输出的 Y0、Y1、Y2、Y4 使用杜邦线连接到 J3 端子。由于动态数码管模块电路是独立的，所以使用任意单片机管脚都可以，为了与例程程序配套，这里使用 P3 组的 8 个 I/O 管脚。

【程序流程】

根据硬件连接说明连线，读取外部输入 AIN1 通道的 ADC 数据，最终显示在动态数码管上。

本实验程序流程图如附录图 52 所示。

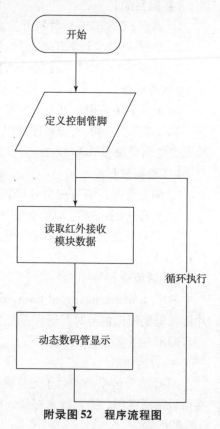

附录图 52　程序流程图

【实验步骤】

1. 新建一个工程，命名为 ADC 模块。

2. 按照与前面实验同样的方法编写 C 语言程序。

3. 运行 Rebuild All 命令，进行整体编译。

4. 进行硬件连接、跳线设置和开关选择。

5. 在 SPI – ISP 环境下，下载、运行。

6. 观察动态数码管，分析是否和实验要求相同。

【练习】

尝试用独立按键控制 ADC 读取电压。

实验四 光敏电阻、热敏电阻、电位器应用实验

【实验目的】

1. 熟悉 STC89C52 单片机开发环境；

2. 掌握光敏电阻、热敏电阻、电位器的工作原理；

3. 掌握 STC89C52 单片机 C 语言的编程方法。

【实验设备】

1. 集成多类型模块开发的实验箱一个。

2. 本实验用到的实验箱硬件模块为：STC89C52 核心及周边电路模块和 ADC 模块。

【实验要求】

1. 编程要求：编写一个 C 语言程序。

2. 实现功能：通过 ADC 模块采集值，并通过数码管显示出来。

3. 实验现象：数码管前 4 位显示电位器/光敏传感器/热敏传感器检测的 AD 值。

【实验原理】

在实验三中，讲解了 ADC 模块的工作原理，通过动态数码管显示外部输入 AIN1 通道检测的 AD 值，本次实验与实验三原理相同。

【硬件连接】

本次实验目的是通过动态数码管显示外部输入 AIN1 通道检测的 AD 值，用到实验箱上的动态数码管和 ADC 模块，由于 ADC 模块是一个独立的模块，所以用杜邦线将 ADC 模块的 CLK、CS、DOUT、DIN 与单片机连接起来，为了与例程程序配套，这里使用 P0.7、P0.6、P0.5、P0.4 管脚；由于需要用到动态数码管进行显示，因此需使用 1 根 8Pin 排线将单片机的 P3 管脚与 J4 端子相连接，用 3 根杜邦线将单片机的 P2.2、P2.3、P2.4 管脚与 P10 端子的 A、B、C 相连接，74HC138 芯片输出的 Y0、Y1、Y2、Y4 使用杜邦线连接到 J3 端子。由于动态数码管模块电路是独立的，所以使用任意单片机管脚都可以，为了与例程程序配套，这里使用 P3 组的 8 个 I/O 管脚。

【程序流程】

根据硬件连接说明连线，分别读取光敏电阻、热敏电阻、电位器 3 个通道的 ADC 数据，最终显示在动态数码管上。

本实验程序流程图如附录图 53 所示。

【实验步骤】

1. 新建 3 个工程，分别命名为光敏电阻、热敏电阻、电位器。

2. 按照与前面实验同样的方法编写 C 语言程序。

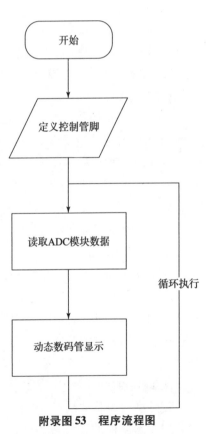

附录图 53 程序流程图

3. 运行 Rebuild All 命令，进行整体编译。

4. 进行硬件连接、跳线设置和开关选择。

5. 在 SPI – ISP 环境下，下载、运行。

6. 观察动态数码管，分析是否和实验要求相同。

【练习】

尝试使用独立按键控制 ADC 模块读取光敏电阻、热敏电阻、电位器的值。

实验五 DAC 模块应用实验

【实验目的】

1. 熟悉 STC89C52 单片机开发环境；

2. 掌握 DAC 模块的工作原理；

3. 掌握 STC89C52 单片机 C 语言的编程方法。

【实验设备】

1. 集成多类型模块开发的实验箱一个。

2. 本实验用到的实验箱硬件模块为：STC89C52 核心及周边电路模块和 DAC 模块。

【实验要求】

1. 编程要求：编写一个 C 语言程序。

2. 实现功能：通过 DAC 模块采集值控制 DA1 指示灯。

3. 实验现象：DAC 模块上的 DA1 指示灯呈呼吸灯效果。

【实验原理】

DAC（Digital to Analog Converter）即数模转换器，它可以将数字信号转换为模拟信号，功能与 ADC 相反。在常见的数字信号系统中，大部分传感器信号被转化成电压信号，而 ADC 把电压模拟信号转换成易于计算机存储、处理的数字编码，由计算机处理完成后，再由 DAC 输出电压模拟信号，该电压模拟信号常常用来驱动某些执行器件，使人类易于感知，如音频信号的采集及还原就是这样一个过程。

DAC 的主要技术指标如下：

• 分辨率

DAC 的分辨率是输入数字量的最低有效位（LSB）发生变化时，所对应的输出模拟量（电压或电流）的变化量。它反映了输出模拟量的最小变化值。分辨率与输入数字量的位数有确定的关系，可以表示成 $FS/(2^n)$。FS 表示满量程输入值，n 为二进制位数。对于 5 V 的满量程，采用 8 位的 DAC 时，分辨率为 5 V/256 = 19.5 mV；当采用 12 位的 DAC 时，分辨率则为 5 V/4 096 = 1.22 mV。显然，位数越多，分辨率就越高。

• 线性度

线性度（也称非线性误差）是实际转换特性曲线与理想直线特性之间的最大偏差。常以相对于满量程的百分数表示。如 ±1% 是指实际输出值与理论值之差在满刻度的 ±1% 以内。

• 绝对精度和相对精度

绝对精度（简称精度）是指在整个刻度范围内，任一输入数码所对应的模拟量实际输出值与理论值之间的最大误差。绝对精度是由 DAC 的增益误差（当输入数码为全 1 时，实际输出值与理想输出值之差）、零点误差（数码输入为全 0 时，DAC 的非零输出值）、非线性误差和噪声等引起的。绝对精度（即最大误差）应小于 1 个 LSB。相对精度用最大误差相对于满刻度的百分比表示。

- 建立时间

建立时间是指输入的数字量发生满刻度变化时，输出模拟信号达到满刻度值的 $\pm 1/2$LSB 所需的时间。是描述 D/A 转换速率的一个动态指标。根据建立时间的长短，可以将 DAC 分成超高速（$<1\ \mu s$）、高速（$10\sim1\ \mu s$）、中速（$100\sim10\ \mu s$）、低速（$\geqslant100\ \mu s$）几挡。DAC 输出电压计算公式：

$$V_0 = V_{ref} \times z/256$$

式中：z 表示单片机给的数字量；V_{ref} 为参考电压，通常接在系统电源上，即 5 V；数值 256 表示 DAC 精度为 8 位。DAC 主要由数字寄存器、模拟电子开关、位权网络、求和运算放大器和基准电压源（或恒流源）组成。用存于数字寄存器的数字量的各位数码，分别控制对应位的模拟电子开关，使数码为 1 的位在位权网络上产生与其位权成正比的电流值，再由运算放大器对各电流值求和，并转换成电压值。

上述模拟电子开关都分别接着一个分压器件，比如电阻。模拟开关的个数取决于 DAC 的精度。那么 N 个电子开关就把基准电压分为 N 份（并不是平均分），而这些开关根据输入的每一位二进制数据对应开启或者关闭，把分压器件上的电压引入输出电路中。

- PWM 介绍

PWM 是 Pulse Width Modulation 的缩写，即脉冲宽度调制，简称脉宽调制。它是利用微处理器的数字输出来对模拟电路进行控制的一种非常有效的技术，其因控制简单、灵活和动态响应好等优点而成为电力电子技术中应用最为广泛的控制方式，其应用领域包括测量、通信、功率控制与变换、电动机控制、伺服控制、调光、开关电源等，因此学习 PWM 具有十分重要的现实意义。

其实也可以这样理解，PWM 是一种对模拟信号电平进行数字编码的方法。通过高分辨率计数器的使用，方波的占空比被调制用来对一个具体模拟信号的电平进行编码。PWM 信号仍然是数字的，因为在给定的任何时刻，满幅值的直流供电要么完全有（ON），要么完全无（OFF）。电压或电流源是以一种通（ON）或断（OFF）的重复脉冲序列被加到模拟负载上去的。通的时候即是直流供电被加到负载上的时候，断的时候即是供电被断开的时候。只要带宽足够，任何模拟值都可以使用 PWM 进行编码。

【硬件连接】

实验现象：下载程序后 AD/DAC 模块上的 DA1 指示灯呈呼吸灯效果，由暗变亮，再由亮变暗。

接线说明：（具体接线图可见开发攻略对应实验的"实验现象"章节）单片机→AD/DAC 模块。

【程序流程】

根据硬件连接说明连线，初始化定时器 1，配置 PWM 的周期与占空比，观察 DA1 指示灯现象。本实验程序流程图如附录图 54 所示。

【实验步骤】

1. 新建一个工程，命名为 DAC 模块。

2. 按照与前面实验同样的方法编写 C 语言程序。

3. 运行 Rebuild All 命令，进行整体编译。

4. 进行硬件连接、跳线设置和开关选择。

5. 在 SPI – ISP 环境下，下载、运行。

6. 观察 DA1 指示灯，分析是否和实验要求相同。

【练习】

尝试通过 DAC 控制无源蜂鸣器播放音乐。

实验六 XY 摇杆模块应用实验

【实验目的】

1. 熟悉 STC89C52 单片机开发环境；

2. 掌握 STC89C52 单片机 I/O 端口输出并控制蜂鸣器的方法；

3. 掌握 STC89C52 单片机 C 语言的编程方法。

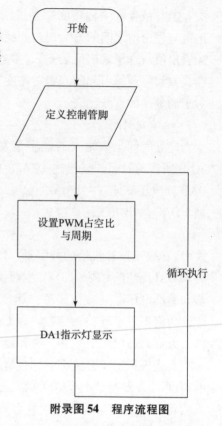

附录图 54　程序流程图

【实验设备】

1. 集成多类型模块开发的实验箱一个。

2. 本实验用到的实验箱硬件模块为：STC89C52 核心及周边电路模块和有源蜂鸣器模块。

【实验要求】

1. 编程要求：编写一个 C 语言程序。

2. 实现功能：通过 ADC 模块采集 XY 摇杆模块值输出到串口。

3. 实验现象：串口打印 XY 摇杆数值。

【实验原理】

XY 摇杆模块可以被视为一个按钮（Z 轴）和电位计（X、Y 轴）的组合。特设 2 路模拟输出和 1 路数字输出接口，输出值分别对应（X，Y）双轴偏移量，其类型为模拟量；按键表示用户是否在 Z 轴上按下，其类型为数字开关量。

【硬件连接】

连接实验箱相关硬件跳线。

【程序流程】

根据硬件连接说明连线，初始化 ADC 模块与串口，设置波特率为 4 800，使用 ADC 模块读取 XY 摇杆模拟量，从串口打印 XY 摇杆模拟量值。

本实验程序流程图如附录图 55 所示。

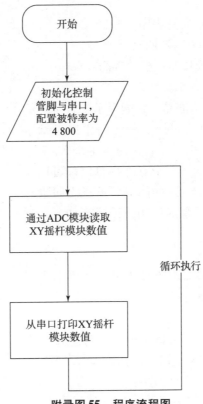

初始化控制
管脚与串口，
配置被特率为
4 800

通过ADC模块读取
XY摇杆模块数值

循环执行

从串口打印XY摇杆
模块数值

附录图 55　程序流程图

【实验步骤】

1. 新建一个工程，命名为 XY 摇杆模块。

2. 按照与前面实验同样的方法编写 C 语言程序。

3. 运行 Rebuild All 命令，进行整体编译。

4. 进行硬件连接、跳线设置和开关选择。

5. 在 SPI – ISP 环境下，下载、运行。

6. 观察串口调试助手，分析是否和实验要求相同。

【练习】

尝试用 XY 摇杆控制交通灯区域状态切换。

实验七　LCD1602 液晶显示屏应用实验

【实验目的】

1. 熟悉 STC89C52 单片机开发环境；

2. 掌握 LCD1602 液晶显示屏的工作原理；

3. 掌握 STC89C52 单片机 C 语言的编程方法。

【实验设备】

1. 集成多类型模块开发的实验箱一个。

2. 本实验用到的实验箱硬件模块为：STC89C52 核心及周边电路模块和 LCD1602 模块。

【实验要求】

1. 编程要求：编写一个 C 语言程序。

2. 实现功能：通过 LCD1602 模块显示。

3. 实验现象：LCD1602 模块显示出 "Pechin Science"。

【实验原理】

1602 液晶也叫 1602 字符型液晶，它能显示 2 行字符信息，每行又能显示 16 个字符。它是一种专门用来显示字母、数字、符号的点阵型液晶模块。它是由若干个 5×7 或者 5×10 的点阵字符位组成的，每个点阵字符位都可以显示一个字符，每位之间有一个点距的间隔，每行之间也有间隔，起到了字符间距和行间距的作用，正因为如此，它不能很好地显示图片。

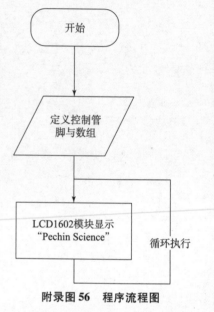

附录图 56　程序流程图

【硬件连接】

本次实验只需要将配置的 LCD1602 液晶显示屏插到开发板的 LCD1602 接口，无需额外接线。

【程序流程】

根据硬件连接说明连线，定义输出内容，初始化 LCD 液晶显示屏，进入循环，依次显示输出内容的每个字节。

本实验程序流程图如附录图 56 所示。

【实验步骤】

1. 新建一个工程，命名为 LCD1602 模块。

2. 按照与前面实验同样的方法编写 C 语言程序。

3. 运行 Rebuild All 命令，进行整体编译。

4. 进行硬件连接、跳线设置和开关选择。

5. 在 SPI – ISP 环境下，下载、运行。

6. 观察 LCD1602 模块，分析是否和实验要求相同。

【练习】

尝试使用 LCD1602 模块显示自己的姓名 + 生日的拼音。

实验八　超声波测距应用实验

【实验目的】

1. 熟悉 STC89C52 单片机开发环境；

2. 掌握超声波测距的原理；

3. 掌握 STC89C52 单片机 C 语言的编程方法。

【实验设备】

1. 集成多类型模块开发的实验箱一个。

2. 本实验用到的实验箱硬件模块为：STC89C52 核心及周边电路模块和超声波模块。

【实验要求】

1. 编程要求：编写一个 C 语言程序。

2. 实现功能：采集超声波模块检测的距离。

3. 实验现象：LCD1602 模块上显示超声波检测的距离。

【实验原理】

超声波模块发出一定频率的超声波，超声波遇到物体发生反射，返回到发射处可以被模块检测到。通过 $x = v \times t$，可得 distance $= x/2$，即开始给 TRIG 端口一个大于 10 μs 的脉冲，使模块开始工作，同时开启定时器开始计时，将外部中断接到 ECHO 端口上，当模块检测到回波时，ECHO 被置高电平，这时外部中断被触发，进入中断程序，因此可以在中断程序中将时间读出来，有了时间就可以根据 distance $= v \times t/2$，计算出距离。

【硬件连接】

本次实验目的是通过 LCD1602 液晶显示屏显示出超声波模块测量出来的距离，用到超声波模块和 LCD1602 液晶显示屏。超声波模块是一个独立的模块，因此需要用杜邦线将超声波模块的 TRIG、ECHO 端口与单片机的任意两个 I/O 端口连接起来，为了与例程程序配套，这里使用 P2.1、P2.0 管脚。

【程序流程】

根据硬件连接说明连线，初始化控制管脚与外部中断 0，触发超声波模块，等待数据返回，计算距离后显示在 LCD1602 液晶显示屏上。

本实验程序流程图如附录图 57 所示。

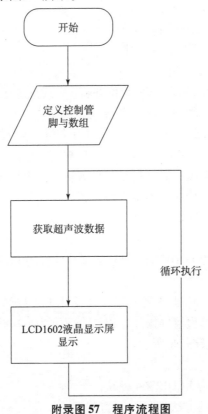

附录图 57 程序流程图

【实验步骤】

1. 新建一个工程，命名为超声波模块。

2. 按照与前面实验同样的方法编写 C 语言程序。

3. 运行 Rebuild All 命令，进行整体编译。

4. 进行硬件连接、跳线设置和开关选择。

5. 在 SPI – ISP 环境下，下载、运行。

观察 LCD1602 模块，分析是否和实验要求相同。

【练习】尝试依据检测的距离来控制蜂鸣器开启与关闭。

实验九　LCD12864 液晶显示屏应用实验

【实验目的】

1. 熟悉 STC89C52 单片机开发环境；

2. 掌握 LCD12864 液晶显示屏的工作原理；

3. 掌握 STC89C52 单片机 C 语言的编程方法。

【实验设备】

1. 集成多类型模块开发的实验箱一个。

2. 本实验用到的实验箱硬件模块为：STC89C52 核心及周边电路模块和有源蜂鸣器模块。

【实验要求】

1. 编程要求：编写一个 C 语言程序。

2. 实现功能：通过 LCD12864 模块显示。

3. 实验现象：LCD12864 模块显示汉字。

【实验原理】

LCD12864 是带中文字库的具有 4 位/8 位并行、2 线或 3 线串行多种接口方式，内部含有国标一级、二级简体中文字库的点阵图形液晶显示模块；其显示分辨率为 128 × 64，内置 8192 个 16 × 16 点汉字，和 128 个 16 × 8 点 ASCII 字符集。利用该模块灵活的接口方式和简单、方便的操作指令，可构成全中文人机交互图形界面。可以显示 8 × 4 行 16 × 16 点阵的汉字，也可完成图形显示，低电压、低功耗是其显著特点。由该模块构成的液晶显示方案与同类型的图形点阵液晶显示模块相比，不论硬件电路结构还是显示程序都要简洁得多，且该模块的价格也略低于相同点阵的图形点阵液晶模块。

【硬件连接】

本次实验只需要将配置的 LCD12864 液晶插到开发板的 LCD12864 接口，无需额外接线。

【程序流程】

根据硬件连接说明连线，声明全局变量，初始化 LCD12864，对 LCD12864 执行清屏操作，进入循环，依据选择，再次清屏操作，以两个汉字为一次输出，延时。

本实验程序流程图如附录图 58 所示。

【实验步骤】

1. 新建一个工程，命名为 LCD12864 模块。

2. 按照与前面实验同样的方法编写 C 语言程序。

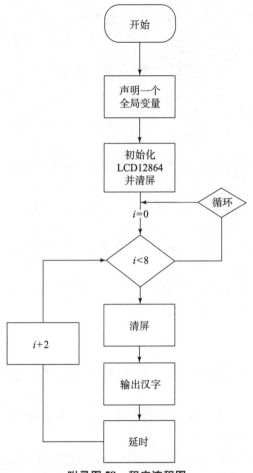

附录图 58　程序流程图

3. 运行 Rebuild All 命令，进行整体编译。

4. 进行硬件连接、跳线设置和开关选择。

5. 在 SPI – ISP 环境下，下载、运行。

6. 观察 LCD12864 模块，分析是否和实验要求相同。

【练习】尝试使用 LCD12864 模块显示自己的姓名 + 生日的汉字。

参 考 文 献

［1］丁向荣. 单片微机原理与接口技术：基于 STC15 系列单片机［M］. 北京：电子工业出版社，2018.

［2］丁向荣. STC 单片机应用技术：从设计、仿真到实践［M］. 北京：电子工业出版社，2021.

［3］何宾. STC 单片机 C 语言程序设计：8051 体系架构、编程实例及项目实战［M］. 北京：清华大学出版社，2018.

［4］乔倩. 基于 LK8820 平台的 DAC0832 芯片电参数环境适应性测试方法分析［J］. 集成电路应用，2023，40（07）：46－47.

［5］李儒章，李婷. A/D 转换器和 D/A 转换器技术专集前言［J］. 微电子学，2022，52（02）：155－156.

［6］印健健. 基于 DAC0832 数/模转换电路的仿真设计［J］. 电子制作，2021（17）：72－73.

［7］韩卫敏，杨永晖. A/D 与 D/A 转换器主流工艺技术现状和发展趋势［J］. 微电子学，2008，38（06）：800－804，810.

［8］管力锐，魏丽娜，李晨晖. 基于 51 单片机的 PWM 式 12 位 D/A 转换器［J］. 桂林航天工业高等专科学校学报，2008（03）：49－50.

［9］陈娟娟，钟德刚，徐静平. 用于便携式设备的 12 位低功耗 SAR A/D 转换器［J］. 微电子学，2008（03）：401－403.

［10］岳天天，邓睿. 基于 Proteus 软件设计的单片机实验课程教学改革探索［J］. 数字技术与应用，2023，41（08）：130－132.

［11］宫亚梅，陈兴业，李洪达，等. Proteus 仿真软件在三相交流电路教学中的应用探索［J］. 电子制作，2023，31（14）：116－119.

［12］申臻，宋雷军，魏冬冬，等. 基于 Keil C51 的嵌入式软件外设虚拟化设计与实现［J］. 计算机测量与控制，2023，31（04）：205－212.

［13］倪建宏. Proteus 仿真软件在单片机教学中的应用［J］. 电子技术，2023，52（04）：52－53.

［14］吴芳琴. 基于 Proteus 软件的单片机课程线上教学探索［J］. 造纸装备及材料，2023，52（02）：246－248.

［15］钟晓旭. 基于 Proteus 仿真软件的电工电子实验教学创新策略［J］. 电脑与电信，2023（Z1）：53－58.

［16］庞宝麟，封岸松，李帅. Proteus 仿真软件在单片机教学实践中的应用［J］. 科技与创

新，2023（01）：176 – 177，181.

［17］赵继忠．Proteus 软件在单片机教学中的应用［J］.电大理工，2022（04）：22 – 27.

［18］贾海云，冯爱花，王雨晨．基于 Proteus 仿真平台的单片机实践课程的教学研究［J］.电脑知识与技术，2022，18（28）：151 – 153 + 180.

［19］王超．Proteus 仿真图表在单片机多中断源运行中的应用［J］.电子设计工程，2022，30（18）：156 – 160.

［20］吴云轩．基于 Unity3D 和 Proteus 平台的智能家居控制系统的设计与仿真［J］.延边大学学报（自然科学版），2022，48（03）：261 – 266.

［21］邵龙秋，梁国茂．基于 Proteus 的单片机实验教学设计［J］.长江信息通信，2022，35（09）：47 – 50.

［22］郭一军，周武，胡娟．Proteus 和 Keil C51 在单片机实验教学中的应用研究［J］.科教导刊，2021（01）：62 – 63.

［23］李红霞，张明霞．浅谈 Keil 和 Proteus 的单片机实验教学探究［J］.电子世界，2020（16）：78 – 79.

［24］李军．基于 Keil C 和 Altium Designer 软件的"单片机原理与应用"课程计算机仿真教学的研究与实践［J］.青岛远洋船员职业学院学报，2020，41（02）：54 – 56.

［25］杨艳霞，张妮．Proteus + keil 在单片机教学中的应用［J］.电子测试，2020（09）：131 – 132.

［26］张正明，王丽娟，石建国．发挥 Proteus 和 Keil 软件在单片机教学中的作用［J］.数码世界，2019（09）：165.

［27］苏寒松．电子工艺基础与实践［M］.天津：天津大学出版社，2009.

彩　　插

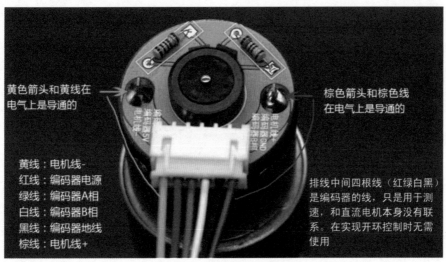

黄色箭头和黄线在
电气上是导通的

棕色箭头和棕色线
在电气上是导通的

黄线：电机线-
红线：编码器电源
绿线：编码器A相
白线：编码器B相
黑线：编码器地线
棕线：电机线+

排线中间四根线（红绿白黑）
是编码器的线，只是用于测
速，和直流电机本身没有联
系。在实现开环控制时无需
使用

图 8 -14　直流电机接线图

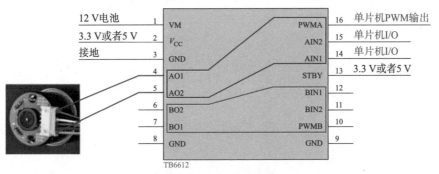

12 V电池	1	VM	PWMA	16	单片机PWM输出
3.3 V或者5 V	2	V_{CC}	AIN2	15	单片机I/O
接地	3	GND	AIN1	14	单片机I/O
	4	AO1	STBY	13	3.3 V或者5 V
	5	AO2	BIN1	12	
	6	BO2	BIN2	11	
	7	BO1	PWMB	10	
	8	GND	GND	9	

TB6612

图 8 -16　驱动电路接线图